工信精品**网络技术**
系列教材

U0734392

微课版

Network Technology

Linux
基础与服务管理

（基于 CentOS 8）

唐乾林 黎现云 ◉ 主编

熊鹏 付雯 ◉ 副主编

人民邮电出版社

北 京

图书在版编目（CIP）数据

Linux 基础与服务管理：基于 CentOS 8：微课版 /
唐乾林，黎现云主编. -- 北京：人民邮电出版社，
2025. --（工信精品网络技术系列教材）. -- ISBN 978
-7-115-66417-4

Ⅰ. TP316.85

中国国家版本馆 CIP 数据核字第 202502V5X7 号

内 容 提 要

    本书基于目前广泛使用的 CentOS 8，由浅入深、系统地介绍 Linux 基础知识以及对 Linux 多种服务进行管理的方法。全书共 11 章，主要内容包括 Linux 简介、基础命令、用户与权限管理、文件系统与硬盘管理、网络管理与系统监控、软件包管理、进程与基础服务管理、常用服务配置、常用集群配置、常用系统安全配置和 Shell 编程基础。

    本书可作为应用型本科、职业本科、高等职业院校计算机相关专业的教材，也可作为有关技术人员和计算机爱好者的培训教材和参考书。

◆ 主　　编　唐乾林　黎现云
　　副主编　熊　鹏　付　雯
　　责任编辑　刘　尉
　　责任印制　王　郁　焦志炜

◆ 人民邮电出版社出版发行　　北京市丰台区成寿寺路 11 号
　　邮编　100164　　电子邮件　315@ptpress.com.cn
　　网址　https://www.ptpress.com.cn
　　三河市君旺印务有限公司印刷

◆ 开本：787×1092　1/16
　　印张：21.25　　　　　　　　　　2025 年 8 月第 1 版
　　字数：521 千字　　　　　　　　2025 年 8 月河北第 1 次印刷

定价：69.80 元

读者服务热线：(010)81055256　印装质量热线：(010)81055316
反盗版热线：(010)81055315

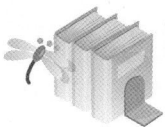

前　言

Linux 系统因其免费、开源、稳定、安全、可定制等特点，在服务器、嵌入式系统、科学计算、云计算和虚拟化、软件开发、物联网以及大数据等多个领域广泛应用。随着技术的不断发展，Linux 系统的应用领域还将继续拓展。

党的二十大报告指出，"科技是第一生产力、人才是第一资源、创新是第一动力"。高等职业教育的目标是培养能够满足社会需求的技术型、应用型和实践型人才。

本书面向应用型本科、职教本科、高等职业院校计算机相关专业的教师和学生以及有关技术人员和广大计算机爱好者。本书结合职业教育特色，内容以实用性为主，以能力为导向，重要知识点以案例的形式呈现，能够全面提升学生的学习能力和综合素质。

本书特点如下。

1. 落实立德树人根本任务

本书落实立德树人根本任务，引导读者成为担当民族复兴大任的时代新人、德智体美劳全面发展的社会主义建设者和接班人。

2. 产教融合、校企合作开发

本书由具有多年教学经验的教师和行业相关企业合作开发，将企业中真实的案例转化为教学的内容，用职业岗位要求引领读者学习有关知识、掌握岗位所需专业技能。

3. 内容设计合理

本书以基础知识为"基石"，以综合案例为"梁柱"，通过案例来检验读者的学习效果，内容丰富，图文并茂、通俗易懂，具有很强的实用性。

4. 配套教学资源丰富

本书配套的教学资源有课程标准、教学计划、电子教案、PPT 课件和学习本书所需软件等，读者可登录人邮教育社区下载或找编者获取，编者的邮箱：460285664@qq.com。

本书由重庆电子科技职业大学唐乾林、重庆迎圭科技有限公司黎现云担任主编，重庆电子科技职业大学熊鹏、付雯担任副主编，重庆电子科技职业大学王聃黎、田淋风以及西南大学医院信息科杜霞参与编写，其中第 1 章、第 8 章由黎现云负责编写，第 2 章、第 7 章、第 9 章由唐乾林负责编写，第 3 章、第 4 章由熊鹏负责编写，第 5 章由王聃黎负责编写，第 6 章由杜霞负责编写，第 10 章由田淋风负责编写，第 11 章由付雯负责编写，全书设计与统稿由唐乾林负责。重庆迎圭科技有限公司提供了技术支持和部分案例，在此表示感谢。

由于编者水平有限，书中难免存在不妥之处，衷心希望广大读者不吝批评指正，我们将在再版时及时更正。

编　者

2024 年 7 月

目　录

第 ① 章 Linux 简介

本章导读

Linux 是一种开源、免费的操作系统，其因出众的稳定性、灵活性、安全性以及强大的社区支持，不仅在软件开发、系统管理、网络架构设计等方面有所应用，还在云计算、大数据、物联网、人工智能等多个前沿技术领域"大显身手"。学习 Linux 的相关知识与技能有助于读者理解操作系统的基本原理并掌握管理命令、常用服务的配置等，从而提升自己在 IT 行业的竞争力。此外，对于有志成为系统管理员或网络工程师的读者，Linux 基础知识和服务管理技能至关重要。

知识目标

- 了解 Linux 的发展历史。
- 了解 Linux 的优缺点。

能力目标

- 能够安装虚拟机和 CentOS 8。
- 能够登录 CentOS 8。

素质目标

具备专业技能，具有创新能力。

1.1 Linux 概述

1.1.1 Linux 的发展历史

Linux 来源于 UNIX。UNIX 是一种经典的操作系统，1969 年诞生于美国的贝尔实验室。工程师肯·汤普森（Ken Thompson）开发了 UNIX 操作系统的原型，1972 年他又与丹尼斯·里奇（Dennis Ritchie）一起用 C 语言重写了该系统，大幅增强了其可移植性，之后 UNIX 系统便开始蓬勃发展。

1987 年，荷兰阿姆斯特丹自由大学（Vrije University Amsterdam）的安德鲁 S.塔嫩鲍姆（Andrew S.Tanenbaum）教授仿照 UNIX 系统自行设计了一款精简版的微型 UNIX——命名为 Minix，并开放全部源码支持大学教学和研究工作。

1991 年，芬兰赫尔辛基大学（University of Helsinki）的学生莱纳斯·托瓦尔兹（Linus Torvalds）在 Minix 系统的基础上增加了很多功能，将之完善后发布到了互联网上，并欢迎任何人参与其开发及修改工作，即所有人都可以免费下载、使用源码。这种开源的特性吸引着越来越多的人投入对该系统的研究，并且开源爱好者都遵循同样的约定——基于该系统研究出的成果也会开源，这是它能快速发展的主要原因。莱纳斯·托瓦尔兹和他的团队经过多次讨论，最终把该系统的名称定为 Linux。

经过多年的发展，Linux 系统不仅稳定可靠，而且具有良好的兼容性和可移植性。其凭借优秀的设计、不凡的性能，再加上 IBM、Intel、Oracle 等国际知名企业的大力支持，市场份额逐步增加。

1.1.2   Linux 的发行版

Linux 的标志是一只企鹅，企鹅只在南极才有，而南极不属于任何国家，所以企鹅寓意着开放和自由。而正是基于 Linux 自由开源的特性，才造就了其发行版"百花齐放"的局面，这也是 Linux 系统的精髓。

Linux 发行版是指在 Linux 内核的基础之上添加各种管理工具和应用软件而构成的一个完整的操作系统，通常是由个人、松散组织的团队、商业机构或志愿者进行编写的。

内核程序直接运行在计算机硬件之上，其主要作用就是帮助用户管理计算机中各种各样的硬件设备。Linux 内核就是负责实现操作系统基本功能的程序，它是所有应用程序运行的基础，也是计算机硬件和用户之间的接口或桥梁。Linux 内核的主要功能包括进程管理、内存管理、文件管理、设备管理和网络管理等。

Linux 内核称为 Kernel。最初莱纳斯·托瓦尔兹在互联网上发布的程序就是 Kernel，一直到今天，Kernel 仍由莱纳斯·托瓦尔兹领导的一个小组负责开发、更新。读者可到 Kernel 的官网下载已发布的每一个版本的 Kernel 程序。Kernel 的官网页面如图 1-1 所示。截至本书完稿时，Kernel 的最新稳定版本是 6.9.9。

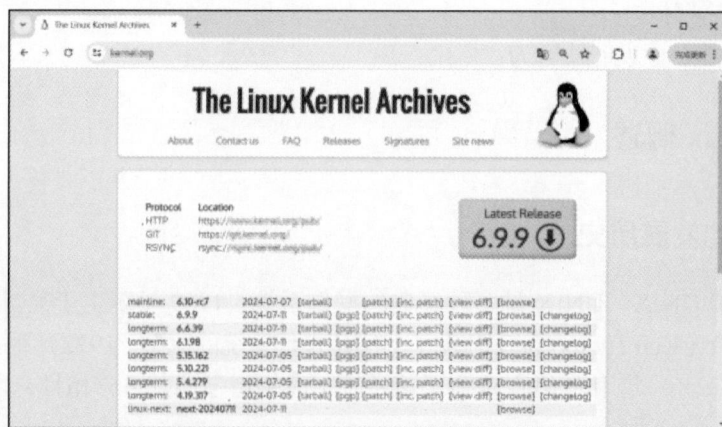

图 1-1   Kernel 的官网页面

Linux 的不同发行版为不同的目的而制作，目前已经有超过 300 多个 Linux 发行版被开发出来，其中广泛使用的有如下几个。

1. Fedora

Fedora（第 7 版以前称为 Fedora Core）是众多 Linux 发行版之一，是一个从 Red Hat Linux 发展而来的免费 Linux 系统。Fedora 作为一个开放的、创新的、具有前瞻性的操作系统和平台，允许任何人自由地使用、修改和重新发布。它由一个强大的社群开发，该社群的成员始终坚持提供和维护自由、开源的软件，并遵循开放的标准。

2. Debian

Debian 是一款自由、开源的操作系统，它以出色的稳定性（通过严格的软件包测试和发布流程确保系统稳定运行）而闻名；遵循自由软件指南，用户可以自由使用、修改和分发软件；支持多种处理器架构，包括 x86、AMD64、ARM 等，在各种设备上都可以运行；使用 APT（Advanced Package Tool）作为其软件包管理系统，使用户可以方便地安装、更新和移除软件包。总的来说，Debian 是一个注重稳定性、安全性和自由软件的操作系统，适合那些追求稳定和高自由度的用户。

3. 红旗 Linux

红旗 Linux 是由北京中科红旗软件技术有限公司开发的一系列 Linux 发行版，是我国自主研发的一款操作系统，稳定且安全，广泛应用于政府、军事、金融、教育等领域。红旗 Linux 分为桌面版、工作站版、数据中心服务器版、HA（Highly Available，高可用）集群版和红旗嵌入式 Linux 等，能满足不同用户的需求。目前在许多软件专卖店可以购买到红旗 Linux 光盘版，同时其官方网站也提供光盘镜像免费下载。红旗 Linux 是我国较大、较成熟的 Linux 发行版之一。

4. 中标普华

中标普华 Linux 桌面软件是上海中标软件有限公司发布的面向桌面应用的操作系统产品。中标普华 Linux 桌面软件包含丰富的应用程序、完善的在线升级机制、独特设计的用户界面和统一的管理工具入口、简单实用的桌面小程序、炫酷的 3D 桌面特效，满足政府、企业及个人用户的使用需求。

5. Ubuntu

Ubuntu 是一款以桌面应用为主的 Linux 发行版，其名称来自非洲祖鲁语或豪萨语的"ubuntu"（音译为乌班图）一词。Ubuntu 基于 Debian 和 Unity 桌面环境，与 Debian 不同的是，Ubuntu 每 6 个月就会发布一个新版本。Ubuntu 的目标是为一般用户提供最新的、相当稳定的、主要由自由软件构成的操作系统。Ubuntu 拥有庞大的社区，用户可以方便地从社区获取帮助。随着云计算的流行，Ubuntu 推出了云计算解决方案 Ubuntu Cloud Infrastructure（UCI），它提供一套为云计算环境设计的工具和服务，以帮助用户部署和管理云。

6. Red Hat Linux

Red Hat Linux 于 1994 年由 Red Hat 公司发布，其自发布以来，经历了多个版本的更新和迭代，目前已发展为最流行的 Linux 发行版之一。它不仅塑造了自己的品牌形象，而且吸引了大量用户。Red Hat Linux 是公共环境中表现优秀的服务器系统，它能向用户提供一套完整的服务，还支持安装流行的软件，特别适合在公共网络中使用。Red Hat Linux 通过论坛和邮件列表提供广泛的技术支持。Red Hat Linux 还提供了电话技术支持服务，可为用户进行实时的帮助。

目前，Red Hat 公司的重点逐渐转向企业级产品红帽企业 Linux（Red Hat Enterprise Linux，RHEL）。RHEL 经历多个版本的更新和迭代，具有出色的稳定性和可靠性，非常适合企业使用。RHEL 采用 SELinux 和增强的 IPSec 等确保系统的安全，支持虚拟化技术，同时支持多种硬件架构，包括 x86、ARM 等，并不断更新以支持最新的硬件技术。RHEL 提供了广泛的软件包支持，包括开发工具、数据库、网络服务等领域的软件包等。

7. CentOS

CentOS（Community Enterprise Operating System，社区企业操作系统）是基于 RHEL 的 Linux 发行版，它基于 RHEL 源码构建，是一款免费、开源的企业级操作系统。一些对稳定性要求较高的服务器用 CentOS 代替了商业版的 RHEL。

CentOS 经过长期测试和验证，具有出色的稳定性和可靠性，非常适合企业和服务器环境。CentOS 是免费提供的，用户可以自由获取、使用和修改其源码，无须购买任何许可证。CentOS 基于 RHEL 的源码构建，与 RHEL 高度兼容，可以使用 RHEL 的软件包和工具，RHEL 上的应用可以无缝迁移到 CentOS 上。CentOS 提供了广泛的软件包支持，包括对服务器、虚拟化、数据库、开发工具等多个领域的软件包的支持。CentOS 拥有一个活跃的社区，用户可以在社区中获取帮助、分享经验和解决问题。

CentOS 的版本号与 RHEL 的版本号相对应，如 CentOS 8 对应 RHEL 8。CentOS 的版本更新较为稳定，一般每两年左右发布一个新的主要版本，并会定期发布安全更新和 bug 修复更新。

本书以 CentOS 8 为实现平台，编者对所有案例都进行了完整测试。

1.1.3 Linux 的优缺点

Linux 广泛应用于服务器（Web 服务器、数据库服务器等）、嵌入式设备（路由器、智能手机、智能手表等）和个人计算机（Personal Computer，PC）等。

Linux 的优点如下。

● 开源：Linux 源码对所有人开放，任何人都可以查看、修改和发布。这使得用户可以定制 Linux 源码以满足他们的需求。

● 多用户和多任务支持：Linux 支持多个用户同时登录和执行多个任务，其适用于众多应用场景。

● 稳定性和可靠性：Linux 以其稳定性和可靠性而闻名，可以长时间运行而不易崩溃，适用于需要持续稳定运行的服务器和嵌入式设备。

● 较高的安全性：Linux 具有较高的安全性。由于其开源的本质，会有大量用户对其进行代码审查，从而减少了潜在的漏洞和安全威胁。

● 可扩展性：Linux 可以根据需要添加新的功能和驱动程序，因此非常灵活且可扩展。这使得 Linux 广泛应用于各类设备，包括服务器、移动设备、物联网设备等。

Linux 的缺点如下。

- 没有特定厂商提供服务，遇到问题难以解决。
- 可在 Linux 上运行的软件并不丰富。
- Linux 的图形界面做得不够友好，主要依靠命令完成操作，使用门槛较高。

1.2　Linux 安装

1.2.1　安装虚拟机软件

Linux 的安装

在学习 Linux 的过程中要进行大量的实验操作，而完成这些实验操作较方便的方法就是借助虚拟机（Virtual Machine，VM）。虚拟机是指通过软件模拟的、具有完整硬件系统功能的、运行在完全隔离环境中的完整计算机系统。使用虚拟机，一方面可以很方便地搭建各种网络环境，为实验奠定基础；另一方面可以保护真机，在进行硬盘分区、系统安装等操作时，不会对真机产生任何影响。

虚拟机软件很多，本书选用 VMware Workstation Pro（威睿工作站）。它是行业标准桌面虚拟机软件，能在 Windows 系统上虚拟出多个计算机，每个虚拟计算机可以独立运行，并支持安装各种软件与应用等。

下面介绍在 Windows 10 中安装 VMware Workstation Pro 的过程。

先到官网下载适合自己操作系统的安装文件，然后双击下载的安装文件（编者下载的是 VMware-workstation-full-17.5.1-23298084.exe，可从本书配套的教学资源中获得），启动 VMware Workstation Pro 安装向导，如图 1-2 所示。

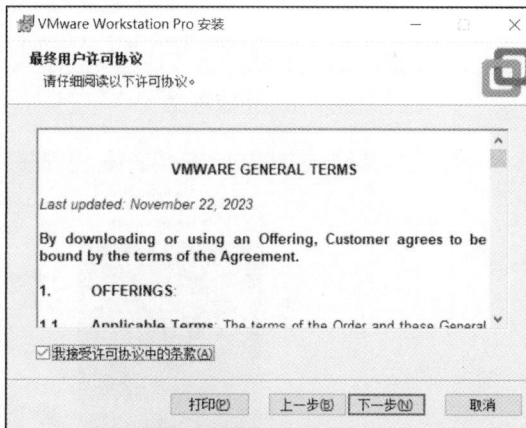

单击"下一步"按钮，在出现的界面中勾选"我接受许可协议中的条款"复选框，如图 1-3 所示。

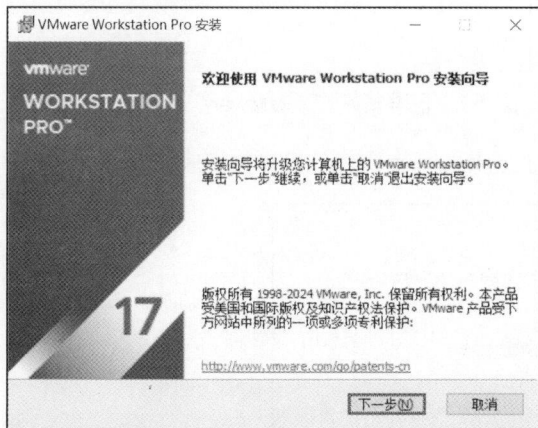

图 1-2　启动 VMware Workstation Pro 安装向导　　　图 1-3　最终用户许可协议

单击"下一步"按钮，在出现的界面中根据情况进行安装位置的更改或复选框的勾选，如图 1-4 所示。

单击"下一步"按钮，在出现的界面中取消勾选全部复选框，如图 1-5 所示。

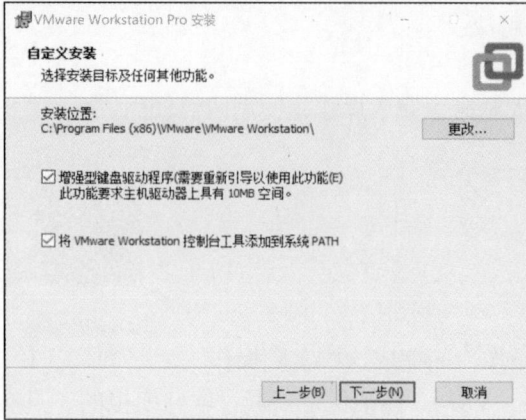

图 1-4　自定义安装

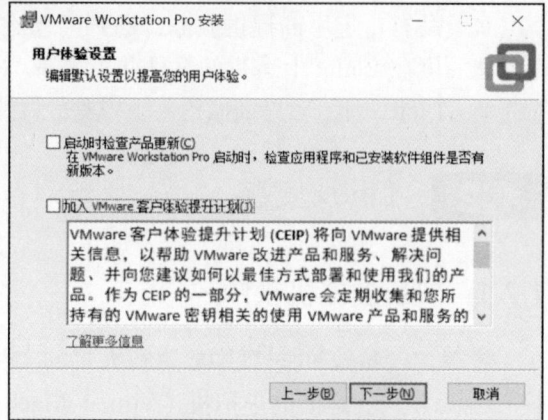

图 1-5　用户体验设置

单击"下一步"按钮，在出现的界面中勾选全部复选框，如图 1-6 所示。

单击"下一步"按钮，会出现图 1-7 所示的界面。

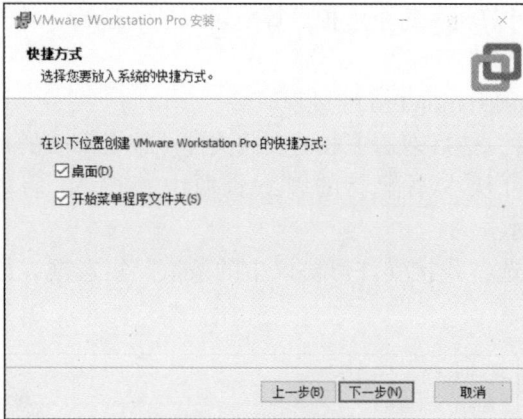

图 1-6　快捷方式

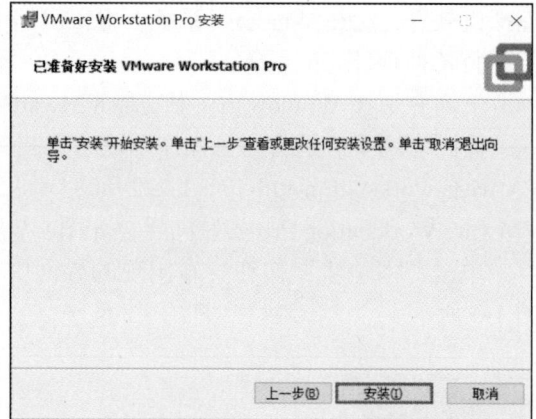

图 1-7　已准备好安装 VMware Workstation Pro

单击"安装"按钮开始安装，安装程序执行完成后，出现图 1-8 所示的界面。

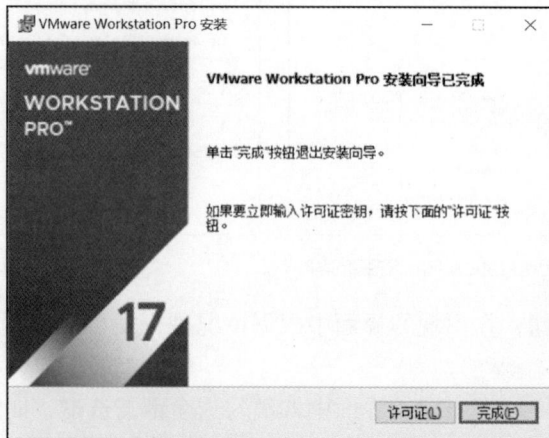

图 1-8　VMware Workstation Pro 安装向导已完成

先单击"许可证"按钮，在出现的界面中输入相应的许可证密钥，单击"输入"按钮；再单击"完成"按钮。至此，VMware Workstation Pro 安装完成。

1.2.2　安装 CentOS 8

从 CentOS 官网下载 CentOS 8 的安装包文件。

可优先选择离自己所在城市距离较近的服务器下载安装包文件，这样下载速度会比较快。可选择 CentOS 8 的各种稳定版本，本书选择的 CentOS 版本为 8.5，文件为 CentOS-8.5.2111-x86_64-dvd1.iso。

启动 VMware Workstation Pro，会出现图 1-9 所示的 VMware Workstation 窗口。

图 1-9　VMware Workstation 窗口

单击窗口中的"创建新的虚拟机"按钮，弹出"新建虚拟机向导"对话框，如图 1-10 所示。

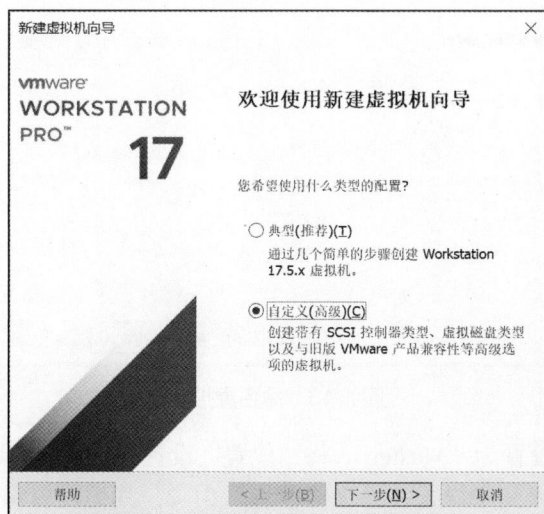

图 1-10　"新建虚拟机向导"对话框

选中"自定义(高级)"单选按钮，单击"下一步"按钮，进入"虚拟机硬件兼容性"界面，这里不进行更改，单击"下一步"按钮。在出现的"安装客户机操作系统"界面中选中"稍后安装操作系统"单选按钮，如图 1-11 所示。

单击"下一步"按钮，在出现的"选择客户机操作系统"界面中选中"Linux"单选按钮，在"版本"下拉列表中选择"CentOS 8 64 位"选项，如图 1-12 所示。

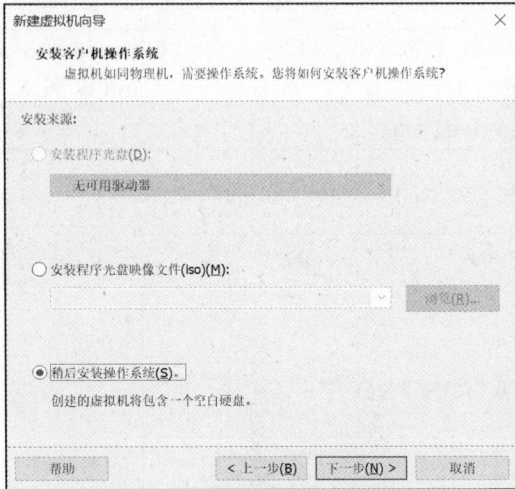

图 1-11　安装客户机操作系统　　　　　　　图 1-12　选择客户机操作系统

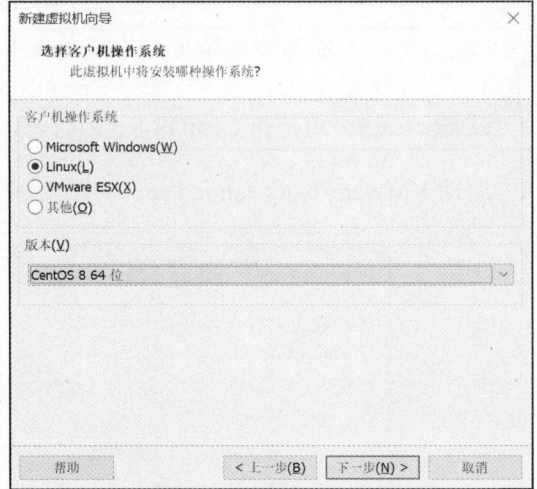

单击"下一步"按钮，会出现图 1-13 所示的界面。

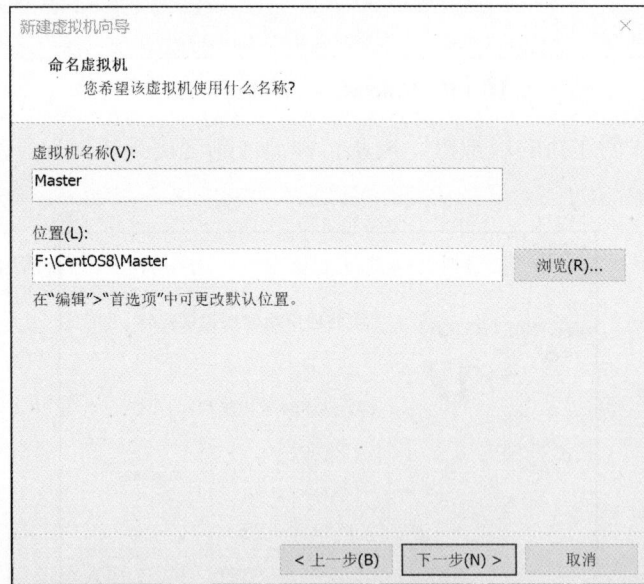

图 1-13　命名虚拟机

将"虚拟机名称"设置为"Master"，将"位置"设置为"F:\CentOS8\Master"，单击"下一步"按钮。在出现的界面中设置"处理器数量"为 2，其他设置保持默认，然后单击"下一步"按钮，会出现图 1-14 所示的界面。

将"此虚拟机的内存"设置为 2048MB，即 2GB，单击"下一步"按钮，会出现图 1-15 所示的界面。

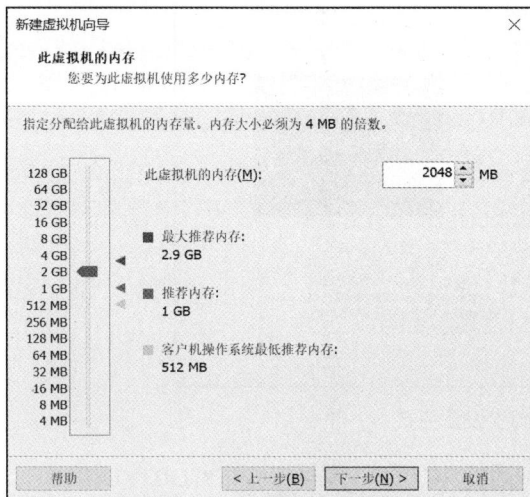

图 1-14　此虚拟机的内存　　　　　　　　　图 1-15　网络类型

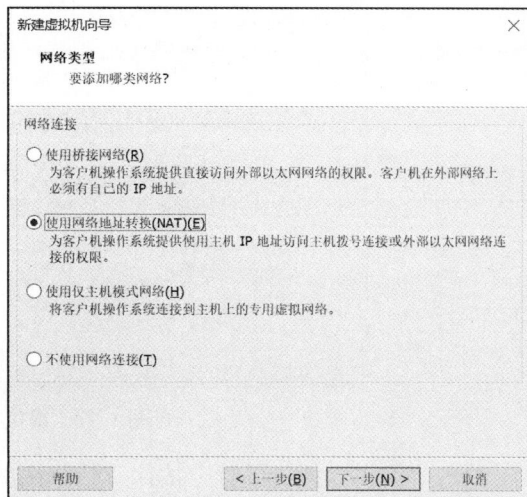

在"网络连接"中选中"使用网络地址转换(NAT)"单选按钮，单击"下一步"按钮。在出现的界面中直接单击"下一步"按钮，直到出现图 1-16 所示的界面。

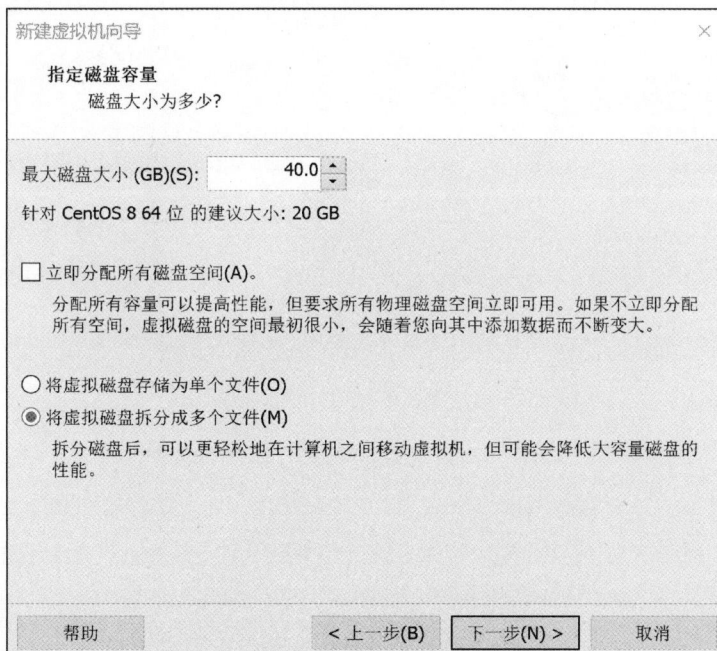

图 1-16　指定磁盘容量

将"最大磁盘大小(GB)"设置为 40.0，单击"下一步"按钮。在出现的界面中直接单击"下一步"按钮，会出现新的界面，单击"完成"按钮，虚拟机初步设置完成，如图 1-17 所示。

图 1-17　虚拟机初步设置完成

单击"编辑虚拟机设置"按钮，从弹出的对话框中选择"硬件"→"CD/DVD(IDE)"，选中"使用 ISO 映像文件"单选按钮，单击"浏览"按钮，找到并选择文件CentOS-8.5.2111-x86_64-dvd1.iso，单击"确定"按钮，如图 1-18 所示。

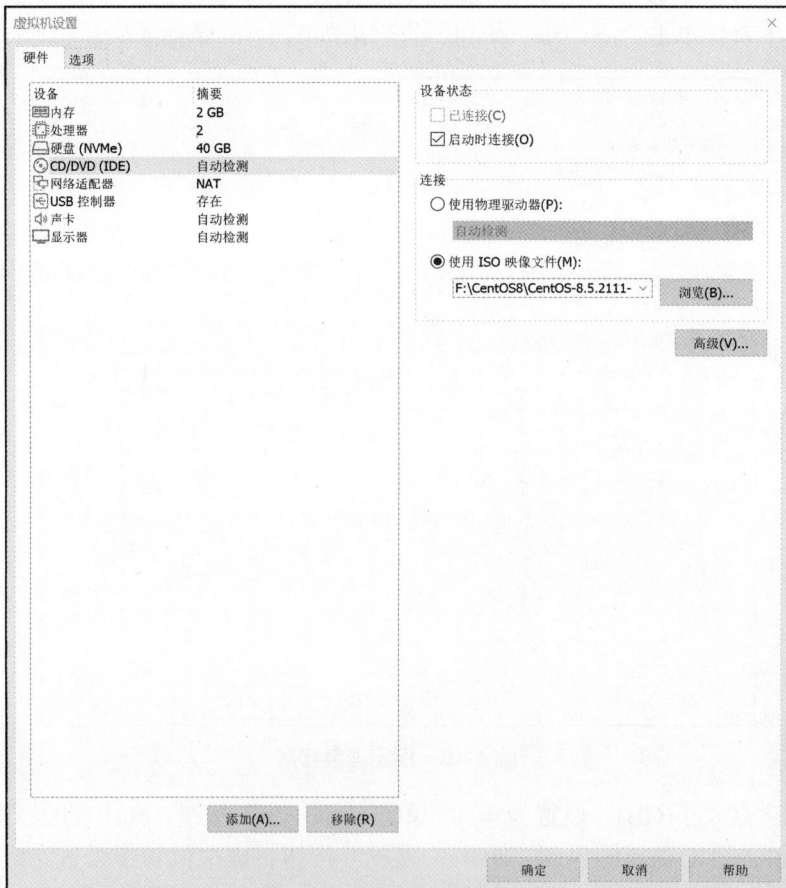

图 1-18　使用 ISO 映像文件

单击"选项"→"常规"，在出现的界面中的"增强型键盘"下拉列表中选择"在可用时使用"选项，然后单击"确定"按钮，完成设置，回到图 1-17 所示的界面。单击"开启此虚拟机"按钮，然后按 Tab 键，再按 Enter 键，稍等一会儿便会出现图 1-19 所示的界面。

图 1-19　设置安装语言

选中"中文"→"简体中文(中国)"，单击"继续"按钮，进入"安装信息摘要"界面：单击"时间和日期"，设置正确的时间后单击"完成"按钮；单击"键盘"，添加"英语(美国)"和"汉语"，并将它设为默认的键盘布局；单击"语言支持"，添加"简体中文(中国)"和"English(United States)"；单击"软件选择"，选中"带 GUI 的服务器"，并选中"远程桌面客户端""Linux 的远程管理""图形管理工具""系统工具"这 4 项；单击"安装目的地"，选中"自动分区"；单击"网络和主机名"，将"以太网"的开关打开，单击"保存"；单击"时间和日期"，在"地区"下拉列表中选择"亚洲"，在"城市"下拉列表中选择"上海"；单击"根密码"设置 root 密码；单击"创建用户"，创建一个普通用户 tang 并设置其密码，如图 1-20 所示。

图 1-20　安装信息摘要设置

单击"开始安装"按钮，CentOS 8 正式开始安装，如图 1-21 所示。

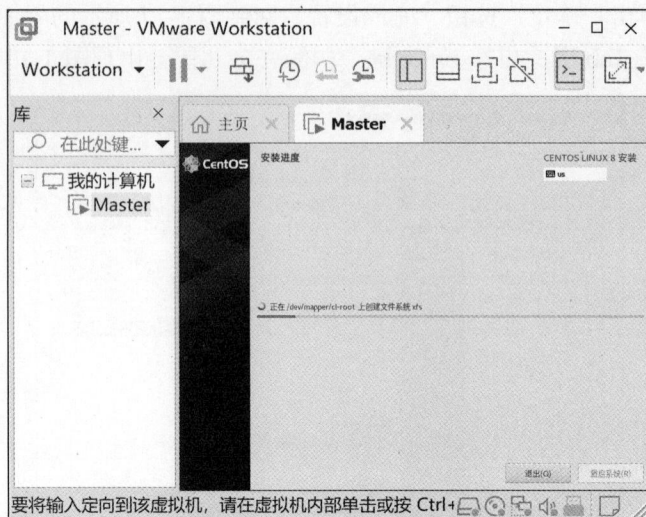

图 1-21　CentOS 8 正式开始安装

安装完成后，单击"重启系统"按钮，系统重启后，会出现图 1-22 所示的界面。

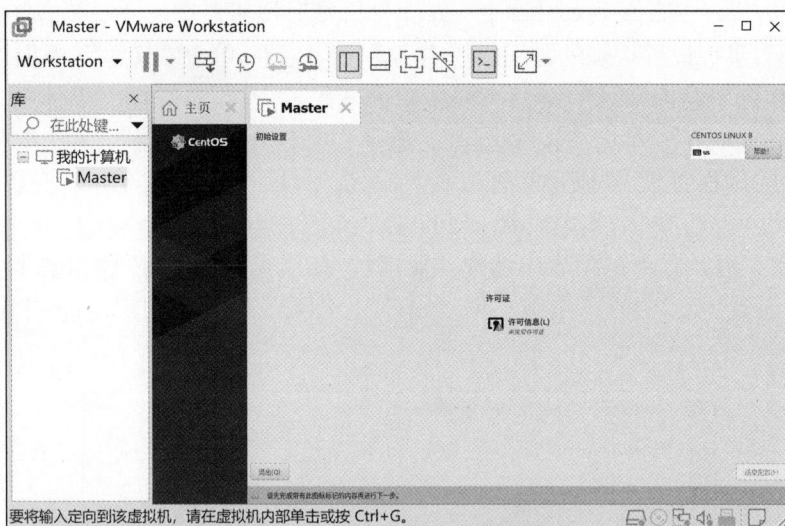

图 1-22　"初始设置"界面

单击"许可信息"，在出现的界面中勾选"我同意许可协议"复选框，再单击"完成"按钮，然后单击"结束配置"，系统再次重启，进入登录界面。至此，CentOS 8 安装完成。

1.3　登录 CentOS 8

1.3.1　本地登录

首先启动 VMware Workstation Pro，然后选择相应的虚拟机，如 Master，再单击"开启此虚拟机"即可启动 CentOS 8。进入登录界面，选择用户并输入其对应的密码，如图 1-23 所示。

图 1-23　CentOS 8 登录界面

单击"登录"按钮即可登录系统，若是首次登录，会出现图 1-24 所示的"欢迎"界面。

图 1-24　"欢迎"界面

选中"汉语"，单击"前进"按钮，可以跳过其他设置，单击"开始使用"后会弹出"Getting Started"窗口，关闭它即可进入 CentOS 8 主界面，如图 1-25 所示。

图 1-25　CentOS 8 主界面

1.3.2　远程登录

服务器可以是本地服务器，也可以是云服务器，在实际工作中，管理员一般都是通过网络远程登录到服务器对其进行管理的。远程登录到服务器可使用 Windows 10 内置的 OpenSSH 客户端，也可以使用 PuTTY、Xshell 和 SecureCRT 等软件来实现。

下面分别介绍使用 OpenSSH 客户端和 PuTTY 远程登录服务器的方法。

1. 使用 OpenSSH 客户端远程登录服务器

OpenSSH 客户端为 Windows 10 内置应用，若没有安装则可自行安装，其安装方法如下。

启动 Windows 10，依次单击"开始"→"设置"→"系统"→"可选功能"→"添加功能"，在列表中找到"OpenSSH 客户端"并对其进行安装，安装之后就可在命令提示符窗口中使用 SSH（Secure Shell，安全外壳）命令了。

SSH 命令的语法格式如下：

```
ssh 远程主机名或IP 地址 -l 用户名
```

例：使用 OpenSSH 客户端远程登录服务器，如图 1-26 所示。

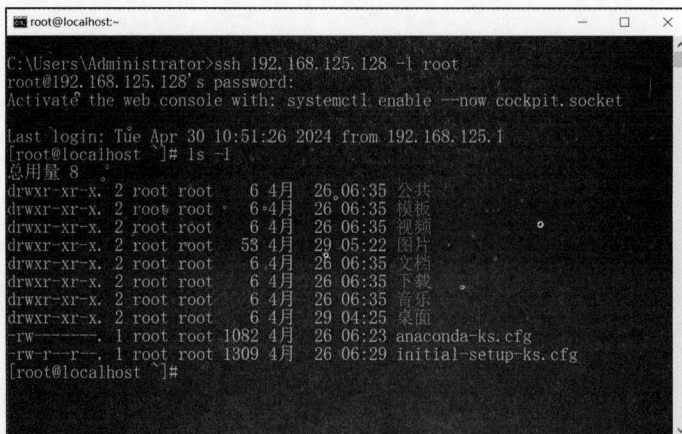

图 1-26　使用 OpenSSH 客户端远程登录服务器

2. 使用 PuTTY 远程登录服务器

PuTTY 是绿色软件，无须安装，下载后可直接在主机上运行。运行 PuTTY，会弹出"PuTTY 配置"对话框，设置"主机名称（或 IP 地址）"为 192.168.125.128，"连接类型"选 SSH，"端口"默认为 22，如图 1-27 所示。

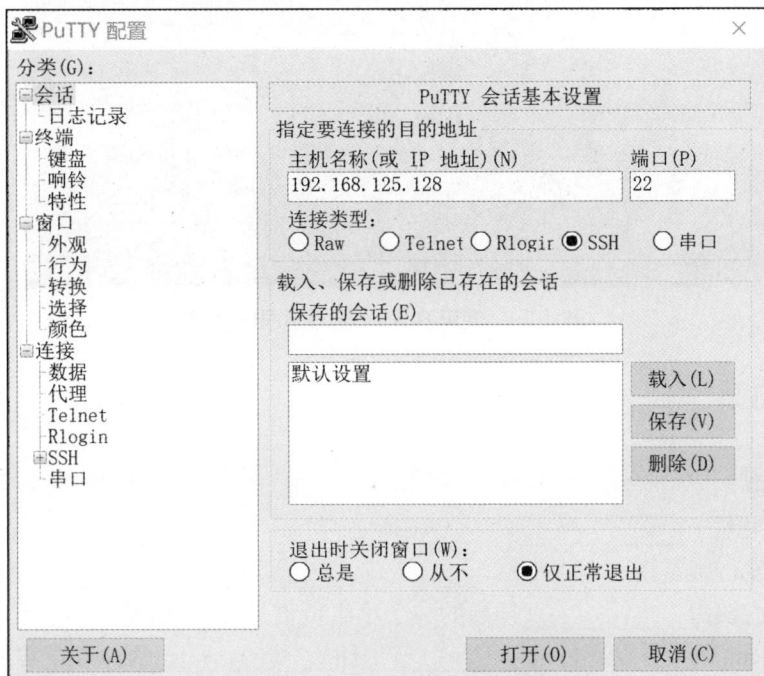

图 1-27 "PuTTY 配置"对话框

单击"打开"按钮，就可以远程登录到服务器。若是第一次连接，则需要在主机和服务器之间交换会话密钥，会弹出图 1-28 所示的"PuTTY 安全警告"对话框。

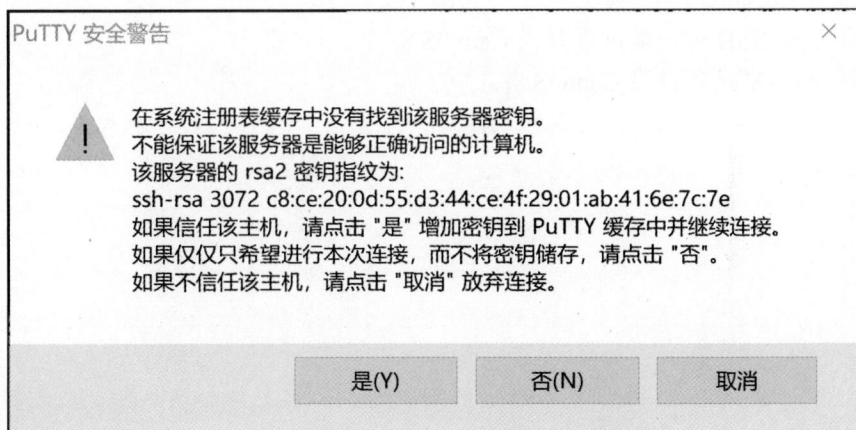

图 1-28 "PuTTY 安全警告"对话框

单击"是"按钮，在出现的命令提示符窗口中输入正确的用户名及密码，就可登录到服务器，如图 1-29 所示。

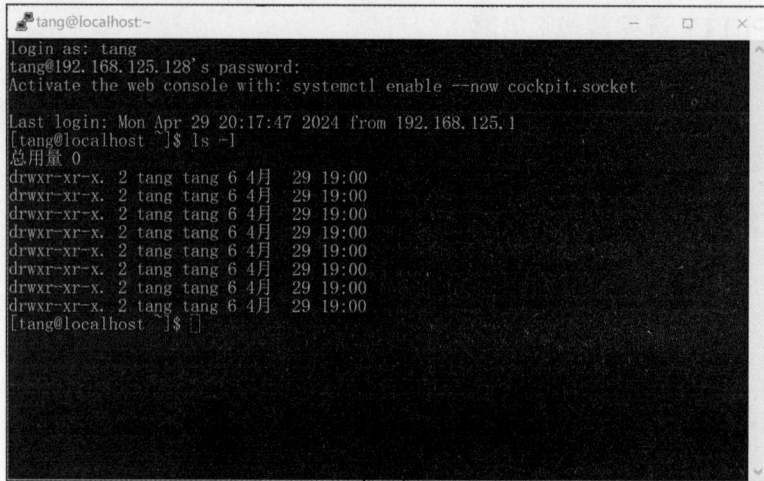

图 1-29　使用 PuTTY 远程登录服务器

1.4　习题

一、填空题

1. Linux 来源于＿＿＿＿＿＿＿。
2. Linux 发行版是指＿＿＿＿＿＿＿＿＿＿＿＿＿＿＿＿＿＿＿＿＿＿＿。
3. Linux 内核由＿＿＿＿＿＿领导的一个小组负责开发、更新。
4. 登录 CentOS 8 可以通过＿＿＿＿＿＿＿和＿＿＿＿＿＿＿两种方式实现。

二、操作题

1. 在自己的计算机上安装 VMware Workstation Pro 17。
2. 在自己的计算机上通过虚拟机软件安装 CentOS 8。
3. 本地登录 CentOS 8。
4. 使用 OpenSSH 客户端远程登录 CentOS 8。
5. 使用 PuTTY 远程登录 CentOS 8。

第 2 章 基础命令

本章导读

　　Windows 系统一般使用鼠标即可进行操作，其优点是简单、容易上手，缺点是不能快速、批量、自动化管理系统。Linux 系统是一个以命令管理为主的操作系统，可以快速、批量、自动化管理系统，命令是 Linux 系统操作的根本，能熟练使用基础命令对系统进行管理和配置是 Linux 系统管理员必备的技能。

知识目标

- 理解 Shell 的作用。
- 掌握 Shell 命令的语法格式。
- 掌握常用 Shell 命令及选项。

能力目标

- 能够使用常用目录处理命令和文件处理命令。
- 能够使用常用文本处理命令和其他常用命令。
- 能够使用文本编辑器。

素质目标

　　具有科学探索精神。

2.1　Shell 命令基础

2.1.1　Shell 简介

　　Shell 是一个命令解释器，它接收用户输入的命令，并解释这些命令以执行相应的操作。Shell 不仅是一个用户与 Linux 内核交互的界面，也是一个强大的编程工具，允许用户编写复杂的脚本以自动化各种任务。

　　Shell 有多种类型，常用的有 Bourne Shell（简称 sh）、C Shell（简称 csh）和 Korn Shell

（简称 ksh）3 种，它们各有优缺点。

Bourne Shell 在编程方面相当优秀，但在与用户的交互方面不如另外两种 Shell。Linux 系统默认的 Shell 是 Bourne Again Shell。它是 Bourne Shell 的扩展，简称 Bash，完全向后兼容 Bourne Shell，并且在 Bourne Shell 的基础上增加、增强了很多特性。

C Shell 是一种比 Bourne Shell 更适用于编程的 Shell，其语法与 C 语言很相似。

Korn Shell 集合了 C Shell 和 Bourne Shell 的优点并且完全兼容 Bourne Shell。

当用户成功登录 Linux 系统后，系统将执行 Shell 程序，提供命令提示符：对于普通用户，命令提示符为$；对于超级用户，命令提示符为#。用户可在命令提示符后输入命令名称及命令所需的选项和参数，按 Enter 键系统将执行命令。若要中止命令的执行，可以按 Ctrl+C 组合键；若要退出登录，可以执行 logout、exit 命令或按 Ctrl+D 组合键。

例：使用 chsh -l 命令来查看系统自带的 Shell。

```
[root@localhost ~]# chsh -l
/bin/sh
/bin/bash
/usr/bin/sh
/usr/bin/bash
```

也可以使用 chsh -s <shell>修改系统默认的 Shell。

Linux 系统本身没有 GUI（Graphical User Interface，图形用户界面），但提供了实现 GUI 的应用程序 X-Window，它是一个开源的图形窗口系统，提供了一个框架，用于在显示器上绘制图形和文本，并接收来自鼠标和键盘的输入。X-Window 通常与桌面环境，如 GNOME（一个开源的桌面环境，旨在为用户提供简单、易用、美观的图形界面）、KDE（一个开源的桌面环境，旨在为用户提供直观、灵活和功能丰富的用户界面）等一起工作，为用户提供友好的图形化界面。

2.1.2 Shell 命令的语法格式

Shell 命令的语法格式如下：

```
命令 [选项] [参数]
```

说明如下。
- 命令：指要执行的命令或程序的名称。
- 选项：可选项，用于改变命令的行为或提供更多的功能。选项可以是单个字母，也可以是多个字母的组合，其前面有一个短横线（短横线是必需的，Shell 用它来区分选项和参数）。
- 参数：可选项，用于表示命令的输入数据或要操作的对象，它紧跟在命令和选项之后，没有特定的前缀。
- 命令、选项和参数之间必须用空格或制表符隔开。

例：不带选项的 ls 命令。

```
[root@localhost ~]# ls
公共  模板  视频  图片  文档  下载  音乐  桌面  anaconda-ks.cfg  initial-setup-ks.cfg
```
以上所示是不带选项的 ls 命令，用于列出当前目录中的所有文件和目录，但只列出各个

18

文件和目录的名称，而不显示其他信息。

例：加了选项-l 的 ls 命令。

```
[root@localhost ~]# ls -l
总用量 8
drwxr-xr-x. 2 root root    6 4月  26 06:35 公共
drwxr-xr-x. 2 root root    6 4月  26 06:35 模板
drwxr-xr-x. 2 root root    6 4月  26 06:35 视频
drwxr-xr-x. 2 root root    6 4月  26 06:35 图片
drwxr-xr-x. 2 root root    6 4月  26 06:35 文档
drwxr-xr-x. 2 root root    6 4月  26 06:35 下载
drwxr-xr-x. 2 root root    6 4月  26 06:35 音乐
drwxr-xr-x. 2 root root    6 4月  26 06:35 桌面
-rw-------. 1 root root 1082 4月  26 06:23 anaconda-ks.cfg
-rw-r--r--. 1 root root 1309 4月  26 06:29 initial-setup-ks.cfg
```

ls 命令中的-l 选项表示长列表格式（long list format），ls-l 用于列出当前目录中所有文件和目录的详细信息，即为每个文件和目录列出一行信息，包括文件类型和权限、硬链接数、属主、属组、文件大小、最后修改时间、文件或目录的名称。

例：加了选项和参数的 ls 命令。

```
[root@localhost ~]# ls -l *.cfg
-rw-------. 1 root root 1082 4月  26 06:23 anaconda-ks.cfg
-rw-r--r--. 1 root root 1309 4月  26 06:29 initial-setup-ks.cfg
```

2.1.3 常用帮助方式

由于 Linux 系统的命令以及选项和参数非常多，用户很难记住所有命令的用法。借助 Linux 系统提供的各种帮助命令，此问题便可迎刃而解。

1．help 命令

help 命令的作用是显示命令的帮助信息，是必须要掌握的。

help 命令有两种用法。

（1）第一种用法针对内部命令。

其语法格式如下：

```
help [命令]
```

例：查看 pwd 命令的帮助信息。

```
[root@localhost ~]# help pwd
pwd: pwd [-LP]
    输出当前工作目录的名称。

    选项:
      -L 输出 $PWD 变量的值，如果它包含了当前的工作目录
      -P 输出当前的物理路径，不带有任何的符号链接
```

默认情况下，'pwd' 的执行结果和带 '-L' 选项一致

退出状态：
除非使用了无效选项或者当前目录不可读，否则返回状态为 0。

（2）第二种用法针对外部命令，使用长选项。长选项通常以两个连字符"--"开头，后面跟一个单词描述。短选项通常以一个连字符"-"开头，后面跟一个单字母描述。

其语法格式如下：

```
命令 --help
```

其作用是查看命令的选项的帮助信息。

例：查看 mkdir 命令的选项的帮助信息。

```
[root@localhost ~]# mkdir --help
用法: mkdir [选项]... 目录...
Create the DIRECTORY(ies), if they do not already exist.

无论是使用短选项还是长选项，都需要提供相应的参数。
 -m, --mode=MODE   set file mode (as in chmod), not a=rwx - umask
 -p, --parents     no error if existing, make parent directories as needed
 -v, --verbose     print a message for each created directory
 -Z                set SELinux security context of each created directory
                   to the default type
    --context[=CTX] like -Z, or if CTX is specified then set the SELinux
                    or SMACK security context to CTX
    --help     显示此帮助信息并退出
    --version  显示版本信息并退出

GNU coreutils 在线帮助: <https://www.█████████████████████>
请向 <http://translationproject.org/team/zh_CN.html> 报告 mkdir 的翻译错误
完整文档请见: <https://www.███████████████████/mkdir>
或者在本地使用: info '(coreutils) mkdir invocation'
```

2. man 命令

可以通过 man 命令来查看命令的使用手册。

其语法格式如下：

```
man [要查询的命令]
```

例：查看 ls 命令的使用手册，输入命令"man ls"并按 Enter 键。

```
[root@localhost ~]#man ls
```

结果如图 2-1 所示。

按 PageDown 键可将使用手册下翻一页，按 PageUp 键可将使用手册上翻一页，按 Home 键可将使用手册翻到第一页，按 End 键可将使用手册翻到最后一页。

```
LS(1)                         General Commands Manual                          LS(1)

NAME
       ls, dir, vdir - 列目录内容

提要
       ls [选项] [文件名...]

       POSIX 标准选项: [-CFRacdilqrtu1]

GNU 选项 (短格式):
       [-1abcdfgiklmnopqrstuxABCDFGLNQRSUX]  [-w  cols]  [-T  cols]  [-I  pattern] [--full-time]
       [--format={long,verbose,commas,across,vertical,single-column}]
       [--sort={none,time,size,extension}]               [--time={atime,access,use,ctime,status}]
       [--color[={none,auto,always}]] [--help] [--version] [--]

描述 ( DESCRIPTION )
       程序ls先列出非目录的文件项，然后是每一个目录中的"可显示"文件。如果
       没有选项之外的参数【译注：即文件名部分为空】出现，默认为  "."  (当前目录)。  选项" -d
       "使得目录与非目录项被同样对待。除非"          -a          "                选项出现，文
       件名以"."开始的文件不属于"可显示"文件。

       以当前目录为准，每一组文件（包括非目录文件项，以及每一内含文件的目录）分
       别按文件名比较顺序排序。如果"           -l            "选项存在，每组文件前显示一摘要行:
       给出该组文件长度之和（以 512 字节为单位）。

       输出是标准输出（      stdout      ）。除非以"       -C      "选项要求按多列输出，输出
       将是一行一个。然而，输出到终端时，单列输出或多列输出是不确定的。可以分别 用选项" -1 " 或"
       -C "来强制按单列或多列输出。

       -C      多列输出，纵向排序。

 Manual page ls(1) line 1 (press h for help or q to quit)
```

图 2-1　查看 ls 命令的使用手册

3. info 命令

info 命令可以用于查看命令程序、库和系统文件的详细信息，这些信息比通过 man 命令查询到的详细，包括常用示例、常见问题等。

其语法格式如下：

```
info [选项]... [主题...]
```

例：查看 ls 命令的详细信息，输入命令“info ls”并按 Enter 键。

```
[root@localhost ~]#info ls
```

结果如图 2-2 所示。

```
File: coreutils.info,  Node: ls invocation,  Next: dir invocation,  Up: Directory listing

10.1 'ls': List directory contents
==================================

The 'ls' program lists information about files (of any type, including
directories).  Options and file arguments can be intermixed arbitrarily,
as usual.

   For non-option command-line arguments that are directories, by
default 'ls' lists the contents of directories, not recursively, and
omitting files with names beginning with '.'.  For other non-option
arguments, by default 'ls' lists just the file name.  If no non-option
argument is specified, 'ls' operates on the current directory, acting as
if it had been invoked with a single argument of '.'.

   By default, the output is sorted alphabetically, according to the
locale settings in effect.(1)  If standard output is a terminal, the
output is in columns (sorted vertically) and control characters are
output as question marks; otherwise, the output is listed one per line
and control characters are output as-is.

   Because 'ls' is such a fundamental program, it has accumulated many
options over the years.  They are described in the subsections below;
within each section, options are listed alphabetically (ignoring case).
The division of options into the subsections is not absolute, since some
options affect more than one aspect of 'ls''s operation.

   Exit status:

     0 success
-zz-Info: (coreutils.info.gz)ls invocation, 57 lines --Top----------------------------
Welcome to Info version 5.1.  Type h for help, m for menu item.
```

图 2-2　查看 ls 命令的详细信息

按 PageDown 键可将详细信息下翻一页，按 PageUp 键可将详细信息上翻一页，按 Home

键可将详细信息翻到第一页，按 End 键可将详细信息翻到最后一页。

4. 其他获取帮助信息的方法

（1）查询系统中的帮助文件。

例：通过 ls 命令查询帮助文件。

```
[root@localhost ~]# ls -l /usr/share/doc
总用量 36
drwxr-xr-x. 2 root root  32 4月  26 06:03 abattis-cantarell-fonts
drwxr-xr-x. 2 root root  38 4月  26 06:06 accountsservice
drwxr-xr-x. 2 root root  79 4月  26 06:07 adcli
drwxr-xr-x. 2 root root  43 4月  26 06:03 adobe-mappings-cmap
drwxr-xr-x. 2 root root  23 4月  26 06:04 adobe-mappings-pdf
drwxr-xr-x. 2 root root  56 4月  26 06:06 alsa-lib
drwxr-xr-x. 2 root root  60 4月  26 06:12 alsa-plugins-pulseaudio
drwxr-xr-x. 2 root root  43 4月  26 06:14 alsa-sof-firmware
......
```

（2）通过官网获取 Linux 相关的帮助文件。

用户可到 CentOS 的官网查阅关于 CentOS 的帮助文件，也可以发布相关问题、寻求帮助。

5. 命令自动补全

命令自动补全是一种在命令行中输入命令时，通过特定的快捷键（通常是 Tab 键）来自动补全命令名称、文件路径、文件名或命令参数等的功能。这种功能可以极大地减少用户的输入量，并降低输入错误的风险。

在命令行中，输入字符后，按两次 Tab 键，Shell 就会自动列出以输入字符开头的所有命令。如果只有一个命令匹配，按一次 Tab 键命令就会自动补全。如想更改用户密码，但只记得对应命令的前几个字符是 pass。输入"pass"后按 Tab 键，Shell 就自动补全为 passwd，非常方便。输入命令、路径、文件名等时，均可以使用命令自动补全功能。

6. 判断命令是内部命令还是外部命令

内部命令指的是集成在 Shell 里的命令，属于 Shell 的一部分，系统中没有与内部命令单独对应的文件。只要 Shell 被执行，内部命令会自动加入内存，用户就可以直接使用，如 cd 命令。

不可能把所有的命令都集成在 Shell 内，更多的命令是独立于 Shell 的，这些命令就称为外部命令。每个外部命令都对应系统中的一个文件，而系统必须知道外部命令所对应的文件所在的位置，这样才能由 Shell 加载并执行外部命令，如 cp 命令就属于外部命令。

可以使用 type 命令来判断一个命令是内部命令还是外部命令。

例：判断 cd 和 find 命令是内部命令还是外部命令。

```
[root@localhost ~]# type cd
cd 是 Shell 内建
[root@localhost ~]# type find
find 是 /usr/bin/find                          //对应系统中的一个文件
```

也可以使用 which 命令查找外部命令所对应的文件，其查找范围由环境变量 PATH 决定。
例：查找外部命令 find 所对应的文件。

```
[root@localhost ~]# which find
/usr/bin/find
```

2.2　常用目录处理命令和文件处理命令

目录处理命令

2.2.1　目录处理命令

在系统中表示某个文件或目录的位置时，可以使用绝对路径或相对路径。

● 绝对路径：以根目录"/"开始，如"/root"。
● 相对路径：以当前目录开始，在开头不使用"/"符号，如"../etc"。
另外，在表示路径时还有两个特殊的符号："."和".."。
● "."：表示当前目录，如"./1.txt"表示当前目录下的 1.txt 文件。
● ".."：表示上一级目录，如"../1.txt"表示上一级目录下的 1.txt 文件。
下面讲解常用的目录处理命令。

1．显示当前目录命令 pwd

pwd 命令的主要作用就是显示当前目录，当前目录就是用户当前所处的目录。
其语法格式如下：

```
pwd
```

Linux 系统是一个多用户操作系统，当某个用户登录系统时就会自动处于某个目录下，这个目录称为主目录。对于普通用户，当用户被创建时，默认会在/home 目录中创建一个与用户同名的目录，该目录就是用户的主目录。对于 root，主目录就是/root。

> pwd 命令不需要带任何选项或参数。
> 例：显示当前目录。
> ```
> [root@localhost ~]# pwd
> /root
> ```
> 注意

2．显示目录内容命令 ls

ls 命令是 Linux 系统中较常用的命令，默认情况下用来显示当前目录里的内容，如果指定了其他目录就会显示指定目录里的内容。ls 命令不仅可以用于显示目录里包含的文件和目录，还可以用于显示文件权限和查看目录信息等。
其语法格式如下：

```
ls [选项] [文件或目录]
```

常用的选项如下。
-a：显示所有文件和目录，包括隐藏文件和目录。
-l：显示详细信息。

-d：仅显示目录名，不显示目录下的内容列表。

-h：以易于阅读的格式输出文件和目录大小。

-t：按照文件和目录的修改时间排序。

-R：连同子目录的内容一起列出。

命令的选项可以组合使用。

例：显示当前目录里的所有文件和目录的详细信息。

注意

```
[root@localhost ~]# ls -lR
```

3. 创建目录命令 mkdir

mkdir 命令的主要功能是创建一个或多个空目录。

其语法格式如下：

```
mkdir [选项] 目录名
```

常用的选项如下。

-p：递归创建目录，若目录的上级目录不存在则先创建上级目录。

-v：输出创建目录的详细信息。

例：用 mkdir 命令创建目录。

```
[root@localhost ~]# mkdir /tmp/temp1
```

4. 切换目录命令 cd

cd 命令用于切换到指定目录。

其语法格式如下：

```
cd [目录路径]
```

例：切换到指定目录。

```
[root@localhost ~]# cd /tmp/temp1
```

例：返回上一级目录。

```
[root@localhost ~]# cd ..
```

例：切换到用户的主目录（方法一）。

```
[root@localhost ~]# cd ~
```

例：切换到用户的主目录（方法二）。

```
[root@localhost ~]# cd
```

例：返回用户之前的工作目录。

```
[root@localhost ~]# cd -
```

5. 删除空目录命令 rmdir

rmdir 命令用于删除一个或者多个空目录。

其语法格式如下：

```
rmdir [选项] 目录路径
```

常用的选项如下。

-p：删除指定的目录后，若该目录的上级目录为空则一并删除。

-v：输出删除目录的详细信息。

如果某目录下存在文件，则该目录无法删除。

例：删除/tem/temp1 目录。

```
[root@localhost temp1]# cd
[root@localhost ~]# rmdir /tmp/temp1
```

2.2.2　文件处理命令

下面讲解常用的文件处理命令。

文件处理命令

1. touch 命令

touch 命令的主要作用是更改文件的日期时间属性，包括访问日期时间和修改日期时间，若文件不存在，则系统会创建一个空文件。

其语法格式如下：

```
touch [选项] 文件名
```

常用的选项如下。

-a：只更改访问日期时间。

-d "字符串"：使用指定字符串表示日期时间。

-m：只更改修改日期时间。

-r：把指定文件或目录的日期时间设成参考文件或目录的日期时间。

-t：使用指定的日期时间替代当前的日期时间。

例：用 touch 命令修改文件的访问日期时间。

```
[root@localhost ~]# touch lele.txt
[root@localhost ~]# ls -l lele.txt
-rw-r--r--. 1 root root 0 5月   1 10:27 lele.txt
[root@localhost ~]# touch -d "06/01/2024 12:12:12" lele.txt
[root@localhost ~]# ls -l lele.txt
-rw-r--r--. 1 root root 0 6月   1 2024 lele.txt
```

2. 显示文件内容命令

（1）cat 命令。

cat 命令常用来显示文件内容，或者将几个文件的内容拼接起来显示，或者从标准输入读取内容并显示。它常与重定向命令配合使用。

其语法格式如下：

```
cat [选项] 文件名
```

常用的选项如下。

-b：为输出的非空行编号。

-E：在每行结束处显示 "$"。

-n：为输出的所有行编号。

-s：不输出多个空行。

该命令仅适用于内容较少的文件。

例：显示网卡配置文件的内容。

```
[root@localhost ~]# cat /etc/sysconfig/network-scripts/ifcfg-ens160
TYPE=Ethernet
PROXY_METHOD=none
BROWSER_ONLY=no
BOOTPROTO=dhcp
DEFROUTE=yes
IPV4_FAILURE_FATAL=no
IPV6INIT=yes
IPV6_AUTOCONF=yes
IPV6_DEFROUTE=yes
IPV6_FAILURE_FATAL=no
NAME=ens160
UUID=e1e898dd-bcb3-4b8a-a215-185bf69550d2
DEVICE=ens160
ONBOOT=no
```

（2）tac 命令。

tac 命令是反序显示文件内容的命令，用于将文件内容以行为单位反序输出，即第一行最后显示，最后一行先显示。

其语法格式如下：

```
tac [选项] 文件名
```

该命令输出的内容的顺序与 cat 命令的相反，同样仅适用于内容较少的文件。

例：反序显示网卡配置文件的内容。

```
[root@localhost ~]# tac /etc/sysconfig/network-scripts/ifcfg-ens160
ONBOOT=no
DEVICE=ens160
UUID=e1e898dd-bcb3-4b8a-a215-185bf69550d2
NAME=ens160
IPV6_FAILURE_FATAL=no
IPV6_DEFROUTE=yes
IPV6_AUTOCONF=yes
IPV6INIT=yes
IPV4_FAILURE_FATAL=no
DEFROUTE=yes
BOOTPROTO=dhcp
BROWSER_ONLY=no
PROXY_METHOD=none
TYPE=Ethernet
```

（3）more 命令。

more 命令类似于 cat 命令，不过会以一页一页的形式显示文件内容，更方便用户逐页阅读。

其语法格式如下：

```
more [选项] 文件名
```

常用的选项如下。

-d：显示帮助信息，而不会发出警告声。

-f：统计逻辑行数而不是屏幕行数。

-l：不要在任何包含 ^L（换页）的行之后暂停。

-p：不滚屏，清屏并显示文本。

-c：不滚屏，显示文本并清理行尾。

-s：将多个空行压缩为一行。

-NUM：指定每屏显示的行数为 NUM。

+NUM：从文件的第 NUM 行开始显示。

+/string：从匹配搜索字符串 string 的文件位置开始显示。

执行该命令时，按 Space 键或 F 键可向后翻页，按 B 键可向前翻页，按 Enter 键可换行，按 Q 键可退出。

例：分页显示/etc/services 文件的内容。

```
[root@localhost ~]# more -f /etc/services
# /etc/services:
# $Id: services,v 1.55 2013/04/14 ovasik Exp $
#
# Network services, Internet style
# IANA services version: last updated 2013-04-10
#
# Note that it is presently the policy of IANA to assign a single well-known
# port number for both TCP and UDP; hence, most entries here have two entries
# even if the protocol doesn't support UDP operations.
# Updated from RFC 1700, "Assigned Numbers" (October 1994).  Not all ports
# are included, only the more common ones.
#
# The latest IANA port assignments can be gotten from
#        http://www.iana.org/assignments/port-numbers
# The Well Known Ports are those from 0 through 1023.
# The Registered Ports are those from 1024 through 49151
# The Dynamic and/or Private Ports are those from 49152 through 65535
#
# Each line describes one service, and is of the form:
#
# service-name  port/protocol  [aliases ...]   [# comment]

tcpmux          1/tcp                           # TCP port service multiplexer
tcpmux          1/udp                           # TCP port service multiplexer
rje             5/tcp                           # Remote Job Entry
rje             5/udp                           # Remote Job Entry
```

```
echo           7/tcp
echo           7/udp
discard        9/tcp          sink null
discard        9/udp          sink null
systat        11/tcp          users
systat        11/udp          users
--More--(0%)
```

（4）less 命令。

less 命令与 more 命令相似，但其功能比 more 命令强大许多。

其语法格式如下：

```
less [选项] 文件名
```

常用的选项如下。

-b <缓冲区大小>：设置缓冲区的大小。

-e：文件显示完后，自动退出。

-g：只标记最后搜索的关键词。

-i：搜索时忽略大小写。

-m：显示完成的百分比。

-N：显示每行的行号。

-o <文件名>：将 less 输出的内容保存在指定文件中。

-Q：不发出警告声。

-s：显示连续空行为一行。

执行该命令时，按 Space 键、F 键或 PageDown 键可向后翻页，按 PageUp 键可向前翻页，按 Enter 键或↓键可换行（逐行往后显示），按↑键则可逐行往前显示，按 Q 键可退出。

输入"/想搜索的关键词"，然后按 Enter 键，则向后搜索。

输入"?想搜索的关键词"，然后按 Enter 键，则向前搜索。

例：分页显示/etc/services 文件的内容。

```
[root@localhost ~]# less  /etc/services
……
```

（5）head 命令。

head 命令可用于查看文件开头部分的内容。如果为该命令提供了多个文件名，则显示的每个文件的内容都以其文件名开头。

其语法格式如下：

```
head [选项] 文件名
```

常用的选项如下。

-c n：显示文件的前 n 个字节。

-c -n：显示文件除了最后 n 个字节外的其他内容。

-n：显示文件的前 n 行（默认为 10 行）。

-q：不在显示的文件内容的开头包含给定文件名。

-v：总是在显示的文件内容的开头包含给定文件名。

例：显示/etc/services 文件前 8 行的内容。

```
[root@localhost ~]# head -8 /etc/services
# /etc/services:
# $Id: services,v 1.49 2017/08/18 12:43:23 ovasik Exp $
#
# Network services, Internet style
# IANA services version: last updated 2016-07-08
#
# Note that it is presently the policy of IANA to assign a single well-known
# port number for both TCP and UDP; hence, most entries here have two entries
```

（6）tail 命令。

tail 命令用于显示文件结尾部分的内容，如果为该命令提供了多个文件名，则显示的每个文件的内容都以其文件名开头。

其语法格式如下：

```
tail [选项] 文件名
```

常用的选项如下。

-f：可实时监视文件的增长，当新内容追加到文件时，会自动更新并显示，直到按下 Ctrl+C 组合键停止显示。

-F：实时跟踪文件，如果文件不存在，则继续尝试。

-n［行数］：显示文件末尾的行数，如省略该选项时，则默认显示最后 10 行。

例：显示/etc/passwd 文件最后 10 行的内容。

```
[root@localhost ~]# tail /etc/passwd
geoclue:x:992:986:User for geoclue:/var/lib/geoclue:/sbin/nologin
gluster:x:991:985:GlusterFS daemons:/var/run/gluster:/sbin/nologin
gdm:x:42:42::/var/lib/gdm:/sbin/nologin
gnome-initial-setup:x:990:984::/run/gnome-initial-setup/:/sbin/nologin
sshd:x:74:74:Privilege-separated SSH:/var/empty/sshd:/sbin/nologin
avahi:x:70:70:Avahi mDNS/DNS-SD Stack:/var/run/avahi-daemon:/sbin/nologin
postfix:x:89:89::/var/spool/postfix:/sbin/nologin
ntp:x:38:38::/etc/ntp:/sbin/nologin
tcpdump:x:72:72::/:/sbin/nologin
root:x:1000:1000:root:/home/root:/bin/bash
```

3. 复制文件或目录命令 cp

cp 命令用来将一个或多个源文件或目录复制到目标文件或目录。cp 命令非常强大且灵活，允许用户以多种方式复制文件和目录。

其语法格式如下：

```
cp [选项] 源文件或目录 目标文件或目录
```

常用的选项如下。

-a：将文件的属性一起复制。

-f：如果无法打开现有目标文件，则将其删除，然后重试。

-i：若目标文件存在，则会询问是否覆盖。

-n：不覆盖已存在的文件（使-i 选项失效）。

-p：保留指定的属性，如所有权、时间戳等，与-a 类似，常用于备份。

-r：递归复制目录及其子目录内的所有内容。

-u：只有在源文件的修改时间比目标文件晚或目标文件不存在时才进行复制。

-v：显示详细的复制步骤。

例：将/etc 目录中的配置文件复制到指定目录下。

```
[root@localhost ~]# mkdir etcbak
[root@localhost ~]# cp /etc/*.conf etcbak
```

4. 剪切文件或目录命令 mv

mv 命令的语法格式与 cp 命令的相同。

例：将 anaconda-ks.cfg 文件剪切到 aa 目录中。

```
[root@localhost ~]# mkdir aa
[root@localhost ~]# mv anaconda-ks.cfg  /root/aa
```

5. 删除文件或目录命令 rm

rm 命令的功能是删除某个目录中的一个或多个文件或目录，它也可以将某个目录及其所有文件及子目录删除。对于链接文件，它只会删除链接，原有文件保持不变。

其语法格式如下：

```
rm [选项] 文件或目录
```

常用的选项如下。

-f：强制删除。

-i：在删除之前给出提示信息。

-r：递归删除目录及其内容。

例：删除 etcbak 目录。

```
[root@localhost ~]# rm -rf  etcbak
```

6. 查看文件或目录大小命令 du

du 命令用于查看文件或目录所占硬盘空间的大小。

其语法格式如下：

```
du [选项] 文件或目录
```

常用的选项如下。

-h：以 KB、MB、GB（命令执行结果中分别为 K、M、G）等易读的单位显示文件或目录的大小。

-s：显示文件或目录的总大小。

例：查看当前目录的大小。

```
[root@localhost ~]# du -hs ~
98M /root
```

2.3 常用文本处理命令

本节主要讲解 Linux 系统中常用的文本处理命令。

常用文本处理命令

2.3.1　文本操作命令

1. 统计命令 wc

wc 命令的作用是统计指定文件的字节数、字符数、行数等，并将统计结果输出。若不指定文件名或是文件名为 "-"，则 wc 命令会从标准输入中读取数据。

其语法格式如下：

```
wc [选项] 文件名
```

常用的选项如下。

-c：显示字节数。

-m：显示字符数。

-l：显示行数。

-L：显示最长行的长度。

-w：显示单词个数。

例：统计文件信息。

```
[root@localhost ~]# wc /etc/resolv.conf
 3  8 74 /etc/resolv.conf
[root@localhost ~]# wc -l /etc/passwd
46 /etc/passwd
```

2. 排序命令 sort

sort 命令用于将文本文件内容以行为单位来排序。

其语法格式如下：

```
sort [选项] 文件名
```

常用的选项如下。

-b：忽略每行前面出现的空格字符。

-c：检查文本文件内容是否已排序，若已排序，则不进行操作。

-f：排序时，忽略字母大小写。

-M：将前面 3 个字母依照月份的缩写进行排序。

-n：依照数值的大小排序。

-o 输出文件：将排序后的结果存入指定的文件。

-r：逆序排序。

-t 分隔字符：用指定的字段分隔字符对文件中的每一行进行分隔。

-k 数值：按数值所指定的列进行排序。

例：将文件/etc/passwd 的内容用冒号分隔，以第 3 列的数值大小排序，并将结果存入文件 pwd.txt。

```
[root@localhost ~]# sort -n -k 3 -t: /etc/passwd -o /tmp/pwd.txt
[root@localhost ~]# cat /tmp/pwd.txt
root:x:0:0:root:/root:/bin/bash
bin:x:1:1:bin:/bin:/sbin/nologin
daemon:x:2:2:daemon:/sbin:/sbin/nologin
```

```
adm:x:3:4:adm:/var/adm:/sbin/nologin
lp:x:4:7:lp:/var/spool/lpd:/sbin/nologin
sync:x:5:0:sync:/sbin:/bin/sync
......
```

3. 去重命令 uniq

uniq 命令可以去除排序后的文件中的重复行，因此 uniq 常与 sort 组合使用。也就是说，使用 uniq 命令前必须先对文件进行排序。

其语法格式如下：

```
uniq [选项] 文件名
```

常用的选项如下。

-c：在输出行前加上每行在该文件中出现的次数。

-i：忽略字母的大小写。

-u：只显示不重复的行。

例：去掉 testfile 文件中的重复行。

```
[root@localhost ~]# echo -e "hello\nworld\nfriend\nhello\nworld\nhello">testfile
[root@localhost ~]# cat testfile
hello
world
friend
hello
world
hello
[root@localhost ~]# sort testfile -o testfile
[root@localhost ~]# cat testfile
friend
hello
hello
hello
world
world
[root@localhost ~]# uniq -c testfile
    1 friend
    3 hello
    2 world
```

说明：echo 命令用于在终端输出文本。-e 表示启用转义字符的解析，如\n 表示换行；> 表示输出重定向，2.4.4 小节会介绍。

2.3.2 查找命令

1. 文本查找命令 grep

grep 是一个功能强大的文本查找命令，能使用正则表达式查找文本，并把匹配的行输出。

其语法格式如下：

```
grep [选项] 正则表达式 文件
```

常用的选项如下。

-c：只输出匹配的行数。

-I：不区分字母的大小写（只适用于单字符）。

-h：查询多文件时不显示文件名。

-l：查询多文件时只输出包含匹配文本的文件名。

-n：显示匹配行及行号。

-v：显示不包含匹配文本的所有行。

这里的正则表达式可以是简单的文本，如 hello world。

例：在文件中查找指定的内容。

```
[root@localhost ~]# cat testfile
friend
hello
hello
hello
world
world
[root@localhost ~]# grep 'hello' testfile
hello
hello
hello
[root@localhost ~]# grep -c 'hello' testfile
3
[root@localhost ~]# grep -n 'hello' testfile
2:hello
3:hello
4:hello
```

2. 文件查找命令 find

find 命令用于在目录树中查找（搜索）文件，并可对找到的文件执行指定的操作。这个命令几乎可以查找任何类型的文件，并且可以根据文件名、大小、类型、权限、归属、修改日期等多种条件进行查找。

其语法格式如下：

```
find [路径] [选项] [操作]
```

说明如下。

路径：指定 find 命令开始查找的目录路径。若省略，则 find 命令将从当前目录开始查找。

选项：用来定义查找的条件或修改 find 命令的行为。

操作：对找到的文件执行的操作。若省略，则 find 命令将输出所有匹配的文件的名称。

常用的选项如下。

-name：按文件名查找。

-iname：按文件名查找，但不区分字母大小写。

-type：按文件类型查找（如 f 表示普通文件，d 表示目录）。

-size：按文件大小查找。

-user：按文件属主查找。

-group：按文件属组查找。

-mtime：按文件内容最后修改时间查找（以天为单位）。

-ctime：按文件更新时间查找（以天为单位）。

-mmin：按文件内容最后修改时间查找（以分钟为单位）。

-exec：对匹配的文件执行指定的 Shell 命令。

例：列出当前目录中所有扩展名为".c"的文件。

```
[root@localhost ~]# find . -name "*.c"
```

例：列出当前目录中的所有普通文件。

```
[root@localhost ~]# find . -type f
```

例：列出当前目录中所有最近 20 天内更新过的文件。

```
[root@localhost ~]# find . -ctime -20
```

例：查找/var/log 目录中修改时间在 7 天以前的普通文件，并将找到的文件删除。

```
[root@localhost ~]# find /var/log -type f -mtime +7 -exec rm {} \;
```

例：查找当前目录中属主具有读取、写入权限，属组和其他用户具有读取权限的文件（权限与归属将在第 3 章介绍，这里了解即可）。

```
[root@localhost ~]# find . -type f -perm 644 -exec ls -l {} \;
```

例：查找当前目录中文件大小为 0 的普通文件，并列出它们的详细信息。

```
[root@localhost ~]# find / -type f -size 0 -exec ls -l {} \;
```

2.3.3 压缩命令

tar 命令在 Linux 系统中被广泛用于打包和解包文件。tar 是"tape archive"的缩写，最初设计用于将多个文件和目录备份到磁带上，但在不断的发展中已经成为一个强大的文件备份和压缩命令。用户可以使用 tar 命令将多个文件和目录合并成一个包文件（称为 Tarball），并且可以选择使用不同的压缩命令（如 gzip、bzip2、xz 等）来压缩或解压包文件。

打包和压缩命令

其语法格式如下：

```
tar 选项 文件名
```

常用的选项如下。

-c：创建包文件。

-x：解压包文件。

-t：查看包文件中的内容。

-r：向包文件追加文件（一般追加到包文件的末尾）。

-u：更新包文件中的指定文件。

这 5 个是独立选项，创建、解压包文件时只能用到其中一个，可以和以下选项组合使用。

-z：使用 gzip 命令来压缩或解压。

-j：使用 bzip2 命令来压缩或解压。

-Z：使用 compress 命令来压缩或解压。

-v：在压缩或解压的过程中，将正在处理的文件的名称显示出来。

-C：指定解压后文件存放的路径。

-f：指定压缩生成的包文件的名称，此选项后只能跟文件名。

例：将所有.png 文件打包成一个名为 all.tar 的包文件。

```
[root@localhost ~]# tar -cvf all.tar *.png
```
例：将所有.gif 文件追加到 all.tar 包文件里。
```
[root@localhost ~]# tar -rf all.tar *.gif
```
例：更新包文件 all.tar 中的 logo.gif 文件。
```
[root@localhost ~]# tar -uf all.tar logo.gif
```
例：查看包文件 all.tar 中的内容。
```
[root@localhost ~]# tar -tf all.tar
```
例：解压包文件 all.tar。
```
[root@localhost ~]# tar -xvf all.tar
```
例：将所有.png 文件打包成 png.tar 后，再使用 gzip 命令压缩，生成一个 gzip 压缩文件，并将其命名为 png.tar.gz（先打包再压缩）。
```
[root@localhost ~]# tar -czf png.tar.gz *.png
```
例：将所有.png 文件打包成 png.tar 后，再使用 bzip2 命令压缩，生成一个 bzip2 压缩文件，并将其命名为 png.tar.bz2（先打包再压缩）。
```
[root@localhost ~]# tar -cjf png.tar.bz2 *.png
```
例：将文件 png.tar.gz 解压到/root/gz 目录中。
```
[root@localhost ~]# mkdir gz
[root@localhost ~]# tar -xzvf png.tar.gz -C gz
```
例：将文件 png.tar.bz2 解压到/root/bz2 目录中。
```
[root@localhost ~]# mkdir bz2
[root@localhost ~]# tar -xjvf png.tar.bz2  -C bz2
```

2.4　其他常用命令

2.4.1　链接文件命令

ln 是 Linux 系统中一个非常重要的命令，它的功能是为一个文件在另一个位置创建一个同步的链接文件。若要在不同的目录中存放相同的文件，可以不必在每一个目录中都存放一个相同的文件，而只需在某个目录放该文件，然后在其他目录中用 ln 命令链接它，这样就可以避免重复占用硬盘空间。

其语法格式如下：
```
ln [选项][源文件或目录][目标文件或目录]
```
常用的选项如下。

-s：创建符号链接（软链接）。

-f：若目标文件已存在，则覆盖它。

-i：在覆盖目标文件之前询问用户（交互模式）。

-n：创建软链接时，把目标路径中的正斜杠（/）视为普通字符。

-t：指定目标目录，与-s 组合使用时，可以在指定目标目录下创建软链接。

-v：显示详细的处理过程。

链接分为两种：硬链接（Hard Link）与符号链接（Symbolic Link）。硬链接是指一个文件可以有多个名称（在不同的目录中），它以副本的形式存在，起到防止误删除的作用。而符号链接（后称为软链接）则是指生成一个特殊的文件，该文件的内容是指向另一个文件的路径，它类似于 Windows 系统中的快捷方式。

硬链接的特点如下。

（1）硬链接以文件副本的形式存在，但不占用实际空间。

（2）普通用户不允许给目录创建硬链接。

（3）硬链接只能在同一个文件系统中创建。

软链接的特点如下。

（1）软链接包含了一个文本指针，指向另一个文件或目录的位置。

（2）通过软链接可以对一个不存在的文件进行链接。

（3）通过软链接可以对目录进行链接。

（4）软链接可以跨越不同的文件系统创建。

例：给文件 testfile 创建软链接。

```
[root@localhost ~]# ln -s   testfile  file1
[root@localhost ~]# ls -l file1
lrwxrwxrwx. 1 root root 8 4月  21 23:34 file1 -> testfile
```

例：给文件 testfile 创建硬链接。

```
[root@localhost ~]# ln testfile  file2
[root@localhost ~]# ls -l file*
lrwxrwxrwx. 1 root root    8 4月  21 23:34 file1 -> testfile
-rw-r--r--. 2 root root 2159 4月  21 23:33 file2
```

2.4.2 设置别名命令

alias 命令用于创建命令的别名，即给某个命令或命令序列指定一个简短的名称（别名），以使用户能够更方便地执行它来提高效率。alias 命令设置的别名仅限于该次登录有效。若要每次登录别名都有效，可在文件.profile 或.cshrc 中设置命令的别名。

其语法格式如下：

```
alias [别名]= '[命令名称]'
```

说明如下。

别名：可选项，表示要创建的别名，用于替代原命令或命令序列。

命令名称：被别名替代的原命令或命令序列，需要用单引号（'）或双引号（"）引起来，特别是当命令或命令序列中包含空格或特殊字符时。

单独使用 alias 命令将列出系统中所有的别名设置。

例：列出系统中所有的别名设置。

```
[root@localhost ~]# alias
alias cp='cp -i'
alias egrep='egrep --color=auto'
alias fgrep='fgrep --color=auto'
alias grep='grep --color=auto'
alias l.='ls -d .* --color=auto'
alias ll='ls -l --color=auto'
alias ls='ls --color=auto'
alias mv='mv -i'
alias rm='rm -i'
alias xzegrep='xzegrep --color=auto'
alias xzfgrep='xzfgrep --color=auto'
alias xzgrep='xzgrep --color=auto'
alias zegrep='zegrep --color=auto'
alias zfgrep='zfgrep --color=auto'
alias zgrep='zgrep --color=auto'
```

例：给命令"cat /etc/passwd"设置别名 cdp。

```
[root@localhost ~]# alias cdp='cat /etc/passwd'
[root@localhost ~]# cdp
```

要取消所设置的别名，可以使用 unalias 命令。

例：取消设置的 cdp 别名。

```
[root@localhost ~]# unalias cdp
```

2.4.3　查看历史命令记录

history 命令用于显示用户之前执行过的历史命令记录，并能对这些历史命令进行追加、删除等操作。history 命令单独执行时，仅显示历史命令记录，使用"!"可以执行指定序号的历史命令。例如，要执行第 2 条历史命令，则使用"!2"。

历史命令是保存在历史命令缓冲区中的，当退出或者登录 Shell 时，系统会自动保存或读取历史命令缓冲区。历史命令缓冲区能够存储 1000 条历史命令，该数量由环境变量 HISTSIZE 进行控制。执行 history 命令时默认不显示历史命令的执行时间，但历史命令的执行时间会被记录。

> 如果想查询某个用户在系统上执行了什么命令，可以使用超级用户登录系统，检查该用户主目录下的.bash_history 文件，该文件记录了用户执行的历史命令及其信息。
> **注意**

其语法格式如下：

```
history [选项] [参数]
```

常用的选项如下。

-N：显示历史命令记录中最近的 N 条记录。

-c：清空当前终端中的历史命令记录。

-a：将当前终端中执行的命令追加到历史命令记录文件中。不会覆盖该文件中的现有内容，而是将新历史命令添加到该文件末尾。

-r：读取历史命令记录文件中的历史命令记录，并将其添加到当前终端的历史命令记录中。

-w：将当前终端的历史命令记录写入历史命令记录文件，覆盖该文件中的现有内容。

-n\<filename\>：读取指定文件。

参数如下。

n：显示最近执行的 n 条命令。

例：查看历史命令记录。

```
[root@localhost ~]# history
```

例：查看最近执行的 5 条命令。

```
[root@localhost ~]# history 5
```

例：执行历史命令记录中的第 10 条命令。

```
[root@localhost ~]# !10
```

例：!! 执行上一条命令。

```
[root@localhost ~]# !!
```

2.4.4 重定向命令

重定向是指将原来从标准输入读取数据的操作重定向为从其他文件读取数据；将原来要输出到标准输出的内容重定向为输出到指定的其他文件中。

重定向命令有以下几个。

- <：标准输入重定向。
- >：标准输出重定向，清空原来的内容后添加新的内容。
- >>：标准输出重定向，在原来内容的后面追加新的内容。

例：将输出到屏幕中的数据重定向到文件 test.txt 中。

```
[root@localhost ~]# echo "hello world" >> ./test.txt
```

例：wc 命令使用输入重定向的方式来统计 testfile 文件。

```
[root@localhost ~]# wc <testfile
 8  8 53
```

2.4.5 管道命令

管道命令"|"用来连接多条命令，它能够将一个命令的输出作为另一个命令的输入，实现数据流的连续处理，从而只保留用户需要的信息。

管道命令的主要功能和特点如下。

- 数据过滤：管道命令能够将原始数据中用户不需要的信息过滤掉，只保留用户所关注的信息。
- 连续处理：多个命令可以通过管道连接起来，形成一个命令链，对数据进行连续处理。

● 灵活性高：用户可以根据需要组合不同的命令，实现复杂的数据处理。

其语法格式如下：

命令 1 | 命令 2 | 命令 3 |…

"命令 1"的输出作为"命令 2"的输入，然后"命令 2"的输出作为"命令 3"的输入，以此类推，如果最后一个命令有输出，就会直接显示在屏幕上。通过管道命令的作用，前面命令的输出是不会显示在屏幕上的。

● 管道命令只能处理前一条命令的正确输出，若前一条命令错误输出则不能处理。

● 管道右边的命令必须能接收前一条命令输出的数据，否则数据会被抛弃而导致命令执行失败。

例：分页显示/etc 目录中内容的详细信息。

```
[root@localhost ~]# ls -l /etc | more
```

例：将一个字符串输入一个文件中。

```
[root@localhost ~]# echo "Hello World" | cat > hello.txt
```

2.5　文本编辑器

Vi 编辑器是一款功能强大的文本编辑器，被广泛应用在 Linux 系统中。它以简洁、高效的特点备受用户青睐。Vi 有多个改进版本，其中较著名的是 Vim（Vi Improved）。Vim 在 Vi 的基础上添加了许多好用的功能，如代码的关键字加亮、多级撤销、代码补全、编译及错误跳转等方便编程的功能。

文本编辑器

Vi 有 3 种模式，分别是命令模式（Command Mode）、输入模式（Insert Mode）和末行模式（Last Line Mode）。这 3 种模式分别介绍如下。

1. 命令模式

用户启动 Vi 就进入命令模式（默认模式），在此模式下输入的任何字符都被当作编辑命令来解释，而不会直接显示在文本中。如输入一个字符 i，i 不会被视作字符，而是被当作一个命令。在命令模式下，有许多常用的命令用于对文本进行编辑、移动光标、复制粘贴、删除、撤销等。

在命令模式下，常用的命令如下。

i、a 或 o：切换到输入模式。

yy：将光标所在的行复制到缓冲区。

nyy：复制当前行及其后的 n-1 行。

p：将缓冲区的内容粘贴到光标所在位置。

x：删除当前光标所在处的字符。

dd：删除光标所在的行。

ndd：删除从光标所在行开始的 n 行。

/string：查找字符串"string"。

?string：从当前光标位置向下查找字符串"string"。

2. 输入模式

在命令模式下输入 i、a 或 o 并按 Enter 键就会进入输入模式。输入模式主要进行文本的输入和简单的替换操作。在输入模式下，用户可以像在普通文本编辑器中一样输入和编辑文本。按 Esc 键可以退出输入模式，返回到命令模式。

在输入模式下，常用的命令如下。

i：在光标当前位置前插入文本。

a：在光标当前位置后插入文本。

o：在光标所在行的下一行插入新行。

r：替换光标所在位置的单个字符（输入 r 后，再输入要替换的字符即可）。

R：进入替换模式，此时输入的任何字符都会替换掉光标所在位置及其后的字符，直到按 Esc 键退出替换模式。

3. 末行模式

在命令模式下输入半角冒号（:）并按 Enter 键就会进入末行模式。在此模式下，用户可输入一些特殊的命令来执行高级操作，如保存文件、退出编辑器、设置编辑环境等。按 Esc 键退出末行模式。

在末行模式下，常用的命令如下。

:q：退出编辑器。

:q!：不保存文件，强制退出编辑器。

:w：保存当前文件。

:w filename：将当前文件保存为指定的文件名。

:wq：保存文件并退出编辑器。

:set nu：显示行号。

:set nonu：取消显示行号。

:set autoindent：自动缩进。

:set syntax=xxx：设置语法高亮，其中 xxx 是语法类型，如 c 表示 C 语言语法高亮。

例：使用 Vi 创建一个名为 test.txt 的文件。

```
[root@localhost ~]# vim test.txt
```

启动 Vi 后就进入命令模式，如图 2-3 所示。

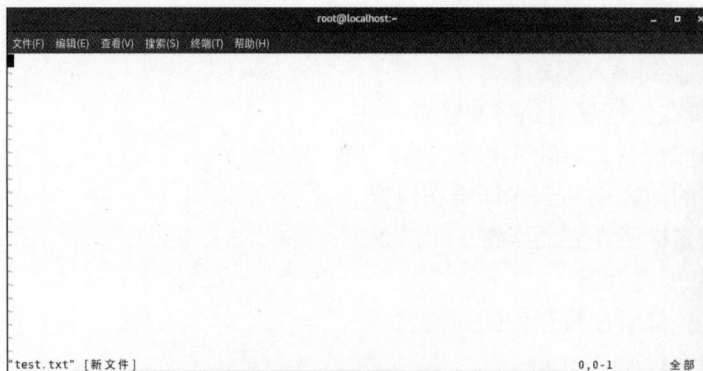

图 2-3　Vi 命令模式

在命令模式下，输入 i、o 或 a 并按 Enter 键进入输入模式，编辑文本，如图 2-4 所示。在输入模式下，窗口左下角会出现"-- 插入 --"字样，是可编辑文本的提示，此时，键盘上除了 Esc 键，其他键都可用来进行输入操作。

图 2-4　Vi 输入模式

文本编辑完后在输入模式中按 Esc 键返回到命令模式。在命令模式下，输入 ":" 并按 Enter 键进入末行模式，输入 "wq" 后按 Enter 键实现保存文件并退出 Vi，如图 2-5 所示。

图 2-5　Vi 末行模式

2.6　习题

一、填空题

1. 如果需要查看文件更为详细和全面的信息，可以使用_____命令。
2. 可以使用_____命令来判断一个命令是内部命令还是外部命令。
3. Vi 共有 3 种模式，分别是_____、_____和_____。

4. 要查看历史命令记录，可以使用＿＿＿＿＿＿＿命令，要连接多个命令，可以使用＿＿＿＿＿＿＿命令。

二、操作题

1. 在用户主目录中分别创建名为 test1 和 test2 的目录，再在 test2 中创建名为 t 的目录。
2. 进入 t 目录，显示当前目录所在路径，返回 root 主目录，再将 t 目录删除。
3. 显示当前目录中所有文件（包含隐藏文件）的详细信息。
4. 显示/dev 目录中所有以"sd"开头的文件的详细信息。
5. 进入/root/test1/目录，创建一个名为 temp1 的空文件。
6. 将文件 temp1 复制到/root/test1/目录中，并将文件名改为 temp1.bak。
7. 将文件 temp1.bak 改名为 temp.bak，并将其移动到/tmp 目录中。
8. 将文件 temp1 删除，将/root/test2/目录强制删除。
9. 用 cat 命令查看文件/etc/sysconfig/network-scripts/ifcfg-eth0 的内容（用 Tab 键补全文件名）。
10. 查看文件/etc/passwd 的前 10 行内容，统计文件/etc/passwd 内容的行数。
11. 查找/etc 目录中以"http"开头的所有文件。
12. 在 boot 目录中查找大小超过 1024KB 且文件名以"init"开头的文件。

第 ③ 章 用户与权限管理

本章导读

Linux 系统是多用户操作系统，为了实现资源的分配及出于对安全的考虑，必须对用户进行合理的权限配置。借助组可以更高效地管理用户权限，实现用户的管理。Linux 系统中的每个文件和目录都有访问权限，权限用于确定通过何种方式对文件和目录进行访问和操作，通过合理地配置用户和组的权限，管理员可以确保系统的安全性和稳定性。

知识目标

- 理解 Linux 系统中用户与组的类型。
- 理解文件和目录的权限与归属的作用。
- 了解系统高级权限的用法及作用。

能力目标

- 能够使用用户和组管理命令。
- 能够使用权限与归属管理命令。
- 能够使用系统高级权限的管理命令。

素质目标

具有追求卓越和精益求精的工匠精神。

3.1 用户管理

3.1.1 用户简介

在 Linux 系统中，用户的重要性不可低估。用户是系统操作、资源访问和安全控制的基础。用户的重要性体现在以下几个方面。

- 身份认证：用户是系统中的一个身份实体，系统通过用户名和密码（或密钥等其他认证方式）进行身份验证。这是访问系统资源的第一步。

● 资源访问控制：系统通过用户身份来限制用户对文件、目录、进程等资源的访问。不同的用户拥有不同的权限，从而可以执行不同的操作。

● 隔离和安全性：每个用户都拥有自己的工作环境和数据存储空间（通常是其主目录），可实现用户之间的数据隔离，防止某个用户未经授权访问其他用户的数据。

● 所有者：在 Linux 系统中，文件和目录都有所有者（属主）的概念。所有者通常是指创建文件或目录的用户。所有者可以修改其文件或目录的权限。

在 Linux 系统中，用户有两种类型：系统用户和可交互式用户。

系统用户是指在安装 Linux 系统及部分应用程序时自动创建的一些低权限用户。系统用户一般不允许登录到系统，仅用于维持系统或某个程序的正常运行，如 bin、daemon、ftp、mail 等。

可交互式用户是指能够通过终端或图形用户界面（GUI）与系统进行实时交互的用户。可交互式用户能够输入命令、执行程序、管理文件等，并能根据系统的响应来进一步操作。可交互式用户分为超级用户（root）和普通用户两种类型。

● 超级用户：对系统中所有的命令、目录和文件等都有读取、写入和执行权限，但一旦操作失误容易对系统造成损坏。所以一般不建议以超级用户身份直接登录系统，应在超级用户之外创建一个普通用户，以普通用户身份登录系统进行日常管理。

● 普通用户：普通用户需要超级用户来创建，其拥有的权限受到一定的限制。普通用户一般在其主目录中拥有完全权限。

Linux 系统中与用户相关的配置文件主要有两个：/etc/passwd 文件和/etc/shadow 文件。前者用于保存用户的基本信息，后者用于保存用户密码的相关信息，这两个文件是互补的。

1. /etc/passwd 文件

/etc/passwd 文件是文本文件，包含用户登录时所需要的信息，每行代表一个用户，该文件对所有用户可读。

/etc/passwd 文件存储格式如下：

```
name:password:UID:GID:comment:directory:shell
```

每行各字段之间用冒号":"分隔，各字段的格式和具体含义如下。

● 第 1 个字段：用户名。

● 第 2 个字段：密码占位符，表示这是一个密码字段，但用户的密码并不存放在这里，而是存放在/etc/shadow 文件中。

● 第 3 个字段：用户的 UID（User Identifier，用户标识符）。

● 第 4 个字段：用户所属组的 GID（Group Identifier，组标识符）。

● 第 5 个字段：用户注释信息，可以是与用户相关的一些说明信息，该字段是可选的。

● 第 6 个字段：用户的主目录。

● 第 7 个字段：用户登录所用的 Shell 类型，默认为/bin/bash。

基于系统运行和管理需要，所有用户都可以查看/etc/passwd 文件中的内容，但是只有超级用户才能修改。

例：查看用户 root 的信息。

```
[root@localhost ~]# grep root /etc/passwd
root:x:0:0:root:/root:/bin/bash
```

```
operator:x:11:0:operator:/root:/sbin/nologin
```

2. /etc/shadow 文件

/etc/shadow 文件包含用户密码的信息及其他相关安全信息。安全起见，只有超级用户才有权限查看/etc/shadow 文件的内容，普通用户无法查看；即使是超级用户，也不允许直接编辑/etc/shadow 文件的内容。

/etc/shadow 文件存储格式如下：

```
login name:encrypted password:date of last password change:minimum password
age:maximum password age: password warning period:password inactivity
period:account expiration date:reserved field
```

每行各字段之间用冒号 ":" 分隔，各字段的格式和具体含义如下。

- 第 1 个字段：用户名。
- 第 2 个字段：加密的密码，$为分隔符，首先是使用的加密算法，其次是 salt 随机数（加密方式），最后才是加密的密码本身。
- 第 3 个字段：从 1970 年 1 月 1 日起，最后一次修改密码的日期。
- 第 4 个字段：密码最小期限，即密码最近修改日期到下次修改日期之间的天数（如设置为 10，则表示修改密码后 10 天内不允许再次修改；0 表示无限制，可在任何时间修改）。
- 第 5 个字段：密码最大期限，即密码最近修改日期到系统强制要求用户修改密码日期之间的天数（如设置为 100，则表示修改密码后 100 天，系统将强制要求用户再次修改密码；1 表示永不修改）。
- 第 6 个字段：密码警告时间段，即密码过期前用户被警告的天数（如密码最大期限为 100、密码警告时间段为 5，则表示修改密码后第 96～100 天这 5 天，用户将被警告 "密码即将过期"；-1 表示没有警告）。
- 第 7 个字段：密码禁用期，过了密码最大期限若仍然没有修改密码，则进入密码禁用期，在禁用期内，用户登录时强行要求修改密码。过了禁用期，用户就会被锁定，锁定的用户解锁后可以继续使用（-1 表示永远不会被禁用）。
- 第 8 个字段：用户过期日期，过期之后用户就不能再登录系统（为空表示没有限制）。
- 第 9 个字段：保留字段，目前无作用。

例：查看/etc/shadow 文件中用户 root 的相关信息。

```
[root@localhost ~]# grep root /etc/shadow
root:$6$wbrpEyda85Pon/Zj$yZt6p5KqtQNb38TXNMyGq.8msPTjvg0.C/BtKpKyHIdZlocyqW6h
hJKu23V4eM.MF8sRS7OkqNaaSqCV6bpZ4/::0:99999:7:::
```

3.1.2 用户管理命令

1. 创建用户

创建用户可使用 useradd 命令来实现，其用法及选项如下：

```
[root@localhost ~]# useradd --help
用法: useradd [选项] 登录
   useradd -D
```

```
    useradd -D [选项]
```

选项：

```
-b, --base-dir BASE_DIR       新用户的主目录的基目录
-c, --comment COMMENT         新用户的 GECOS 字段
-d, --home-dir HOME_DIR       新用户的主目录
-D, --defaults                显示或修改默认的 useradd 配置
-e, --expiredate EXPIRE_DATE  新用户的过期日期
-f, --inactive INACTIVE       新用户的密码不活动期
-g, --gid GROUP               新用户主组的名称或 ID
-G, --groups GROUPS           新用户的附加组列表
-h, --help                    显示此帮助信息并退出
-k, --skel SKEL_DIR           使用此目录作为骨架目录
-K, --key KEY=VALUE           不使用 /etc/login.defs 中的默认值
-l, --no-log-init             不要将此用户添加到最近登录和登录失败的数据库
-m, --create-home             创建用户的主目录
-M, --no-create-home          不创建用户的主目录
-N, --no-user-group           不创建同名的组
-o, --non-unique              允许使用重复的 UID 创建用户
-p, --password PASSWORD       加密后的新用户密码
-r, --system                  创建一个系统用户
-R, --root CHROOT_DIR         chroot 到的目录
-P, --prefix PREFIX_DIR       prefix directory where are located the /etc/* files
-s, --shell SHELL             新用户的登录 Shell
-u, --uid UID                 新用户的用户 ID
-U, --user-group              创建与用户同名的组
-Z, --selinux-user SEUSER     为 SELinux 用户映射使用指定名字 SEUSER
```

例：创建用户 user01，同时创建该用户的主目录。

```
[root@localhost ~]# useradd -m user01
```

用户创建好以后，可通过查看/etc/passwd 文件确认用户是否创建成功。

例：查看用户 user01。

```
[root@localhost ~]# grep user01 /etc/passwd
user01:x:1001:1001::/home/user01:/bin/bash
```

2. 为用户设置密码

刚创建的用户没有密码且不能登录系统，设置密码后才能登录系统。可以使用 passwd 命令为用户设置密码。超级用户可为自己和其他用户设置密码，普通用户只能为自己设置密码。

其语法格式如下：

```
passwd [选项] 用户名
```

常用的选项如下。

-d：清空密码。

-l：锁定用户。

-u：解锁用户。

例：给用户 user01 设置密码。

```
[root@localhost ~]# passwd user01
修改用户 user01 的密码。
新的密码：
无效的密码：密码少于 8 个字符
重新输入新的密码：
passwd：所有的身份验证令牌已经成功更新。
```

> 当超级用户为普通用户设置密码时，即使密码不符合规则和要求，也可以设置成功，但如果是普通用户设置自己的密码，则密码必须要符合规则和要求。

3. 修改用户

修改用户就是根据实际情况修改用户的有关属性，如 UID、主目录、用户组、登录 Shell 等。

修改用户的属性可使用 usermod 命令，其用法及选项如下：

```
[root@localhost ~]# usermod --help
用法：usermod [选项] 登录

选项：
 -c, --comment 注释              GECOS 字段的新值
 -d, --home HOME_DIR             用户的新主目录
 -e, --expiredate EXPIRE_DATE    设定用户过期的日期为 EXPIRE_DATE
 -f, --inactive INACTIVE         过期 INACTIVE 天后，设定密码为失效状态
 -g, --gid GROUP                 强制使用 GROUP 为新主组
 -G, --groups GROUPS             新的附加组列表 GROUPS
 -a, --append GROUP              将用户追加至 -G 中提到的附加组中，
                                 并不从其他组中删除此用户
 -h, --help                      显示此帮助信息并退出
 -l, --login LOGIN               新的登录名称
 -L, --lock                      锁定用户
 -m, --move-home                 将主目录内容移至新位置 (仅与 -d 一起使用)
 -o, --non-unique                允许使用重复的 (非唯一的) UID
 -p, --password PASSWORD         将加密过的密码 (PASSWORD) 设为新密码
 -R, --root CHROOT_DIR           chroot 到的目录
 -P, --prefix PREFIX_DIR   prefix directory where are located the /etc/* files
 -s, --shell SHELL               该用户的新登录 Shell
 -u, --uid UID                   用户的新 UID
```

```
-U, --unlock                          解锁用户
-v, --add-subuids FIRST-LAST  add range of subordinate uids
-V, --del-subuids FIRST-LAST  remove range of subordinate uids
-w, --add-subgids FIRST-LAST  add range of subordinate gids
-W, --del-subgids FIRST-LAST  remove range of subordinate gids
-Z, --selinux-user  SEUSER          用户的新 SELinux 用户映射
```

例：将用户 user01 更名为 student01。

```
[root@localhost ~]# usermod -l student01 user01
```

4．删除用户

如果某个用户不再使用，可以从系统中将其删除。删除用户就是将用户信息从/etc/passwd 等配置文件中删除，也可同时删除用户的主目录。

删除用户使用 userdel 命令。

其语法格式如下：

```
userdel [选项] 用户名
```

常用的选项如下。

-r：将用户的主目录一起删除。

例：删除用户 student01。

```
[root@localhost~]# userdel -r student01
```

此命令删除用户 student01 在配置文件（主要是/etc/passwd、/etc/shadow、/etc/group 等）中的信息，同时删除该用户的主目录。

3.2 组管理

3.2.1 组简介

具有某种共同特征的用户集合起来就是组，组用来提高管理用户的效率，其作用如下。

● 权限共享：组是用户的集合，管理员可以将多个用户归入同一组，并给这个组分配对特定资源（如文件、目录）操作的权限。这样，组内所有用户就可以共享这些权限，而无须单独为每个用户设置权限。

● 简化管理：使用组可以大大简化权限管理。如多个用户都需要访问某个公共目录，可以将这些用户添加到一个组中，并设置该目录的组权限，而无须单独为每个用户设置权限。

每个用户至少属于一个组，创建一个用户系统就会自动创建一个与该用户同名的组，这个组叫作基本组（默认组）。用户新创建的文件和目录默认属于这个组，这有助于保持文件权限的一致性。如创建了一个名为 user02 的普通用户，系统同时会自动创建一个名为 user02 的组，用户 user02 默认属于组 user02，这个组也是用户 user02 的基本组。

Linux 系统还包含一些预定义的系统组，这些组用于执行特定的系统任务，如管理打印作业、访问系统日志等。将用户添加到系统组可赋予用户执行这些任务的权限。用户除了基本组，还可加入其他组，这些用户另外加入的组称为附加组。如用户 user02 加入邮件管理员组 mailadm，那么用户 user02 同时属于基本组 user02 和附加组 mailadm。

与组相关的配置文件也有两个：/etc/group 文件和/etc/gshadow 文件。前者用于保存组的基本信息，后者用于保存组的密码等信息。

1．/etc/group 文件

/etc/group 文件用于保存组的基本信息，每行保存一个组的基本信息。

/etc/group 文件存储格式如下：

```
group_name:password:GID: user_list
```

每行包括 4 个字段，各字段的含义如下。

- 第 1 个字段：组名。
- 第 2 个字段：组的密码，用占位符 x 表示，一般情况下组不设置密码。
- 第 3 个字段：组标识符。
- 第 4 个字段：用户列表，注意，这里列出的是以该组为附加组的用户列表，以该组为基本组的用户没有被列出。

例：查看/etc/group 文件中 root 的相关信息。

```
[root@localhost~]# grep root /etc/group
root:x:0:
```

2．/etc/gshadow 文件

/etc/gshadow 文件包含与组的密码相关的信息，与/etc/shadow 文件类似，只有超级用户才可以查看其内容。/etc/gshadow 和/etc/group 是互补的两个文件。

/etc/gshadow 文件存储格式如下：

```
groupname:password:admin,admin,...:member,member,...
```

每行包括 4 个字段，各字段的含义如下。

- 第 1 个字段：组的名称，由字母或数字构成。
- 第 2 个字段：组密码，该字段若设置为空或"!"，则表示没有密码。
- 第 3 个字段：组管理员，该字段也可以为空，如果有多个组管理员，用逗号分隔。
- 第 4 个字段：组的用户列表，如果有多个用户，用逗号分隔。

例：查看/etc/gshadow 文件中 root 的相关信息。

```
[root@localhost ~]# grep root /etc/gshadow
root:!::
```

3.2.2　组管理命令

1．创建组

创建组可以使用 groupadd 命令。

其语法格式如下：

```
groupadd 选项 组
```

常用的选项如下：

-g：GID，指定组的 GID。

-o：一般与-g 选项同时使用，表示组的 GID 可与系统中已有组的 GID 相同。

例：创建 GID 为 1003 的组 wudang。

```
[root@localhost ~]# groupadd -g 1003 wudang
```

例：查看创建的组 wudang。

```
[root@localhost ~]# grep wudang /etc/group
wudang:x:1003:
```

2. 查看 UID 和 GID

UID 是 Linux 系统中用户的标识符。

- 超级用户的 UID 为固定值 0。
- 系统用户的 UID 为 1~999。
- 普通用户的 UID 为 1000~60000。

组也有数字形式的标识符，称为 GID。

- 超级用户组的 GID 为固定值 0。
- 系统组的 GID 为 1~999。
- 普通组的 GID 为 1000~60000。

id 命令用于查看用户或组的信息，它可以显示当前登录用户的 UID、用户基本组的 GID、附加组的 GID、用户和组的名称等信息。

其语法格式如下：

```
id [选项] [用户名称]
```

常用的选项如下。

-u 或-user：仅显示 UID。

-g 或–group：仅显示 GID。

-G 或–groups：仅显示附加组的 GID。

-n 或–name：以名称的形式而不是数字形式显示用户或组。

例：创建用户 user02 并加入到组 wudang，并通过 id 命令查看该用户相关信息。

```
[root@localhost ~]# useradd user02
[root@localhost ~]# gpasswd -a user02 wudang
正在将用户"user02"加入到"wudang"组中
[root@localhost ~]# id user02
uid=1001(user02) gid=1001(user02) 组=1001(user02),1003(wudang)
```

3. 修改组

修改组的属性使用 groupmod 命令。

其语法格式如下：

```
groupmod 选项 用户组
```

常用的选项如下。

-g GID：为组指定 GID。

-o：与-g 选项同时使用，组的 GID 可与系统已有组的 GID 相同。

-n 组的名称：将组的名称改为另一名称。

例：修改组 wudang 的 GID 并查看修改后的组信息。

```
[root@localhost ~]# groupmod -g 1004 wudang
```

```
[root@localhost ~]# grep wudang /etc/group
wudang:x:1004:
```

4. 删除组

删除组使用 groupdel 命令。

其语法格式如下：

```
groupdel [选项] 组
```

常用的选项如下。

-f：强制删除组，即使该组中还有用户。

-h：将组删除，但是保留组的文件信息。

-R：指定一个路径或目录作为组文件的存储位置。

例：删除组 team1。

```
[root@localhost~]#groupadd  team1
[root@localhost~]#groupdel -f team1
```

5. 切换到指定组

newgrp 命令允许用户在不退出（退出登录）系统的情况下切换当前登录会话的默认组。该命令在需要临时访问或修改指定组权限的文件和资源时非常有用。

其语法格式如下：

```
newgrp 组名
```

例：通过 id 命令查看用户所属的组，组列表中的第一个组为当前登录的组。使用 newgrp 命令切换到指定组，若 newgrp 命令没有加组名参数，则将切换到用户默认的组，也就是 /etc/passwd 文件中 GID 对应的组。

```
[root@localhost ~]# id
uid=0(root) gid=0(root) 组=0(root) 环境=unconfined_u:unconfined_r:unconfined_t:
s0-s0:c0.c1023
[root@localhost ~]# newgrp student
[root@localhost ~]# id
uid=0(root) gid=1000(student) 组=1000(student),0(root) 环境=unconfined_u:
unconfined_r:unconfined_t:s0-s0:c0.c1023
[root@localhost ~]# newgrp
[root@localhost ~]# id
uid=0(root) gid=0(root) 组=0(root),1000(student) 环境=unconfined_u:unconfined_r:
unconfined_t:s0-s0:c0.c1023
```

6. 管理组

gpasswd 是组配置文件/etc/group 和/etc/gshadow 的管理命令。

其语法格式如下：

```
gpasswd [选项] [参数]
```

参数：用于指定要管理的组。

常用的选项如下。

-a：添加用户到组。

-d：从组中删除用户。

-A：指定组管理员。

-r：删除密码。

例：将用户 student01 添加到组 wudang。

```
[root@localhost ~]#gpasswd -a student01 wudang
正在将用户"student01"加入"wudang"组中
```

例：将 student01 设置为 group01 的组管理员。

```
[root@localhost ~]#gpasswd -A user01 group01
```

3.3 权限与归属管理

3.3.1 权限与归属简介

在 Linux 系统中，基本权限与归属是文件和目录管理的重要组成部分，它们共同决定了系统资源的访问和操作权限。其中基本权限包括读取（r）、写入（w）、执行（x）3 种类型，归属包括属主（User，通常指创建文件或目录的用户，也叫所有者）、属组（Group）、其他用户（Others，除属主和所属组的用户之外的所有用户）。文件或目录的基本权限主要针对归属进行设置，通过合理的基本权限设置和归属关系管理，可以防止系统资源被未经授权的用户访问和修改，从而提高系统的安全性和稳定性。

文件或目录定义了 3 种基本权限，如表 3-1 所示。

表 3-1   文件或目录基本权限

代表字符	权限	对文件的含义	对目录的含义
r	读取权限	可以读文件内容	可以列出目录中的内容
w	写入权限	可以修改文件	可以在目录中创建、删除文件或目录
x	执行权限	可以执行文件	可以使用 cd 命令进入目录

基本权限也可用数字表示，如表 3-2 所示。

表 3-2   基本权限用数字表示

权限	二进制数字	十进制数字
---	000	0
--x	001	1
-w-	010	2
-wx	011	3
r--	100	4
r-x	101	5
rw-	110	6
rwx	111	7

重点记忆：读(r) = 4，写(w) = 2，执行(x) = 1。

例：用 ls -l 命令显示文件或目录的基本权限、归属、文件大小等详细信息。

```
[root@localhost ~]# ls -l
总用量 8
drwxr-xr-x. 2 root root    6 4月  26 06:35 公共
drwxr-xr-x. 2 root root    6 4月  26 06:35 模板
drwxr-xr-x. 2 root root    6 4月  26 06:35 视频
drwxr-xr-x. 2 root root   53 4月  29 05:22 图片
drwxr-xr-x. 2 root root    6 4月  26 06:35 文档
drwxr-xr-x. 2 root root    6 4月  26 06:35 下载
drwxr-xr-x. 2 root root    6 4月  26 06:35 音乐
drwxr-xr-x. 2 root root    6 4月  29 04:25 桌面
-rw-------. 1 root root 1082 4月  26 06:23 anaconda-ks.cfg
-rw-r--r--. 1 root root 1309 4月  26 06:29 initial-setup-ks.cfg
-rw-r--r--. 1 root root    0 6月   1 2024 lele.txt
```

● 文件类型和权限：这部分信息以 10 个字符的形式显示，分为 4 组。

第 1 个字符表示对象的类型，d 表示目录，l 表示链接文件，-表示普通文件等。

第 2～4 个字符表示属主对文件或目录拥有的权限，r 表示读取，w 表示写入，x 表示执行。如 "rw-" 表示属主拥有该文件或目录的读取、写入权限但没有执行权限。

第 5～7 个字符表示属组内的用户对文件或目录拥有的权限。如 "r-x" 表示属组内的用户拥有该文件或目录的读取、执行权限但没有写入权限。

第 8～10 个字符表示其他用户对文件或目录拥有的权限。如 "r--" 则表示其他用户拥有该文件或目录的读取权限但没有写入、执行权限。

● 硬链接数：表示有多少文件名链接到该文件或目录（对于目录，至少为 2，因为它至少包含.和..两个链接）。

● 属主：文件或目录的属主。

● 属组：文件或目录所属的组。

● 文件大小：以字节为单位显示文件或目录的大小。若是目录，则这个大小通常表示目录本身的大小，而不包括目录内文件的大小。

● 最后修改时间：文件或目录最近一次被修改的时间。

● 文件或目录名：文件或目录的名称。

3.3.2　权限与归属管理命令

1. 设置文件或目录的权限

可以使用 chmod 命令来设置文件或目录的权限。

其语法格式如下：

```
chmod [-R] 权限 文件或目录
```

常用的选项如下。

-R：对目录内的全部内容进行相同的操作。

chmod 命令有以下两种用法。

（1）数字形式的 chmod 命令

数字形式的 chmod 命令，r、w、x 分别对应一个二进制数，如 101 就代表拥有读取和执行的权限。将该二进制数转换为十进制数，4 就代表 r，2 就代表 w，1 就代表 x，3 个数字之和可以和权限对应，如 7=4+2+1，就对应着 rwx；5=4+1，就对应着 r-x；777 就对应 rwxrwxrwx，即属主、属组、其他用户对该文件或目录都拥有读取、写入、执行的权限。

例：设置文件权限。

```
[root@localhost ~]# ls -l b.txt
-rw-r--r--. 1 root root 0 4月  28 16:47 b.txt
[root@localhost ~]# chmod 755 b.txt
[root@localhost ~]# ls -l b.txt
-rwxr-xr-x. 1 root root 0 4月  28 16:47 b.txt
```

该文件原来的权限是属主拥有读取、写入权限，属组和其他用户拥有读取权限。将该文件权限设置为 755，其中 7 代表 4+2+1，即属主拥有读取、写入、执行权限；5 代表 4+1，即属组和其他用户拥有读取和执行权限。

（2）字符形式的 chmod 命令

字符形式的 chmod 命令使用字符来设置权限，其中 u、g、o、a 这 4 个字符分别代表属主、属组、其他用户和所有用户，在字符后通过"+"或"-"或"="符号来设置权限的添加、删除和赋予，再跟上权限字符。

例：设置文件权限。

```
[root@localhost ~]# touch c.txt
[root@localhost ~]# ls -l c.txt
-rw-r--r--. 1 root root 0 4月  28 16:51 c.txt
[root@localhost ~]# chmod u+x c.txt
[root@localhost ~]# chmod g+x c.txt
[root@localhost ~]# chmod o+x c.txt
[root@localhost ~]# ls -l c.txt
-rwxr-xr-x. 1 root root 0 4月  28 16:51 c.txt
```

常用的基本权限组合有如下几个。

- -rw-------(600)：只有属主才有读取、写入权限。
- -rw-r--r--(644)：属主有读取、写入权限，属组和其他用户只有读取权限。
- -rw-rw-rw-(666)：所有用户都有读取、写入权限。
- -rwx------(700)：只有属主才有读取、写入、执行权限。
- -rwx--x--x(711)：属主有读取、写入、执行权限，属组和其他用户只有执行权限。
- -rwxr-xr-x(755)：属主有读取、写入、执行权限，属组和其他用户只有读取、执行权限。
- -rwxrwxrwx(777)：所有用户都有读取、写入、执行权限。

例：给文件 testfile 的属主设置执行权限。

```
[root@localhost ~]# touch testfile
[root@localhost ~]# chmod u+x testfile
```

例：给文件 testfile 的属主设置读取、写入、执行权限；给属组设置读取、执行权限；给其他用户设置执行权限。

```
[root@localhost ~]# chmod 751 testfile
```

例：将上例用 chmod 命令的字符形式来实现。

```
[root@localhost ~]# chmod u=rwx,g=rx,o=x testfile
[root@localhost ~]# ls -l testfile
-rwxr-x--x. 1 root root 0 4月  28 16:54 testfile
```

例：用字符方式为所有用户设置读取权限。

```
[root@localhost ~]# chmod =r testfile
[root@localhost ~]# ls -l testfile
-r--r--r--. 1 root root 0 4月  28 16:54 testfile
```

例：用字符方式删除所有用户的写入和执行权限，然后添加读取权限。

```
[root@localhost ~]# chmod a-wx,a+r testfile
[root@localhost ~]# ls -l testfile
-r--r--r--. 1 root root 0 4月  28 16:54 testfile
```

例：用数字方式为所有用户设置读取权限。

```
[root@localhost ~]# chmod 444 testfile
[root@localhost ~]# ls -l testfile
-r--r--r--. 1 root root 0 4月  28 16:54 testfile
```

例：给属主设置读取、写入、执行权限，给属组和其他用户设置读取、执行权限。

```
[root@localhost ~]# chmod 755 testfile
[root@localhost ~]# ls -l testfile
-rwxr-xr-x. 1 root root 0 4月  28 16:54 testfile
```

2. 设置文件或目录的权限掩码

在 Linux 系统中，新创建的文件和目录会有默认的权限。默认权限掩码告诉系统，当新创建一个文件或目录时不应该赋予哪些权限，这有助于提高系统的安全性，减少潜在的安全风险。

文件或目录所具有的默认权限是由 umask 值决定的，umask 值是一个八进制数，由 3 个数字组成，分别代表属主、属组和其他用户的权限掩码。

umask 命令用于设置新创建文件或目录权限的掩码，确保文件或目录的初始权限符合用户的预期设置。

其语法格式如下：

```
umask [-S] [u1|u2|u3]
```

说明如下。

- u1 表示不允许属主具有的权限。
- u2 表示不允许属组具有的权限。
- u3 表示不允许其他用户具有的权限。

在默认情况下，对于目录，用户所能拥有的最大权限是 777；对于文件，用户所能拥有的最大权限是目录的最大权限减去执行权限，即 666。因为执行权限对于目录是必需的，若目录没有执行权限，用户将无法进入目录，而文件拥有执行权限风险太高，出于保护文件安全目的，一般在权限初始赋值时就去掉执行权限。

对于新创建的目录，默认权限就是用 777 减去默认的 umask 值（0022），即 755；对于新创建的文件，默认权限则是用 666 减去默认的 umask 值（0022），即 644。

说明：当 umask 值为 0022 时，这个值实际上等同于 022，因为 umask 值的第一个数字（在这个例子中是 0）通常与特殊权限有关，而在大多数情况下，我们只关注其后的 3 位数字。因此，无论是 0022 还是 022，它们所表示的权限掩码是相同的。

例：查看新创建文件的默认权限掩码。

```
[root@localhost ~]# umask
0022
```

例：在默认权限掩码的情况下分别创建文件和目录。

```
[root@localhost ~]# touch test
[root@localhost ~]# ll test
-rw-r--r--. 1 root root 0 4月  28 17:19 test
testfile 权限是 644=666-022
[root@localhost ~]# mkdir test01
[root@localhost ~]# ll -d test01
drwxr-xr-x. 2 root root 6 4月  28 17:21 test01
目录 test 权限是 755=777-022
```

umask 命令只能临时设置 umask 值，系统重启之后 umask 值将还原成默认值。若要使 umask 值永久生效，则可以修改配置文件/etc/bashrc。

3. 设置文件或目录的归属

通过 chown 命令可以设置文件或目录的属主和属组。

其语法格式如下：

```
chown    属主    文件或目录
chown    :属组    文件或目录
chown    属主:属组    文件或目录
```

常用的选项如下。

-R：递归修改指定目录下所有文件、子目录的属主和属组。

例：设置文件 b.txt 的属主和属组。

```
[root@localhost ~]# ls -l b.txt
-rwxr-xr-x. 1 root root 0 4月  28 16:47 b.txt
[root@localhost ~]# chown user01:user01 b.txt
[root@localhost ~]# ls -l b.txt
-rwxr-xr-x. 1 user01 user01 0 4月  28 16:47 b.txt
```

3.4 系统高级权限

Linux 系统对文件或目录进行管理时，读取、写入、执行是最基本的权限，除此之外，系统中还有 SET 位、粘滞位和 ACL 等高级权限为文件或目录提供额外的管理方式。

系统高级权限

3.4.1　SET 位权限

SET 位权限（SET Bit Permission，设置位权限）使得用户在没有取得特权时也能完成一项必须要有特权才可以完成的任务，一般用来给可执行的程序或脚本进行权限设置，其中 SUID 表示对属主设置 SET 位权限，SGID 表示对属组内的用户设置 SET 位权限。执行文件被设置了 SUID、SGID 权限后，用户在执行该文件时将获得该文件属主、属组对应的权限。但是不恰当地使用 SET 位权限可能使系统的安全遭到破坏，所以应该尽量避免使用 SET 位权限。

SET 位权限可以通过 chmod 命令设置。

其语法格式如下。

```
chmod u+s 可执行文件      //添加 SUID 位
chmod u-s 可执行文件      //去掉 SUID 位
chmod g+s 可执行文件      //添加 SGID 位
chmod g-s 可执行文件      //去掉 SGID 位
```

关于上述命令的说明如下。

● SUID 附加在属主的 x 权限位上，表示对属主添加 SET 位权限；SGID 附加在属组的 x 权限位上，表示对属组内的用户添加 SET 位权限。

● 设置 SET 位权限后，文件属主和属组的 x 权限位会变为 s（s 代表 SET 位权限）。

例：给/usr/bin/mkdir 文件设置 SUID 权限，然后查看该文件权限，发现 x 位已变为 s，当其他用户使用该文件时，会拥有该文件属主身份和权限。

```
[root@localhost ~]# chmod u+s /usr/bin/mkdir
[root@localhost ~]# ls -l /usr/bin/mkdir
-rwsr-xr-x. 1 root root 84824 1 月  18 2023 /usr/bin/mkdir
user01 用户创建目录 test
[user01@localhost ~]$ mkdir test
[user01@localhost ~]$ ls -l
总用量 0
drwxr-xr-x. 2 root user01 6 4 月  28 21:39 test
```

3.4.2　粘滞位权限

在通常情况下，用户只要具备某个目录的写入权限，就可删除该目录中的文件。粘滞位（Sticky Bit）权限就是针对此种情况设置的，当目录被设置了粘滞位权限之后，即使用户对该目录拥有写入权限，也不能删除该目录中其他用户的文件，而只有该文件的属主和超级用户才有权限将其删除。粘滞位权限特别适用于公共可写目录，用户可以创建、删除自己的文件，但不能删除其他用户的文件。

其语法格式如下：

```
chmod o+t 目录
```

关于上述命令的说明如下。

● 设置对象：具备写入权限的目录。

- 设置位置：粘滞位权限附加在其他用户的 x 权限位上。
- 设置后的变化：此目录的其他用户的 x 权限位会变为 t（t 代表粘滞位权限）。

例：为公共可写目录 tmp 设置粘滞位权限。

```
[root@localhost ~]# chmod o+t /tmp
[root@localhost ~]# cd /tmp
[root@localhost tmp]# ls -l .. |grep tmp
drwxrwxrwt. 20 root root 4096 4月 28 21:43 tmp
[root@localhost tmp]# su student01
[student01@localhost tmp]$ touch a.txt
[student01@localhost tmp]$ exit
exit
[root@localhost tmp]# su student
[student@localhost tmp]$ touch b.txt
[student@localhost tmp]$ ls -l *.txt
-rw-r--r--. 1 student01 user01 0 4月 28 21:45 a.txt
-rw-rw-r--. 1 student   student 0 4月 28 21:48 b.txt
student 用户删除 student01 创建的文件
[student@localhost tmp]$ rm a.txt
rm: 是否删除有写保护的普通空文件 'a.txt'? yes
rm: 无法删除'a.txt': 不允许的操作
```

3.4.3 ACL 权限

Linux 系统中的基本权限设置比较简单，仅涉及属主、属组、其他用户 3 种身份和读取、写入、执行 3 种基本权限。基本权限设置有一定的局限性，要进行比较复杂的权限设置时，如将某个目录开放给特定的用户使用，基本权限设置就无法满足了。

比如，目录 abc 的权限如下：

```
[root@localhost ~]#ls -ld abc
drwx------. 2 root root    6 1月 14 21:55 abc
```

user01 对目录 abc 无任何权限，因此无法进入此目录，给 user01 属组设置 rwx 权限后，user01 才能进入此目录，但属组中的其他用户也能进入此目录。而 ACL 权限可以单独为某用户设置对文件或目录的权限，使其可以操作这个文件或目录，而其他用户不能操作这个文件或目录。

ACL（Access Control List，访问控制列表）是一个针对文件或目录的访问控制列表，ACL 在基本权限管理的基础上为文件系统提供了一个额外的、灵活的权限管理方式，也是文件权限管理的补充机制，它允许给任何用户或组设置文件或目录的访问权限。

1. 设置 ACL 权限

设置 ACL 权限使用 setfacl 命令。

其语法格式如下：

```
setfacl [-b|k|R|d] [-m|-x ACL 参数] 目标文件名
```

常用的选项与参数如下。

-m：设置后续的 ACL 参数，不可与-x 一起使用。

-x：删除后续的 ACL 参数，不可与-m 一起使用。

-b：删除所有的 ACL 参数。

-k：删除默认的 ACL 参数。

-R：递归设置 ACL 参数。

-d：设置默认 ACL 参数，只对目录有效。

对指定的用户和组设置 ACL 权限，不影响其他用户和组的权限。

其语法格式如下：

```
setfacl -m u|g: 用户名|组名 权限
```

若用户名或组名为空，代表为当前文件属主和属组设置权限。权限为 r、w、x 的组合形式。

例：为用户 student01 设置 ACL 权限。

```
[root@localhost ~]# mkdir abc
[root@localhost ~]# ls -ld abc
drwxr-xr-x. 2 root root 6 4月  28 21:51 abc
[root@localhost ~]# setfacl -m u:student01:rwx abc
[root@localhost ~]# ls -ld abc
drwxrwxr-x+ 2 root root 6 4月  28 21:51 abc
```

2. 管理 ACL 权限

管理 ACL 权限使用 getfacl 命令，它也用于查看文件或目录的 ACL 权限。

其语法格式如下：

```
getfacl  文件或目录
```

例：查看目录 abc 的 ACL 权限。

```
[root@localhost ~]# getfacl abc
# file: abc
# owner: root
# group: root
user::rwx
user:student01:rwx
group::r-x
mask::rwx
other::r-x
```

例：删除目录 abc 的 ACL 权限。

```
[root@localhost ~]# setfacl -x u:student01 abc
[root@localhost ~]# getfacl abc
# file: abc
# owner: root
# group: root
```

```
user::rwx
group::r-x
mask::r-x
other::r-x
```

例：文件或子目录继承父目录的 ACL 权限。

```
[root@localhost ~]# setfacl -m d:u:student01:rwx abc
[root@localhost ~]# getfacl abc
# file: abc
# owner: root
# group: root
user::rwx
group::r-x
mask::r-x
other::r-x
default:user::rwx
default:user:student01:rwx
default:group::r-x
default:mask::rwx
default:other::r-x
```

可以看到，上面的输出中多了一些以 default 开头的行，这些 default 权限信息只能在目录上设置，然后被目录中创建的文件和子目录继承。

```
[root@localhost ~]# cd abc
[root@localhost abc]# mkdir sub_abc
[root@localhost abc]# getfacl sub_abc
# file: sub_abc
# owner: root
# group: root
user::rwx
user:student01:rwx
group::r-x
mask::rwx
other::r-x
default:user::rwx
default:user:student01:rwx
default:group::r-x
default:mask::rwx
default:other::r-x
```

子目录 sub_abc 继承了父目录 abc 的 ACL 权限。

例：递归删除父目录及其子目录的 ACL 权限。

```
[root@localhost ~]# setfacl -R -b abc
```

3.5　习题

一、填空题

1. 为用户设置密码的命令是_____，用_____命令查看文件和目录的掩码。
2. Linux 系统中文件的权限一般把用户分为_____、_____和_____ 3 类。
3. Linux 系统的高级权限有_____、_____和_____。
4. 设置文件属主的命令是_____。
5. 设置文件或目录的权限使用_____命令。

二、操作题

1. 创建文件 testfile，设置文件属主、属组 user01 具有读取、写入权限，其他用户无权限。
2. 创建用户 wen，设置其组为 fwen 并创建 home 目录。
3. 为特定用户 wen 设置 ACL 权限，使其对文件 testfile 具有读取、写入权限。
4. 设置用户 wen 的密码最大期限为 2028-04-29。

第❹章 文件系统与硬盘管理

本章导读

用户进行系统操作、浏览网页、使用手机时常会使用文件系统。文件系统用于对存储设备上的数据进行组织、管理，组织、管理机制不同，就会形成不同的文件系统。文件系统简化了用户对存储设备的使用方式，它为用户提供了方便、高效、可靠的文件管理功能，用户可以轻松地创建、查找、修改和删除文件，而无须关心实现细节。

知识目标

- 了解文件系统的概念。
- 理解常见的文件系统类型。

能力目标

- 能够使用硬盘管理的常用命令。
- 能够使用逻辑卷管理命令。
- 能够使用 RAID 5 管理命令。

素质目标

具有自我学习和持续学习的能力。

4.1 文件系统

4.1.1 文件系统简介

查看 Linux 系统的根目录，可以看到有很多目录，许多目录里又有子目录和文件，这些目录和文件就是文件系统的"表象"。它们存在于存储设备（如硬盘、分区、USB 设备、CD-ROM 光盘等）之中，用户并不知道它们在存储设备中的具体存储方式。用户可以创建、删除和复制目录或文件，这些功能是通过一个软件实现的，这个软件就是文件系统。

虽然存储设备的内部非常复杂，但它的生产厂商做了很多工作，将它的复杂性隐藏起来了。对普通用户来说，存储设备就是一个线性空间，就像 C 语言中的数组一样，通过下标就可以访问相应空间（读写数据）。虽然用户可以直接访问存储设备，但是如果不加规划地访问，那么最终结果可能就是数据被毫无规律地放到存储设备上，查找数据非常费劲，甚至可能找不到需要的数据，因此，文件系统出现了。

文件系统实质上就是管理存储设备的软件，用于实现对存储设备空间的统一管理。文件系统一方面对存储设备的空间进行统一规划；另一方面提供给用户人性化的接口。就像快递寄存处的货架，将空间进行规划和编排，这样用户可以根据编号方便地找到货物。文件系统也是类似的，对存储设备空间进行规划和编排，这样用户就可通过文件名找到具体的数据，而不用关心数据到底是怎么存储的。

4.1.2　文件系统类型

分区是指将存储设备划分成一个或多个逻辑区域的过程。每个分区被视为独立的存储设备，有自己的文件系统和空间。格式化是指在分区上创建文件系统的过程，采用指定的文件系统类型对分区空间进行登记、索引并建立相应的管理表格，为分区提供一个可读写的文件系统，使操作系统能够有效地与存储设备交互。

不同的文件系统采用不同的方式来管理存储设备。在 Windows 系统中，分区通常采用 FAT32 或 NTFS（New Technology File System，新技术文件系统），而 Linux 系统则支持 Ext2、Ext3、Ext4、XFS、VFAT 等，目前通常采用 Ext3 或 Ext4。

Ext3（Third Extended File System，第三代扩展文件系统）是 Ext2（Second Extended File System，第二代扩展文件系统）的日志版本，它在 Ext2 的基础上增加了日志功能。Ext3 提供了 3 种日志模式：日志（Journal）、顺序（Ordered）和回写（Writeback）。与 Ext2 相比，Ext3 提供了更好的安全性以及向上、向下的兼容性。因此，在 Linux 系统中可以挂载一个 Ext3 代替 Ext2。Ext3 的缺点是缺乏现代文件系统所具有的高速数据处理和解压性能。此外，使用 Ext3 还要考虑硬盘限额问题。

Ext4（Fourth Extended File System，第四代扩展文件系统）是 Linux 系统下的日志文件系统，也是 Ext3 的后继版本。Ext3 最多支持 32TB 的文件系统和 2TB 的文件，根据具体使用的架构和系统设置，实际容量比这个数字还要低。而 Ext4 文件系统容量可达 1EB，文件容量则可达 16TB。对大型磁盘阵列的用户而言，文件系统容量和文件容量是非常重要的。

XFS（X File System，新一代文件系统）是 SGI（Silicon Graphics，美国硅图公司）开发的高级日志文件系统，其具有可伸缩性，非常健壮。SGI 将其移植到了 Linux 系统中。

VFAT（Virtual File Allocation Table，虚拟文件分配表）是一种主要用于处理长文件的文件系统，它运行在保护模式下并使用 V-cache（会根据 Windows 启动时存在的物理内存数量来确定最大缓存的大小）进行缓存，还兼容 Windows 文件系统和 Linux 文件系统。因此，VFAT 可以作为 Windows 系统和 Linux 系统进行数据交换和共享的文件系统。

VFS（Virtual File System，虚拟文件系统）用于对各类文件系统进行统一管理，其为各类文件系统提供了统一的图形用户界面（Graphical User Interface，GUI）和应用程序接口（Application Program Interface，API）。VFS 通过在用户应用程序和文件系统之间引入一个抽象层，使得不同的文件系统在 Linux 内核中看起来都是相同的，从而简化了应用程序的开发和新文件系统的加入过程。

以上介绍的 Ext3、Ext4、XFS、VFAT 和 VFS 等文件系统都是本地文件系统，这些文件系统只能在本地的存储设备上进行格式化并使用，还有一种常用的分布式文件系统——DFS。

DFS（Distributed File System，分布式文件系统）是一种通过网络连接多个节点（主机或存储设备）共同存储和管理数据的文件系统，分布式文件系统解决了资源共享问题。以 NFS（Network File System，网络文件系统）为例，它分为客户端和服务端，客户端通过某种协议连接到服务端，此时会在客户端的目录树中映射一个子树，这样在客户端就能访问服务端的数据。对客户端来说，这个映射关系是透明的，也就是用户不知道这个子树存在于服务端。因此分布式文件系统最大的特点就是多个客户端可以访问相同的服务端。

4.1.3 文件系统的目录结构

Windows 系统为每个分区分配了一个盘符，在资源管理器中通过盘符就可以访问相应的分区。每个分区可以使用独立的文件系统，都有一个根目录。

Linux 系统将所有的文件和目录组织为一个树形结构，系统中只存在一个根目录，所有的分区、目录和文件都在根目录下面，如下所示。

```
[root@localhost ~]# cd /
[root@localhost /]# ls
bin   dev  home  lib64  mnt  proc  run   srv  tmp  var
boot  etc  lib   media  opt  root  sbin  sys  usr
```

根目录是 Linux 系统中最重要的目录，不但所有的目录都是由根目录衍生出来的，开机、还原、系统修复等动作也与根目录有关。正因为根目录很重要，所以需要保持根目录的整洁和规范，避免在根目录下随意添加文件和目录；需要定期备份，以防根目录中的文件和目录因各种原因发生变化；需要注意根目录的安全性，采取措施加强安全性，如使用 SELinux（安全增强型 Linux，它是 Linux 内核的一个功能，提供了访问控制机制，用于限制用户和应用程序对系统资源的访问）进行访问控制。

根目录及其下常用目录的作用如表 4-1 所示。

表 4-1　根目录及其下常用目录的作用

目录名	描述
/	根目录，根目录下最好只存放目录。 /etc、/bin、/dev、/lib、/sbin 应该和根目录放置在一个分区中
/bin	存放系统中最常用的可执行文件。 系统所需要的基础命令均位于此目录，如 ls、cp、mkdir 等命令。 该目录的功能和/usr/bin 目录类似，其中的文件都是可执行的，包括普通用户可以使用的命令
/boot	存放 Linux 内核和系统启动文件，包括 GRUB、Lilo 启动程序等
/dev	存放所有设备文件
/etc	存放系统的所有配置文件，如/etc/passwd 存放用户信息，/etc/hostname 存放主机名等。 在/etc/fstab 中写入一些分区信息，就能实现开机自动挂载分区
/home	用户主目录的默认位置

续表

目录名	描述
/lib	存放共享的库文件, 包含许多被/bin 和/sbin 中程序使用的库文件
opt	作为可选文件和程序的存放目录。 自定义软件会安装在这里, 一些用户自己编译的软件也可安装在这里
/media	即插即用型存储设备的目录自动在这个目录下创建。 例如 USB 设备自动挂载后会在这个目录下创建一个目录, 用于存放临时读入的文件
/mnt	此目录通常作为被挂载的文件系统的挂载点
/root	root 的主目录
/sbin	大多数涉及系统管理的命令的存放地, 也是超级用户的可执行命令的存放处。 普通用户无权执行这个目录下的命令。 这个目录和/usr/sbin、/usr/X11R6/sbin 或/usr/local/sbin 目录是相似的。 注意, 目录/sbin 中包含的命令只有超级用户才能执行

4.2　硬盘管理

4.2.1　添加新硬盘

从广义上来说, 硬盘、光盘和 U 盘等用来保存数据信息的存储设备都可以称为磁盘。硬盘是主机和存储系统的重要部件, 它用来存储大量的数据文件, 其具有容量大、性能稳定、延迟低、数据传输率高等优点, 是最常用的存储设备之一。无论是在 Windows 系统还是在 Linux 系统中使用硬盘, 规划和管理硬盘都是非常重要的工作。

对于新购置的硬盘, 一般都要进行如下操作。

- 分区。
- 分区必须要经过格式化来创建文件系统。
- 格式化的分区必须挂载到相应的目录下。

Windows 系统自动完成了挂载分区到目录的工作, 即自动将分区挂载到盘符; Linux 系统会自动挂载根分区, 其余的分区都需要用户自己挂载, 分区必须挂载到相应的目录下才能使用。

1. 查看分区信息

fdisk -l 命令的作用是列出当前系统中所有存储设备及其分区信息。

```
[root@localhost ~]# fdisk -l
Disk /dev/sda: 20 GiB, 21474836480 字节, 41943040 个扇区
单元: 扇区 / 1 * 512 = 512 字节
扇区大小(逻辑/物理): 512 字节 / 512 字节
I/O 大小(最小/最佳): 512 字节 / 512 字节
磁盘标签类型: dos
磁盘标识符: 0xd1c18bc1
设备        启动    起点      末尾      扇区      大小  Id  类型
/dev/sda1   *       2048    2099199   2097152   1G  83  Linux
```

```
/dev/sda2      2099200 41943039 39843840   19G 8e Linux LVM
Disk /dev/mapper/cs-root: 17 GiB, 18249416704 字节, 35643392 个扇区
单元: 扇区 / 1 * 512 = 512 字节
扇区大小(逻辑/物理): 512 字节 / 512 字节
I/O 大小(最小/最佳): 512 字节 / 512 字节
Disk /dev/mapper/cs-swap: 2 GiB, 2147483648 字节, 4194304 个扇区
单元: 扇区 / 1 * 512 = 512 字节
扇区大小(逻辑/物理): 512 字节 / 512 字节
I/O 大小(最小/最佳): 512 字节 / 512 字节
```

上述信息列出了系统中硬盘和每个分区的信息，其中分区信息各字段的含义如下。

- 设备：存储设备名称。
- 启动：是否是引导分区。若是，则带有 "*" 标识。
- 起点：该分区在硬盘中的起始位置（柱面数）。
- 末尾：该分区在硬盘中的结束位置（柱面数）。
- 扇区：扇区个数。
- 大小：分区的大小。
- Id：分区类型 ID，83 表示 Ext4，8e 表示 LVM（Logical Volume Manager，逻辑卷管理）。
- 类型：分区类型。Linux 表示 Ext4，Linux LVM 表示 LVM。

2. 在虚拟机中添加硬盘

练习硬盘分区操作，需要先在虚拟机中添加一块硬盘。由于 SCSI（Small Computer System Interface，小型计算机系统接口）硬盘支持热插拔，因此可以在虚拟机开机的状态下直接添加硬盘。

启动 VMware Workstation Pro，选择菜单栏中的 "虚拟机" → "设置"，进入虚拟机设置窗口，然后单击下方的 "添加" 按钮，打开图 4-1 所示的 "添加硬件向导" 对话框。

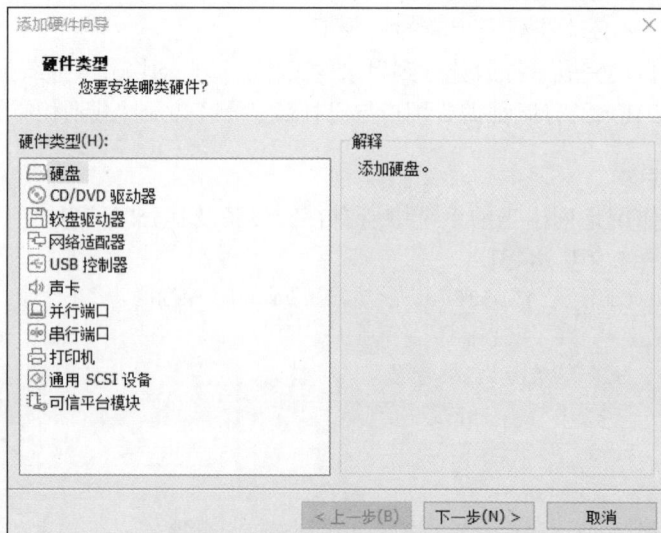

图 4-1　添加硬件向导对话框

依照界面的提示，添加一块容量为 20GB 的 SCSI 硬盘，然后重启系统识别新添加的硬盘。系统重启之后，执行 fdisk -l 或 lsblk（列出所有存储设备的基本信息，包括存储设备名、大小和挂载点等）命令查看硬盘和分区信息。执行 lsblk 命令，如下所示。

```
[root@localhost ~]# lsblk
NAME        MAJ:MIN RM SIZE RO TYPE MOUNTPOINT
sda           8:0    0  20G  0 disk
├─sda1        8:1    0   1G  0 part /boot
└─sda2        8:2    0  19G  0 part
  ├─cs-root 253:0    0  17G  0 lvm  /
  └─cs-swap 253:1    0   2G  0 lvm  [SWAP]
sdb          8:16    0  20G  0 disk
```

可在最后一行看到新添加的硬盘/dev/sdb，接下来就可以在该硬盘上建立分区了。

4.2.2　对硬盘分区

使用 fdisk 命令对新添加的硬盘/dev/sdb 进行分区操作，创建一个主分区和一个扩展分区，在扩展分区上再创建两个逻辑分区。主分区也叫引导分区，最少创建 1 个，最多创建 4 个；扩展分区最多创建 1 个，严格上来讲它不是一个真正意义上的分区，它仅仅是一个指向下一个分区的指针；逻辑分区创建在扩展分区之上，可以创建多个逻辑分区。

执行 fdisk /dev/sdb 命令，进入交互式的分区管理界面，在该界面中的"命令(输入 m 获取帮助):"提示符后，用户可以输入特定的分区操作命令来完成各项分区管理任务。例如，输入"m"并按 Enter 键可以查看分区操作命令的帮助信息，如下所示。注：Linux 系统命令中默认称磁盘。

```
[root@localhost ~]# fdisk /dev/sdb

欢迎使用 fdisk (util-linux 2.32.1)。
更改将停留在内存中，直到您决定将更改写入磁盘。
使用写入命令前请三思。

设备不包含可识别的分区表。
创建了一个磁盘标识符为 0xe66326af 的新 DOS 磁盘标签。

命令(输入 m 获取帮助): m

帮助:

 DOS (MBR)
  a  开关 可启动 标志
  b  编辑嵌套的 BSD 磁盘标签
  c  开关 dos 兼容性标志

 常规
```

　d　删除分区
　F　列出未分区的空闲区
　l　列出已知分区类型
　n　添加新分区
　p　输出分区表
　t　更改分区类型
　v　检查分区表
　i　输出某个分区的相关信息

杂项
　m　输出此菜单
　u　更改 显示/记录 单位
　x　更多功能(仅限专业人员)

脚本
　I　从 sfdisk 脚本文件加载磁盘布局
　O　将磁盘布局转储为 sfdisk 脚本文件

保存并退出
　w　将分区表写入磁盘并退出
　q　退出而不保存更改

新建空磁盘标签
　g　新建一份 GPT 分区表
　G　新建一份空 GPT (IRIX) 分区表
　o　新建一份的空 DOS 分区表
　s　新建一份空 Sun 分区表

　　先创建一个大小为 7GB 的主分区/dev/sdb1，主分区创建完成后，查看创建好的主分区。操作过程如下所示。

命令(输入 m 获取帮助)：**n**
分区类型
　p　主分区 (0 个主分区，0 个扩展分区，4 空闲)
　e　扩展分区 (逻辑分区容器)
选择 (默认 p)：**P**
分区号 (1-4，默认 1)：**1**
第一个扇区 (2048-41943039，默认 2048)：
上个扇区，+sectors 或 +size{K,M,G,T,P} (2048-41943039，默认 41943039)：**+7G**

创建了一个新分区 1，类型为 "Linux"，大小为 7 GiB。

命令(输入 m 获取帮助)：**P**
Disk /dev/sdb: 20 GiB, 21474836480 字节, 41943040 个扇区

单元：扇区 / 1 * 512 = 512 字节

扇区大小 (逻辑/物理)：512 字节 / 512 字节

I/O 大小 (最小/最佳)：512 字节 / 512 字节

磁盘标签类型：dos

磁盘标识符：0xe66326af

设备	启动	起点	末尾	扇区 大小	Id	类型
/dev/sdb1	2048	14682111	14680064	7G	83	Linux

　　然后创建扩展分区/dev/sdb2，需要注意的是，必须将此硬盘剩余的空间全部分配给扩展分区。扩展分区创建完成之后，查看创建好的主分区和扩展分区。

　　操作过程如下所示。

命令 (输入 m 获取帮助)：**n**

分区类型

　　p　主分区 (1 个主分区，0 个扩展分区，3 空闲)

　　e　扩展分区 (逻辑分区容器)

选择 (默认 p)：**e**

分区号 (2-4，默认 2)：**2**

第一个扇区 (14682112-41943039，默认 14682112)：

上个扇区，+sectors 或 +size{K,M,G,T,P} (14682112-41943039，默认 41943039)：

创建了一个新分区 2，类型为 "Extended"，大小为 13 GiB。

命令 (输入 m 获取帮助)：**p**

Disk /dev/sdb: 20 GiB, 21474836480 字节, 41943040 个扇区

单元：扇区 / 1 * 512 = 512 字节

扇区大小 (逻辑/物理)：512 字节 / 512 字节

I/O 大小 (最小/最佳)：512 字节 / 512 字节

磁盘标签类型：dos

磁盘标识符：0xe66326af

设备	启动	起点	末尾	扇区 大小	Id	类型
/dev/sdb1	2048	14682111	14680064	7G	83	Linux
/dev/sdb2	14682112	41943039	27260928	13G	5	扩展

　　接着在扩展分区上创建两个逻辑分区，系统会自动从 5 开始给逻辑分区按顺序指定序号。

　　操作过程如下所示。

命令 (输入 m 获取帮助)：**n**

所有主分区的空间都在使用中。

添加逻辑分区 5

第一个扇区 (14684160-41943039，默认 14684160)：

上个扇区，+sectors 或 +size{K,M,G,T,P} (14684160-41943039，默认 41943039)：**+7G**

创建了一个新分区 5，类型为"Linux"，大小为 7 GiB。

命令(输入 m 获取帮助)：**n**
所有主分区的空间都在使用中。
添加逻辑分区 6
第一个扇区 (29366272-41943039，默认 29366272)：
上个扇区，+sectors 或 +size{K,M,G,T,P} (29366272-41943039，默认 41943039)：

创建了一个新分区 6，类型为"Linux"，大小为 6 GiB。

再次查看分区情况，如下所示。

命令(输入 m 获取帮助)：**p**
Disk /dev/sdb: 20 GiB, 21474836480 字节, 41943040 个扇区
单元：扇区 / 1 * 512 = 512 字节
扇区大小(逻辑/物理)：512 字节 / 512 字节
I/O 大小(最小/最佳)：512 字节 / 512 字节
磁盘标签类型：dos
磁盘标识符：0xe66326af

设备	启动	起点	末尾	扇区 大小	Id	类型
/dev/sdb1	2048	14682111	14680064	7G	83	Linux
/dev/sdb2	14682112	41943039	27260928	13G	5	扩展
/dev/sdb5	14684160	29364223	14680064	7G	83	Linux
/dev/sdb6	29366272	41943039	12576768	6G	83	Linux

完成所有的分区操作后，输入"w"并按 Enter 键保存所做的操作后退出。若在操作过程中出错，可输入"q"并按 Enter 键不保存所做的操作直接退出，使用 fdisk 命令重新分区。分区设置保存退出后，需要重启系统以使分区设置生效。若不想重启系统，可使用 partprobe 命令使系统获知分区表的变化情况。执行 partprobe 命令使系统获知/dev/sdb 硬盘中分区表的变化情况，如下所示。

```
[root@localhost ~]# partprobe /dev/sdb
```

至此，硬盘的分区操作完成。

4.2.3 格式化分区

分区创建完成之后，还不能直接使用，必须经过格式化才能使用，格式化的作用就是在分区中创建文件系统。在 CentOS 8 中分区默认使用的是 Ext4 文件系统。

mkfs 命令就是用来格式化分区、创建文件系统的。

其语法格式如下：

```
mkfs [选项] [参数]
```

常用的选项如下。

fs：指定创建文件系统时的参数。

-t <文件系统类型>：指定要建立何种类型的文件系统。

-v：显示该命令版本信息与详细的使用方法。

-V：显示简要的使用方法。

-c：在创建文件系统前，检查该分区是否有坏道。

-q：执行时不显示任何信息。

例：列出以 mkfs 开头的所有命令。

```
[root@localhost ~]# mkfs        //输入命令后按两次 Tab 键
mkfs          mkfs.ext2    mkfs.ext4    mkfs.minix    mkfs.vfat
mkfs.cramfs mkfs.ext3    mkfs.fat     mkfs.msdos    mkfs.xfs
```

例：将前面创建的主分区/dev/sdb1 通过 Ext4 格式化。

```
[root@localhost ~]# mkfs -t ext4 /dev/sdb1
mke2fs 1.45.6 (20-Mar-2020)
创建含有 1835008 个块（每块 4k）和 458752 个 inode 的文件系统
文件系统 UUID: dd0ee8ae-bc6b-46d0-9512-b4b3f82d9d57
超级块的备份存储于下列块：
    32768, 98304, 163840, 229376, 294912, 819200, 884736, 1605632
正在分配组表：完成
正在写入 inode 表：完成
创建日志（16384 个块）完成
写入超级块和文件系统账户统计信息：已完成
```

用同样的方法对逻辑分区/dev/sdb5 和/dev/sdb6 进行格式化。

```
[root@localhost ~]# mkfs -t ext4 /dev/sdb5
[root@localhost ~]# mkfs -t ext4 /dev/sdb6
```

需要注意的是，格式化会清除分区上的所有数据，为了安全，应备份重要资料。

4.2.4　挂载与卸载存储设备

挂载就是将系统中的一个目录作为挂载点，用户通过访问这个目录来实现对存储设备中数据的存取操作，作为挂载点的目录就相当于一个访问存储设备的入口，从而使得这些存储设备中的数据能够被访问。

例如，把/dev/sdb5 挂载到/tmp 目录，当用户在/tmp 目录下执行数据存取操作时，Linux 系统就知道要到/dev/sdb5 上执行相关的操作。挂载示意如图 4-2 所示。

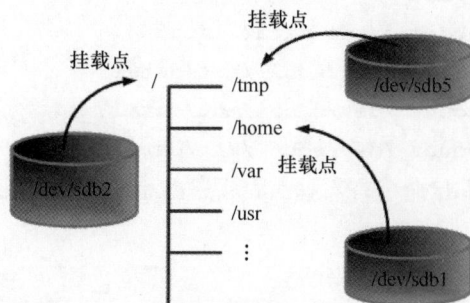

图 4-2　挂载示意

安装 Linux 系统的过程中，自动建立或可识别的分区通常由系统自动挂载，如根分区、/boot 分区等。此后新增的分区、USB 设备等必须由管理员手动挂载。

Linux 系统中提供了两个默认的挂载点：/mnt 和/media。

● /mnt 用作手动挂载点。
● /media 用作系统自动挂载点。

从理论上讲，Linux 系统中任何一个目录都可以作为挂载点，但为了避免冲突，一般都用空目录作为挂载点。

1. 手动挂载

mount 命令的作用就是将一个存储设备挂载到一个已存在的目录上，从而将该存储设备和该目录联系起来，访问这个目录就是访问该存储设备。

其语法格式如下：

```
mount [选项] [文件系统类型] 设备文件名 挂载点
```

其中：

文件系统类型通常可以省略，由系统自动识别；

设备文件名对应分区名，如/dev/sdb1；

挂载点为用户指定的用于挂载的目录。

常用的选项如下。

-t vfstype：指定要挂载的存储设备的文件系统类型。

-r：只读挂载。

-w：读写挂载。

-a：自动挂载所有支持自动挂载的存储设备（/etc/fstab 文件中挂载选项为"自动挂载"的存储设备）。

> 挂载点需要满足以下几个要求。
> ● 挂载点要事先存在，若不存在可用 mkdir 命令创建。
> ● 挂载点不可被其他进程使用。
> ● 挂载点下原有文件将被隐藏。

将已格式化的分区/dev/sdb1、/dev/sdb5 和/dev/sdb6 分别挂载到/mnt/data1、/mnt/data2 和/mnt/data3 目录，如下所示。

```
[root@localhost ~]# cd /mnt
[root@localhost mnt]# mkdir data1 data2 data3
[root@localhost mnt]# mount /dev/sdb1 /mnt/data1
[root@localhost mnt]# mount /dev/sdb5 /mnt/data2
[root@localhost mnt]# mount /dev/sdb6 /mnt/data3
```

完成挂载后，可以使用 df 命令查看挂载情况。df 命令主要用来查看系统中已挂载分区的使用情况。

其语法格式如下：

```
df [选项] [文件]
```

常用的选项如下。

-a：显示全部文件系统列表。

-h：以易于阅读的方式显示。

-H：等同于"-h"，计算时，1K 等于 1000，而不是 1024。

-l：只显示本地文件系统。

-T：显示文件系统类型。

例：查看已挂载分区的使用情况。

```
[root@localhost ~]# df -hT
文件系统              类型          容量    已用    可用    已用%   挂载点
devtmpfs             devtmpfs      1.8G    0       1.8G    0%      /dev
tmpfs                tmpfs         1.8G    0       1.8G    0%      /dev/shm
tmpfs                tmpfs         1.8G    9.8M    1.8G    1%      /run
tmpfs                tmpfs         1.8G    0       1.8G    0%      /sys/fs/cgroup
/dev/mapper/cs-root  xfs           17G     5.4G    12G     32%     /
/dev/sda1            xfs           1014M   273M    742M    27%     /boot
tmpfs                tmpfs         364M    24K     364M    1%      /run/user/0
```

可以看到输出信息中有 tmpfs。tmpfs 是一种基于内存的文件系统，/dev/shm、/run 等目录不在硬盘上，而在内存中，所以其读写速度非常快，可以提供较高的访问速率，但正因为在内存中，所以断电后其数据会丢失。tmpfs 的这个特性可以提高服务器性能，把一些对读写性能要求较高，但又可以丢失的数据保存在/dev/shm、/run 等目录中，以提高访问速率。

2. 自动挂载

mount 命令挂载的存储设备在系统关机或重启之后会自动卸载，要实现自动挂载，可在手动挂载存储设备之后把挂载信息写入/etc/fstab 文件中。系统启动时会自动读取/etc/fstab 文件，根据文件中的挂载信息进行挂载，这样就不需要每次启动系统之后手动挂载了，从而实现了自动挂载。

/etc/fstab 文件被称为文件系统表（File System Table），其内容为系统中已存在的挂载信息。

例：查看/etc/fstab 文件。

```
[root@localhost ~]# cat /etc/fstab
#
# /etc/fstab
# Created by anaconda on Sun Apr 28 07:52:13 2024
#
# Accessible filesystems, by reference, are maintained under '/dev/disk/'.
# See man pages fstab(5), findfs(8), mount(8) and/or blkid(8) for more info.
#
# After editing this file, run 'systemctl daemon-reload' to update systemd
# units generated from this file.
#
/dev/mapper/cs-root    /                           xfs     defaults      0 0
UUID=d1cfc839-f37d-4b1b-b4d5-514e64745fc2 /boot          xfs     defaults     0 0
/dev/mapper/cs-swap    none                        swap    defaults
```

文件中的每一行对应一个自动挂载存储设备，每行包括 6 个字段，各字段含义如下。

● 第 1 个字段：需要挂载的存储设备名。

● 第 2 个字段：挂载点，是一个目录而且必须使用绝对路径。

● 第 3 个字段：文件系统类型，若设置为 auto，则由系统自动检测。

● 第 4 个字段：挂载参数，一般设置为 defaults，还可设置为 rw、suid、dev、exec、auto、nouser、async 等。

● 第 5 个字段：能否被 dump 备份，dump 是一个用于备份的命令，通常这个字段的取值为 0 或者 1（0 表示不能，1 表示能）。

● 第 6 个字段：在启动过程中，是否用 fsck（用于检查与修复文件系统）命令来检查文件系统，0 表示不检查，1 表示检查。

例：通过编辑/etc/fstab 文件来实现分区/dev/sdb1、/dev/sdb5 和/dev/sdb6 的自动挂载。

```
# /etc/fstab
# Created by anaconda on Sun Apr 28 07:52:13 2024
#
# Accessible filesystems, by reference, are maintained under '/dev/disk/'.
# See man pages fstab(5), findfs(8), mount(8) and/or blkid(8) for more info.
#
# After editing this file, run 'systemctl daemon-reload' to update systemd
# units generated from this file.
#
/dev/mapper/cs-root     /                        xfs     defaults     0 0
UUID=d1cfc839-f37d-4b1b-b4d5-514e64745fc2 /boot       xfs     defaults     0 0
/dev/mapper/cs-swap     none                swap     defaults     0 0
/dev/sdb1     /mnt/data1 auto defaults 0 0
/dev/sdb5     /mnt/data2 auto defaults 0 0
/dev/sdb6     /mnt/data3 auto defaults 0 0
```

编辑完/etc/fstab 文件后，重启系统或执行 systemctl daemon-reload 命令实现自动挂载。

3. 卸载存储设备

umount 命令用于卸载一个已挂载的存储设备，相当于 Windows 系统里的弹出设备操作。其语法格式如下：

```
umount 存储设备|挂载点
```

常用的选项如下。

-h：输出简要帮助信息。

-v：输出详细帮助信息。

-n：卸载的时候不更新/etc/mtab 文件。

-r：如果卸载失败，则先将其重新挂载为只读模式，然后再尝试卸载它。

-a：将/etc/fstab 文件中的存储设备全部卸载。

-t：指定文件系统类型，如 Ext3、Ext4、FAt32 等。

-f：强制卸载。

在使用 umount 命令卸载存储设备时，必须保证此时该设备处于非 busy（忙碌）状态。

存储设备处于 busy 状态的情况有：存储设备中有打开的文件，某个进程的目录在此存储设备中，存储设备的缓存文件正在被使用等。

例：使用 umount 命令卸载/dev/sdb1。

```
[root@localhost ~]# cd /mnt/data1
[root@localhost data1]# umount /dev/sdb1
umount: /mnt/data1: target is busy.
[root@localhost data1]# cd ..
[root@localhost mnt]# umount /dev/sdb1
```

4.3　逻辑卷管理

4.3.1　逻辑卷管理相关概念

用户在安装 Linux 系统时遇到的一个常见问题就是如何精确划分各分区的大小，以分配合适的硬盘空间。普通的硬盘分区管理方式在分区建好之后就无法再改变其大小，当一个分区存放不下某个文件时，此文件受到文件系统的限制，不能跨分区存放。当某个分区空间耗尽，存放不下某个文件时，通常使用相关命令调整分区大小，但这并没有从根本上解决问题。随着逻辑卷管理的出现，上述问题迎刃而解，用户无须关机便可方便地调整各个分区的大小。

LVM（Logical Volume Manager，逻辑卷管理）是 Linux 系统中对硬盘分区进行动态管理的一种方式。管理员利用 LVM 不用重新分区就可以动态调整分区的大小，并且当系统添加了新的分区后，管理员不必将已有的文件移动到新的分区上，通过 LVM 就可以直接使文件跨分区存放。可以说，LVM 提供了一种非常高效、灵活的硬盘分区管理方式。

LVM 是建立在硬盘分区和文件系统之间的一个逻辑层，它为文件系统屏蔽了底层的硬盘分区情况，将若干个硬盘分区连接为一个卷组（Volume Group，VG），形成一个存储池。在该卷组上可以任意创建逻辑卷（Logical Volume，LV）并在逻辑卷上创建文件系统，在系统中挂载使用的就是逻辑卷。逻辑卷的使用与管理方式和普通分区是一样的。

LVM 主要涉及以下几个概念。

● 物理卷（Physical Volume，PV）：物理卷是 LVM 的最底层组件，可以是整个硬盘、硬盘上的分区或从逻辑上与硬盘分区具有同样功能的设备。物理卷是 LVM 的基本存储逻辑块，包含与 LVM 相关的管理参数。

● 卷组（Volume Group，VG）：卷组建立在物理卷之上，由一个或多个物理卷组成。管理员可以在卷组上随意创建逻辑卷。卷组类似于普通的硬盘管理方式中的硬盘。

● 逻辑卷（Logical Volume，LV）：逻辑卷建立在卷组之上，是从卷组中"切出"的一块空间。逻辑卷的大小可以调整，文件系统在其上建立。逻辑卷类似于普通的硬盘管理方式中的分区。

● 物理区域（Physical Extent，PE）：每一个物理卷被划分为的基本单元叫物理区域（称为 PE），PE 是 LVM 寻址的最小存储单元。PE 的大小是可以配置的，默认为 4 MB，确定后不能改变。物理卷由大小相同的 PE 组成。

逻辑卷管理

物理卷（PV）是基础存储单元，多个物理卷组成卷组（VG），而逻辑卷（LV）则是从卷组中划分出来供用户使用的逻辑存储单元。三者相互协作，为用户提供了灵活、可扩展的存储管理解决方案。物理卷（PV）、卷组（VG）和逻辑卷（LV）三者之间的关系如图 4-3 所示。

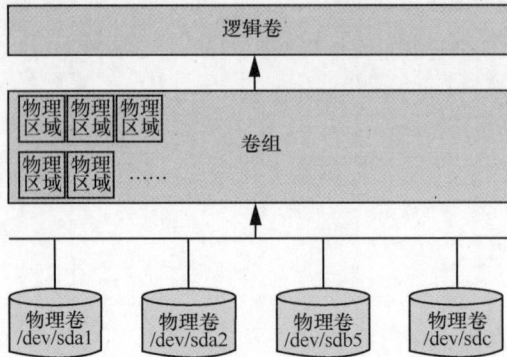

图 4-3 PV、VG 和 LV 三者之间的关系

与普通的硬盘管理方式将包含分区信息的元数据保存在位于分区起始位置的分区表中相似，与逻辑卷和卷组相关的元数据也是保存在位于物理卷起始位置的 VGDA（Volume Group Description Area，卷组描述符区域）中。VGDA 包括物理卷描述符、卷组描述符、逻辑卷描述符和物理区域描述符。

系统启动 LVM 时激活卷组，并将 VGDA 加载至内存，识别逻辑卷的实际物理存储位置。当系统进行 I/O（Input/Output，输入/输出）操作时，就会根据 VGDA 建立的映射机制来访问实际的物理存储位置。

在 Linux 系统中，LVM 得到了重视。在安装系统的过程中，若选中"自动分区"，则系统除了创建一个/boot 分区之外，剩余的硬盘空间全部采用 LVM 进行管理，并在其中创建两个逻辑卷，分别挂载到根分区和交换分区。

4.3.2 逻辑卷的创建与使用

1. 创建硬盘分区

硬盘分区是实现 LVM 的前提和基础。要使用 LVM，首先需要划分硬盘分区，并且将分区的类型设置为 8e，这样才能将分区初始化为物理卷。

本小节使用前面创建的硬盘的主分区/dev/sdb1 和逻辑分区/dev/sdb5 来演示。特别注意，要先把分区/dev/sdb1 和/dev/sdb5 卸载。

使用 lsblk /dev/sdb 查看分区情况。

```
[root@localhost ~]# umount /dev/sdb1
[root@localhost ~]# umount /dev/sdb5
[root@localhost ~]# lsblk /dev/sdb
NAME   MAJ:MIN RM SIZE RO TYPE MOUNTPOINT
sdb    8:16   0 20G 0 disk
├─sdb1  8:17   0  7G 0 part
├─sdb2  8:18   0  1K 0 part
```

```
├─sdb5   8:21   0   7G  0 part
└─sdb6   8:22   0   6G  0 part /mnt/data3
```

　　在使用 fdisk 命令创建硬盘分区的过程中，使用 t 命令可以更改分区的类型，如果不知道分区类型 ID，可以输入 l 命令查看各分区类型 ID。

　　下面将/dev/sdb1 和/dev/sdb5 的分区类型改为"Linux LVM"，也就是要将分区类型 ID 修改为"8e"。修改分区类型操作如下所示。

```
[root@localhost ~]# fdisk /dev/sdb
欢迎使用 fdisk (util-linux 2.32.1)。
更改将停留在内存中，直到您决定将更改写入磁盘。
使用写入命令前请三思。
命令(输入 m 获取帮助)：t
分区号 (1,2,5,6，默认  6)：1
Hex 代码(输入 L 列出所有代码)：8e

已将分区"Linux"的类型更改为"Linux LVM"。

命令(输入 m 获取帮助)：t
分区号 (1,2,5,6，默认  6)：5
Hex 代码(输入 L 列出所有代码)：8e

已将分区"Linux"的类型更改为"Linux LVM"。

命令(输入 m 获取帮助)：p
Disk /dev/sdb: 20 GiB, 21474836480 字节, 41943040 个扇区
单元：扇区 / 1 * 512 = 512 字节
扇区大小(逻辑/物理)：512 字节 / 512 字节
I/O 大小(最小/最佳)：512 字节 / 512 字节
磁盘标签类型：dos
磁盘标识符：0xe66326af


设备          启动         起点          末尾          扇区大小   Id     类型
/dev/sdb1    2048        14682111     14680064      7G        8e     Linux LVM
/dev/sdb2    14682112    41943039     27260928      13G       5      扩展
/dev/sdb5    14684160    29364223     14680064      7G        8e     Linux LVM
/dev/sdb6    29366272    41943039     12576768      6G        83     Linux


命令(输入 m 获取帮助)：w
分区表已调整。
正在同步磁盘。
```

　　分区创建成功后要保存分区表，重启系统或执行 partprobe /dev/sdb 命令即可。

　　执行 partprobe /dev/sdb 命令，如下所示。

```
[root@localhost ~]# partprobe /dev/sdb
```

2. 创建物理卷

pvcreate 命令用于将硬盘分区初始化为物理卷。

其语法格式如下：

```
pvcreate [选项] [参数]
```

常用的选项如下。

-f：强制创建物理卷，不需要用户确认。

-u：指定设备的 UUID（Universally Unique Identifier，通用唯一标识符）。

-y：对于所有的问题都回答"y"。

-Z：是否利用前 4 个扇区。

下面将分区/dev/sdb1 和/dev/sdb5 初始化为物理卷。

```
[root@localhost ~]# pvcreate /dev/sdb1 /dev/sdb5
WARNING: ext4 signature detected on /dev/sdb1 at offset 1080. Wipe it? [y/n]: y
  Wiping ext4 signature on /dev/sdb1.
WARNING: ext4 signature detected on /dev/sdb5 at offset 1080. Wipe it? [y/n]: y
  Wiping ext4 signature on /dev/sdb5.
  Physical volume "/dev/sdb1" successfully created.
  Physical volume "/dev/sdb5" successfully created.
```

pvscan 命令用于扫描系统连接的所有硬盘，并显示找到的物理卷列表。

其语法格式如下：

```
pvscan [选项]
```

常用的选项如下。

-d：调试模式。

-n：仅显示不属于任何卷组的物理卷。

-s：短格式输出物理卷的信息。

-u：显示 UUID。

-e：仅显示属于输出卷组的物理卷。

3. 创建卷组

卷组目录在创建卷组时自动生成，位于/dev 目录下，与卷组同名。卷组中的所有逻辑卷设备文件都保存在该目录下。卷组中可以包含一个或多个物理卷。

vgcreate 命令用于创建 LVM 卷组。

其语法格式如下：

```
vgcreate [选项] 卷组名 物理卷名 [物理卷名...]
```

常用的选项如下。

-l：指定卷组中允许创建的逻辑卷的最大数量。

-p：指定卷组中允许添加的物理卷的最大数量。

-s：指定卷组中的物理卷的大小，若不指定则默认为 4MB。

vgdisplay 命令用于显示卷组的属性。若不指定"卷组"参数，则分别显示所有卷组的属性。

其语法格式如下：

```
vgdisplay [选项] [卷组]
```

常用的选项如下。

-A：仅显示活动卷组的属性。

-s：使用短格式输出属性。

使用物理卷/dev/sdb1 和/dev/sdb5 创建名为 test-group 的卷组并查看。

```
[root@localhost ~]# vgcreate test-group  /dev/sdb1 /dev/sdb5
 Volume group "test-group" successfully created
[root@localhost ~]# vgdisplay test-group
 --- Volume group ---
 VG Name               test-group
 System ID
 Format                lvm2
 Metadata Areas         2
 Metadata Sequence No  1
 VG Access             read/write
 VG Status             resizable
 MAX LV                0
 Cur LV                0
 Open LV               0
 Max PV                0
 Cur PV                2
 Act PV                2
 VG Size               13.99 GiB
 PE Size               4.00 MiB
 Total PE              3582
 Alloc PE / Size        0 / 0
 Free  PE / Size       3582 / 13.99 GiB
 VG UUID               avrEeP-6J26-2WR9-msHt-j8ZJ-Leu2-mwuceI
```

4. 创建逻辑卷

逻辑卷是创建在卷组之上的，逻辑卷对应的设备文件保存在卷组目录下。

lvcreate 命令用于创建 LVM 的逻辑卷。

其语法格式如下：

```
lvcreate  -L 大小 -n 逻辑卷名  卷组名
```

常用的选项如下。

-L：选项后跟的是一个数值，用于指定逻辑卷的大小。这个数值可带单位，如 K（千字节）、M（兆字节）或 G（吉字节）等。

-l：指定逻辑卷的大小（逻辑区块数）。

-n：后面跟逻辑卷名。

-s：创建快照。

lvdisplay 命令用于显示逻辑卷大小、读写状态和快照信息等属性。如果省略"逻辑卷"参数，则 lvdisplay 命令显示所有逻辑卷的属性；否则，仅显示指定逻辑卷的属性。

其语法格式如下：

```
lvdisplay [逻辑卷名]
```

常用的选项如下。

--columns|-C：以列的方式显示。

-h|--help：显示帮助信息。

下面先从 test-group 卷组中创建名为 game 的大小为 13GB 的逻辑卷，再用 lvdisplay 命令查看逻辑卷的属性。

```
[root@localhost ~]# lvcreate -L 13g -n game  test-group
  Logical volume "game" created.
[root@localhost ~]# lvdisplay /dev/test-group/game
  --- Logical volume ---
  LV Path                /dev/test-group/game
  LV Name                game
  VG Name                test-group
  LV UUID                NblMH7-7hzJ-uDA8-SZOe-yjgJ-IhT1-RKSp2M
  LV Write Access        read/write
  LV Creation host, time localhost.localdomain, 2024-05-06 10:32:07 +0800
  LV Status              available
  # open                 0
  LV Size                13.00 GiB
  Current LE             3328
  Segments               2
  Allocation             inherit
  Read ahead sectors     auto
  - currently set to     8192
  Block device           253:2
```

5. 格式化和挂载逻辑卷

逻辑卷相当于一个硬盘分区，使用它前还要进行格式化和挂载。

首先对逻辑卷/dev/test-group/game 进行格式化。

```
[root@localhost ~]# mkfs -t ext4 /dev/test-group/game
mke2fs 1.45.6 (20-Mar-2020)
创建含有 3407872 个块（每块 4K）和 851968 个 inode 的文件系统
文件系统 UUID: 4e9a7f81-9a38-495a-ac9c-80e3db957621
超级块的备份存储于下列块：
    32768, 98304, 163840, 229376, 294912, 819200, 884736, 1605632, 2654208

正在分配组表： 完成
正在写入 inode 表： 完成
```

创建日志（16384 个块）完成

写入超级块和文件系统账户统计信息：已完成

再创建挂载点，然后将逻辑卷手动挂载或者修改/etc/fstab 文件进行自动挂载。

```
[root@localhost ~]# cd /mnt
[root@localhost mnt]# mkdir game
[root@localhost mnt]# mount /dev/test-group/game game
[root@localhost mnt]# df -hT
```

文件系统	类型	容量	已用	可用	已用%	挂载点
devtmpfs	devtmpfs	1.8G	0	1.8G	0%	/dev
tmpfs	tmpfs	1.8G	0	1.8G	0%	/dev/shm
tmpfs	tmpfs	1.8G	9.8M	1.8G	1%	/run
tmpfs	tmpfs	1.8G	0	1.8G	0%	/sys/fs/cgroup
/dev/mapper/cs-root	xfs	17G	5.4G	12G	32%	/
/dev/sda1	xfs	1014M	273M	742M	27%	/boot
tmpfs	tmpfs	364M	32K	364M	1%	/run/user/0
/dev/sdb6	ext4	5.9G	24K	5.6G	1%	/mnt/data3
/dev/mapper/test--group-game	ext4	13G	24K	13G	1%	/mnt/game

4.3.3 逻辑卷其他管理

创建逻辑卷后，还可以根据实际需要对它进行各种管理操作，如减少空间、扩展空间和删除逻辑卷等。

1. 增加新的物理卷到卷组

vgextend 命令用于动态扩展 LVM 卷组，它通过向卷组中添加物理卷来增大卷组。LVM 卷组中的物理卷可以在使用 vgcreate 命令创建卷组时添加，也可以使用 vgextend 命令动态添加。

其语法格式如下：

```
vgextend [选项] [卷组名] [物理卷路径]
```

常用的选项如下。

-h：显示命令的帮助信息。

-d：调试模式。

-f：强制扩展卷组。

-v：显示详细信息。

2. 从卷组中移除物理卷

vgreduce 命令通过删除 LVM 卷组中的物理卷来减小卷组。

其语法格式如下：

```
vgreduce [选项] [卷组名][物理卷路径]
```

常用的选项如下。

-a：如果没有指定要删除的物理卷，那么删除所有为空的物理卷。

--removemising：删除卷组中所有丢失的物理卷，使卷组恢复到正常状态。

3. 减少逻辑卷空间

减少逻辑卷空间是有风险的，操作之前一定要做好数据备份，以免数据丢失。减少逻辑卷空间必须先减小其上的文件系统的大小。

具体操作顺序是：检查文件系统，减小文件系统大小，减少逻辑卷空间。

4. 扩展逻辑卷空间

lvextend 命令用于动态扩展逻辑卷空间，而不中断应用程序对逻辑卷的访问。

其语法格式如下：

```
lvextend [选项][逻辑卷路径]
```

常用的选项如下。

-h：显示命令的帮助信息。

-L <+大小>：选项后跟的是一个数值，用于指定逻辑卷的大小。这个数值可带单位，如 K（千字节）、M（兆字节）或 G（吉字节）等。

-f|--force：强制扩展。

-l：指定逻辑卷的大小（逻辑区块数）。

-r|--resizefs <大小>：重置文件系统大小，这个数值可带单位，如 K（千字节）、M（兆字节）或 G（吉字节）等。

5. 更改卷组的属性

vgchange 命令用于更改卷组的属性，可以设置卷组处于活动状态或非活动状态。

其语法格式如下：

```
vgchange [选项][卷组名]
```

常用的选项如下。

-a <y|n>：设置卷组中的逻辑卷的可用性。

-u：为指定的卷组随机生成新的 UUID。

-l<最大逻辑卷数量>：更改现有不活动卷组的最大逻辑卷数量。

-L<最大物理卷数量>：更改现有不活动卷组的最大物理卷数量。

-s <PE 大小>：更改该卷组的物理区域的大小。

-noudevsync：禁用 udev（设备管理器）同步。

-x <y|n>：启用或禁用在此卷组上增加和减少物理卷的操作。

6. 删除逻辑卷

lvremove 命令用于删除指定的 LVM 逻辑卷。

其语法格式如下：

```
lvremove [选项][逻辑卷路径]
```

常用的选项如下。

-f|--force：强制删除。

-noudevsync：禁用 udev 同步。

7. 删除卷组

vgremove 命令用于删除指定的卷组。

其语法格式如下：

```
vgremove [选项][卷组名]
```

常用的选项如下。

-f|--force：强制删除。

-v：显示详细信息。

8. 删除物理卷

pvremove 命令用于删除指定的物理卷。

其语法格式如下：

```
pvremove [选项][物理卷]
```

常用的选项如下。

-f|--force：强制删除。

-y：对所有问题都回答"y"。

4.4　RAID 管理

RAID 管理

4.4.1　RAID 简介

RAID（Redundant Arrays of Independent Disks，独立磁盘冗余阵列）技术由加州大学伯克利分校于 1987 年提出，该技术将较廉价的多个小磁盘进行组合来替代价格昂贵的大容量磁盘，单个磁盘损坏后不会影响到其他磁盘的继续使用，这样数据会更加安全。如今 RAID 已广泛应用于服务器、网络存储、视频监控等领域。

RAID 的类型有很多，这里介绍最常见的 4 种：RAID 0、RAID 1、RAID 5 和 RAID 1 0。

1. RAID 0

RAID 0 是最早出现的 RAID 类型，也是组建磁盘阵列最简单的方式之一，最少只需要两块硬盘，RAID 0 数据组织方式如图 4-4 所示。在图 4-4 中，RAID 0 将数据分成多个部分分别依次写入硬盘 1 和硬盘 2，可以实现比硬盘 1 和硬盘 2 更高的性能和吞吐量。

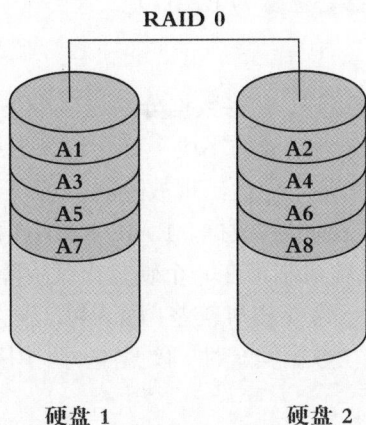

图 4-4　RAID 0 数据组织方式

但是，由于没有镜像、奇偶校验或其他冗余机制，若某块硬盘发生故障，则会导致整个系统的数据都受到破坏。因此，可以在速度至关重要且不需要冗余机制时使用 RAID 0，不能将其应用于对数据安全性要求高的场合。

2. RAID 1

RAID 1 称为硬盘镜像，是把一个硬盘的数据镜像到另一个硬盘上。也就是说，数据在写入一块硬盘的同时，会在另一块硬盘上生成镜像文件，在不影响性能的情况下最大限度地保证系统的可靠性和可修复性。RAID 1 数据组织方式如图 4-5 所示。

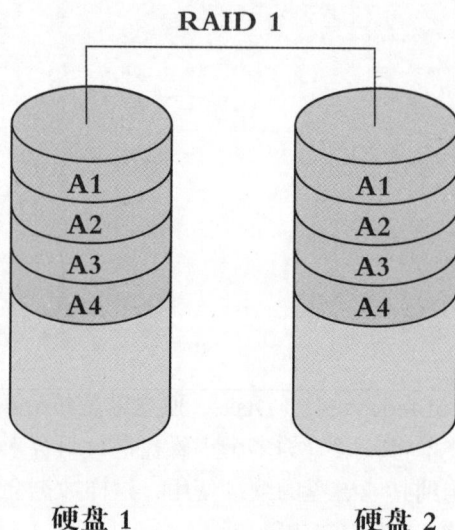

图 4-5　RAID 1 数据组织方式

RAID 1 用至少两块硬盘实现，假设用两块实现，则其中一块硬盘用作另一块的实时备份，把两块硬盘当作一块，实际空间使用率只有 50%，因此其成本是单块硬盘的两倍，是一种比较昂贵的方案。此方案下，如果其中一块硬盘发生故障，可以从另一块硬盘继续读取数据，并通过更换故障的硬盘来重建阵列，因此 RAID 1 具备很好的硬盘冗余能力。当系统中安装两块硬盘时，大多数 RAID 控制器将默认为 RAID 1。

3. RAID 5

RAID 5 需要至少 3 块硬盘来组建，它将数据分割成多个块，并分散存储到它的多个硬盘上，对于每个条带（条带是将数据分割成的小块）都会计算出一个奇偶校验值，并存储在一个独立的校验块中。当 RAID 5 中某个硬盘出现故障时，可以通过读取其他硬盘上的数据块和校验块重新计算并恢复出故障硬盘上的数据。RAID 5 数据组织方式如图 4-6 所示。

RAID 5 的优点是通过奇偶校验机制可在一个硬盘出现故障时恢复数据，保证数据的完整性和安全性。RAID 5 的缺点是写入性能相对较差，因为每次写入数据时都需要更新相应的校验块。总体来说，RAID 5 是一种在数据安全性、硬盘空间利用率和存储成本之间取得了平衡的存储方案。

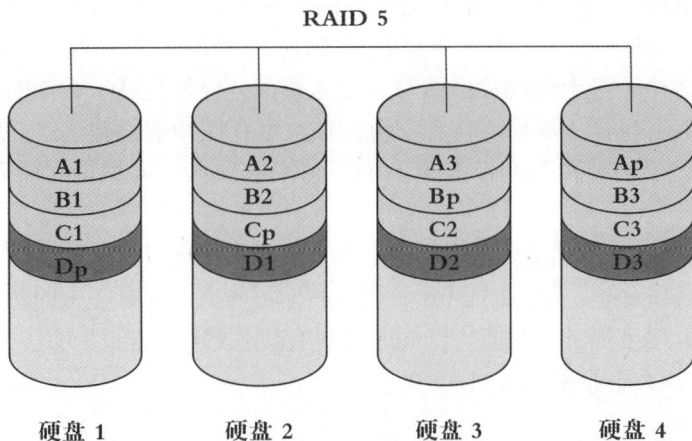

图 4-6　RAID 5 数据组织方式

4. RAID 1 0

RAID 1 0 是 RAID 0 与 RAID 1 的组合。RAID 1 和 RAID 0 在使用时有类似的问题，即在同一时间内只能向一块硬盘写入数据，不能充分利用所有的资源。在 RAID 1 0 中，数据首先被镜像到两对或更多的硬盘上。例如，如果有 4 块硬盘，硬盘 1 和硬盘 2 组成一对镜像，硬盘 3 和硬盘 4 组成另一对镜像。每一对镜像硬盘都存储相同的数据，确保在其中一块硬盘发生故障时，数据不会丢失，因为另一块硬盘上的镜像仍然可以提供正常的服务。这种镜像操作确保了数据的高可靠性，使得 RAID 1 0 阵列具有与 RAID 1 阵列相同的数据保护能力。RAID 1 0 数据组织方式如图 4-7 所示。

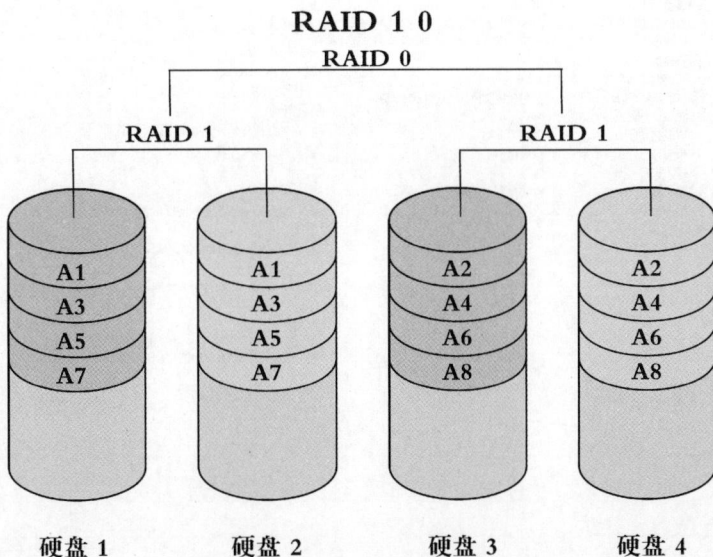

图 4-7　RAID 1 0 数据组织方式

在镜像的基础上，RAID 1 0 将数据条带化（将连续的数据分割成较小的块，并将这些块存储在不同的硬盘上，以提高数据访问的并行性和效率）到各个硬盘上。在 RAID 1 0 中，这些条带化的数据块是镜像的，即它们在每一对镜像硬盘上都存在。这种条带化技术提高了数据的并行读写能力，从而大幅提升了数据存储的性能。当应用程序需要读取或写入数据时，RAID 10 可以从多个硬盘上同时读取或写入数据条带，显著提高了数据的传输速率。

RAID 10 以其高性能、高可靠性和安全性在数据存储领域得到了广泛应用。然而，其较高的硬件成本、较低的硬盘利用率等也是不容忽视的缺点。要根据实际需求和预算来使用 RAID 10。

RAID 0 大幅度提升了硬盘的读写性能，但不具备容错能力。RAID 1 虽然十分注重数据安全，但硬盘利用率太低。RAID 5 提升了硬盘的读写能力，又有一定的容错能力，成本相对较低。RAID 10 大幅度提升读写能力的同时还具有较强的容错能力，但成本较高。一般中小企业采用 RAID 5，大企业采用 RAID 10。

4.4.2 搭建 RAID 5

例：创建 4 个大小为 1GB 的硬盘，将其中 3 个创建为 RAID 5，1 个创建为热备份硬盘（指独立于 RAID 5 之外的一个硬盘，当 RAID 5 中有硬盘出现故障时，它自动补充到 RAID 5 中替代故障硬盘）。

1. 添加硬盘

按照 4.2.1 小节介绍的方法，添加 4 块大小为 1GB 的硬盘，如图 4-8 所示。

图 4-8　添加 4 块新硬盘

重启系统，执行 fdisk -l | grep sd 命令，发现 4 块添加的硬盘均被系统检测到，说明硬盘添加成功，如下所示。

```
[root@localhost ~]# fdisk -l | grep sd
Disk /dev/sdb: 1 GiB, 1073741824 字节, 2097152 个扇区
Disk /dev/sda: 20 GiB, 21474836480 字节, 41943040 个扇区
/dev/sda1   *       2048  2099199  2097152    1G 83 Linux
/dev/sda2        2099200 41943039 39843840   19G 8e Linux LVM
Disk /dev/sdd: 1 GiB, 1073741824 字节, 2097152 个扇区
Disk /dev/sdc: 1 GiB, 1073741824 字节, 2097152 个扇区
Disk /dev/sde: 1 GiB, 1073741824 字节, 2097152 个扇区
```

2. 初始化硬盘

由于 RAID 5 要用到整块硬盘，故用 fdisk 命令将整块硬盘创建成主分区，然后将分区类型改成 fd，最后用 "w" 命令保存所做的操作并退出。具体流程如下所示。

```
[root@localhost ~]# fdisk /dev/sdb

欢迎使用 fdisk (util-linux 2.32.1)。
更改将停留在内存中，直到您决定将更改写入磁盘。
使用写入命令前请三思。

设备不包含可识别的分区表。
创建了一个磁盘标识符为 0xfc94b836 的新 DOS 磁盘标签。

命令(输入 m 获取帮助): n
分区类型
   p   主分区 (0 个主分区，0 个扩展分区，4 空闲)
   e   扩展分区 (逻辑分区容器)
选择 (默认 p):

将使用默认回应 p。
分区号 (1-4, 默认  1): 1
第一个扇区 (2048-2097151, 默认 2048):
上个扇区, +sectors 或 +size{K,M,G,T,P} (2048-2097151, 默认 2097151):

创建了一个新分区 1，类型为 "Linux"，大小为 1023 MiB。

命令(输入 m 获取帮助): t
已选择分区 1
Hex 代码(输入 L 列出所有代码): fd
已将分区 "Linux" 的类型更改为 "Linux raid autodetect"。

命令(输入 m 获取帮助): w
```

分区表已调整。

将调用 ioctl() 来重新读分区表。

正在同步磁盘。

```
[root@localhost ~]# fdisk -l |grep sdb
Disk /dev/sdb: 1 GiB, 1073741824 字节, 2097152 个扇区
/dev/sdb1      2048 2097151 2095104 1023M fd Linux raid 自动检测
```

使用上述方法完成另外 3 块硬盘的设置，结果如下所示。

```
[root@localhost ~]# fdisk -l | grep sd[b-e]
Disk /dev/sdb: 1 GiB, 1073741824 字节, 2097152 个扇区
/dev/sdb1      2048 2097151 2095104 1023M fd Linux raid 自动检测
Disk /dev/sdd: 1 GiB, 1073741824 字节, 2097152 个扇区
/dev/sdd1      2048 2097151 2095104 1023M fd Linux raid 自动检测
Disk /dev/sdc: 1 GiB, 1073741824 字节, 2097152 个扇区
/dev/sdc1      2048 2097151 2095104 1023M fd Linux raid 自动检测
Disk /dev/sde: 1 GiB, 1073741824 字节, 2097152 个扇区
/dev/sde1      2048 2097151 2095104 1023M fd Linux raid 自动检测
```

3. 创建 RAID 5 及其热备份硬盘

mdadm（Multiple Disk and Device Administration，多磁盘和设备管理）是一个命令行工具，可用于管理 Linux 上的软件 RAID 阵列。mdadm 利用多个底层的块设备模拟出一个新的虚拟设备，并通过条带化技术提高其读写性能，同时利用数据冗余算法保护数据，使数据不会因为某个块设备的故障而完全丢失，而且丢失的数据能在块设备被替换后恢复到新的设备上。

目前，mdadm 支持 Linear、Multipath、RAID 0、RAID 1、RAID 4、RAID 5、RAID 6 和 RAID 1 0 等。

其语法格式如下：

```
mdadm [mode] [options] <raid-device> [<component-devices>]
```

说明如下。

mode：指定 mdadm 要执行的操作模式，如创建（Create）、管理（Manage）等。

options：指定 mode 的专用选项，用于细化操作的具体选项。

raid-device：要操作的 RAID 设备的名称，如/dev/md0。

component-devices：组成 RAID 的设备的名称，如/dev/sda1、/dev/sdb1 等。

常用模式及选项如下。

（1）创建 RAID（Create）

--create 或 -C：指定创建新的 RAID 设备。

--level：指定 RAID 级别，如 0、1、5、6 等。

--raid-devices 或 -n：指定 RAID 中活动设备的数目。

--spare 或 -x：指定初始 RAID 设备的热备份硬盘数量（可选）。

（2）管理 RAID（Manage）

管理 RAID 时，可以使用--manage 模式，后跟如下操作。

-add：向 RAID 设备中添加一块硬盘。

--remove：从 RAID 设备中移除一个硬盘。

--fail：把 RAID 硬盘列为有故障，以便后续移除。

（3）查看 RAID 的详细信息（Detail）

--detail 或 -D：显示 RAID 设备的详细信息，包括 RAID 级别、设备状态等。

（4）停用 RAID（Stop）

--stop 或 -S：停用 RAID 设备。

例：使用 mdadm -C　/dev/md0 -a yes -l 5 -n 3 -x 1 /dev/sd[b,c,d,e]1 命令将 4 块硬盘中的 3 块创建为 RAID 5，剩下的一块则为热备份硬盘，如下所示。

```
[root@localhost ~]# mdadm -C /dev/md0 -a yes -l 5 -n 3 -x 1 /dev/sd[b,c,d,e]1
mdadm: Defaulting to version 1.2 metadata
mdadm: array /dev/md0 started.
```

创建完成之后，使用 mdadm -D /dev/md0 命令查看 RAID 5，如下所示。

```
[root@localhost ~]# mdadm -D /dev/md0
/dev/md0:
           Version : 1.2
     Creation Time : Mon May  6 10:49:13 2024
        Raid Level : raid5
        Array Size : 2091008 (2042.00 MiB 2141.19 MB)
     Used Dev Size : 1045504 (1021.00 MiB 1070.60 MB)
      Raid Devices : 3
     Total Devices : 4
       Persistence : Superblock is persistent

       Update Time : Mon May  6 10:49:18 2024
             State : clean
    Active Devices : 3
   Working Devices : 4
    Failed Devices : 0
     Spare Devices : 1

            Layout : left-symmetric
        Chunk Size : 512K

Consistency Policy : resync

              Name : localhost.localdomain:0  (local to host localhost.localdomain)
              UUID : e21f2d1d:d4676358:e00832e4:d3e6afde
            Events : 18

    Number   Major   Minor   RaidDevice State
```

```
0       8       17      0       active sync   /dev/sdb1
1       8       33      1       active sync   /dev/sdc1
4       8       49      2       active sync   /dev/sdd1

3       8       65      -       spare   /dev/sde1
```

3 块硬盘/dev/sdb1、/dev/sdc1 和/dev/sdd1 组成 RAID 5，/dev/sde1 作为热备份硬盘，显示结果的主要字段含义如下。

- Raid Level：阵列的类型。
- Active Devices：活跃硬盘的数目。
- Working Devices：所有硬盘数目。
- Failed Devices：出现故障的硬盘的数目。
- Spare Devices：热备份硬盘数目。

4. 修改 RAID 5 配置文件

添加 RAID 5 到配置文件/etc/mdadm.conf 中，此配置文件用于记录系统中所有已经创建的 RAID 的配置信息。此文件默认是不存在的，需要手动创建，但不是必须要有的，推荐对此文件进行配置，方便以后对 RAID 进行管理。

```
[root@localhost ~]# echo 'DEVICE /dev/sd[b-e]1'>>/etc/mdadm.conf
[root@localhost ~]# mdadm -Ds>>/etc/mdadm.conf
[root@localhost ~]# cat /etc/mdadm.conf
DEVICE /dev/sd[b-e]1
ARRAY /dev/md0 metadata=1.2 spares=1 name=localhost.localdomain:0 UUID=e21f2d1d:
d4676358:e00832e4:d3e6afde
```

5. 格式化 RAID 5

使用 mkfs.xfs /dev/md0 命令对创建好的/dev/md0 进行格式化，如下所示。

```
[root@localhost ~]# mkfs.xfs /dev/md0
log stripe unit (524288 bytes) is too large (maximum is 256KiB)
log stripe unit adjusted to 32KiB
meta-data=/dev/md0              isize=512    agcount=8, agsize=65408 blks
         =                      sectsz=512   attr=2, projid32bit=1
         =                      crc=1        finobt=1, sparse=1, rmapbt=0
         =                      reflink=1    bigtime=0 inobtcount=0
data     =                      bsize=4096   blocks=522752, imaxpct=25
         =                      sunit=128    swidth=256 blks
naming   =version 2             bsize=4096   ascii-ci=0, ftype=1
log      =internal log          bsize=4096   blocks=2560, version=2
         =                      sectsz=512   sunit=8 blks, lazy-count=1
realtime =none                  extsz=4096   blocks=0, rtextents=0
```

6. 挂载 RAID 5

RAID 5 挂载后就可以使用了，如下所示。

```
[root@localhost ~]# cd /mnt
[root@localhost mnt]# mkdir raid5
[root@localhost mnt]# mount /dev/md0 raid5
[root@localhost mnt]# cd raid5
[root@localhost raid5]# ls
```

4.4.3　测试 RAID 5

用热备份硬盘替换 RAID 5 中的硬盘并同步数据，移除损坏的硬盘，然后添加一个新硬盘作为热备份硬盘。

1. 建立测试文件

在 RAID 5 上建立两个文件用于测试，如下所示。

```
[root@localhost raid5]# cat test.txt
aaaa bbbb  cccc
[root@localhost raid5]# cp test.txt test1.txt
[root@localhost raid5]# ls
test1.txt  test.txt
```

2. 模拟硬盘有故障

使用 mdadm /dev/md0 -f /dev/sdb1 命令让硬盘/dev/sdb1 产生故障；查看 RAID 5，发现热备份硬盘/dev/sde1 已自动替换了损坏的硬盘/dev/sdb1，并且文件没有损失，如下所示。

```
[root@localhost raid5]# mdadm /dev/md0 -f /dev/sdb1
mdadm: Value "localhost.localdomain:0" cannot be set as name. Reason: Not POSIX
compatible. Value ignored.
mdadm: set /dev/sdb1 faulty in /dev/md0
[root@localhost raid5]# mdadm -D /dev/md0
mdadm: Value "localhost.localdomain:0" cannot be set as name. Reason: Not POSIX
compatible. Value ignored.
/dev/md0:
           Version : 1.2
     Creation Time : Mon May  6 10:49:13 2024
        Raid Level : raid5
        Array Size : 2091008 (2042.00 MiB 2141.19 MB)
     Used Dev Size : 1045504 (1021.00 MiB 1070.60 MB)
      Raid Devices : 3
     Total Devices : 4
       Persistence : Superblock is persistent

       Update Time : Mon May  6 11:12:24 2024
             State : clean
    Active Devices : 3
```

```
    Working Devices : 3
     Failed Devices : 1
      Spare Devices : 0


             Layout : left-symmetric
         Chunk Size : 512K


Consistency Policy : resync


               Name : localhost.localdomain:0  (local to host localhost.localdomain)
               UUID : e21f2d1d:d4676358:e00832e4:d3e6afde
             Events : 37


    Number   Major   Minor   RaidDevice State
       3       8       65        0       active sync   /dev/sde1
       1       8       33        1       active sync   /dev/sdc1
       4       8       49        2       active sync   /dev/sdd1

       0       8       17        -       faulty        /dev/sdb1
```

3．移除损坏的硬盘，添加新硬盘作为热备份硬盘

使用 mdadm /dev/md0 -r /dev/sdb1 命令移除损坏的硬盘/dev/sdb1；查看 RAID 5，发现损坏的硬盘已经不存在了，如下所示。

```
[root@localhost raid5]# mdadm /dev/md0 -r /dev/sdb1
mdadm: Value "localhost.localdomain:0" cannot be set as name. Reason: Not POSIX
compatible. Value ignored.
mdadm: hot removed /dev/sdb1 from /dev/md0
[root@localhost raid5]# mdadm -D /dev/md0
mdadm: Value "localhost.localdomain:0" cannot be set as name. Reason: Not POSIX
compatible. Value ignored.
/dev/md0:
           Version : 1.2
     Creation Time : Mon May 6 10:49:13 2024
        Raid Level : raid5
        Array Size : 2091008 (2042.00 MiB 2141.19 MB)
     Used Dev Size : 1045504 (1021.00 MiB 1070.60 MB)
      Raid Devices : 3
     Total Devices : 3
       Persistence : Superblock is persistent


       Update Time : Mon May 6 11:25:51 2024
             State : clean
```

```
   Active Devices : 3
  Working Devices : 3
   Failed Devices : 0
    Spare Devices : 0

           Layout : left-symmetric
       Chunk Size : 512K

Consistency Policy : resync

             Name : localhost.localdomain:0  (local to host localhost.localdomain)
             UUID : e21f2d1d:d4676358:e00832e4:d3e6afde
           Events : 38

   Number   Major   Minor   RaidDevice State
      3       8       65         0      active sync   /dev/sde1
      1       8       33         1      active sync   /dev/sdc1
      4       8       49         2      active sync   /dev/sdd1
```

使用 mdadm /dev/md0 -a /dev/sdb1 命令添加一块新的硬盘/dev/sdb1 作为 RAID 5 的热备份硬盘，这里的/dev/sdb1 不是之前损坏的硬盘，而是另一块硬盘，添加完之后查看 RAID 5，如下所示。

```
[root@localhost raid5]# mdadm /dev/md0 -a /dev/sdb1
mdadm: Value "localhost.localdomain:0" cannot be set as name. Reason: Not POSIX
compatible. Value ignored.
mdadm: added /dev/sdb1
[root@localhost raid5]# mdadm -D /dev/md0
mdadm: Value "localhost.localdomain:0" cannot be set as name. Reason: Not POSIX
compatible. Value ignored.
/dev/md0:
          Version : 1.2
    Creation Time : Mon May  6 10:49:13 2024
       Raid Level : raid5
       Array Size : 2091008 (2042.00 MiB 2141.19 MB)
    Used Dev Size : 1045504 (1021.00 MiB 1070.60 MB)
     Raid Devices : 3
    Total Devices : 4
      Persistence : Superblock is persistent

      Update Time : Mon May  6 11:27:33 2024
            State : clean
   Active Devices : 3
  Working Devices : 4
```

```
  Failed Devices : 0
   Spare Devices : 1


           Layout : left-symmetric
       Chunk Size : 512K

Consistency Policy : resync

         Name : localhost.localdomain:0  (local to host localhost.localdomain)
         UUID : e21f2d1d:d4676358:e00832e4:d3e6afde
       Events : 39


 Number   Major   Minor   RaidDevice State
    3        8      65         0      active sync   /dev/sde1
    1        8      33         1      active sync   /dev/sdc1
    4        8      49         2      active sync   /dev/sdd1

    5        8      17         -      spare   /dev/sdb1
```

4.5 习题

一、填空题

1. 在 Windows 系统中，硬盘分区通常采用_____或_____文件系统。
2. 在 Linux 系统中，硬盘分区通常采用_____或_____文件系统。
3. 查看分区信息可以使用_____命令。
4. LVM 的设计目的是实现_____。
5. RAID 最常见的 4 种类型是_____、_____、_____和_____。

二、操作题

1. 在虚拟机中添加一块 20GB 的新硬盘。
2. 为新硬盘创建大小为 5GB 的主分区和两个逻辑分区（大小分别为 8GB 和 7GB）。
3. 将主分区格式化为 Ext4，将第 1 个逻辑分区格式化为 FAT32。
4. 将主分区永久挂载到/data 目录；将第 1 个逻辑分区挂载到/mailbox 目录。
5. 将 U 盘挂载到/mnt/usb 目录下。
6. 卸载 U 盘。

第 5 章 网络管理与系统监控

本章导读

本章将介绍 Linux 系统中的常用网络管理命令、常用网络配置文件和系统监控命令。常用网络管理命令使用户能够方便地进行各种操作;网络配置文件就是用户登录系统时、使用软件时或系统为用户加载所需环境时的设置和文件的集合;常用系统监控命令让管理员能够方便地监控系统的运行状况,发现问题并及时处理。

知识目标

- 理解常用网络管理命令的作用。
- 理解常用网络配置文件的作用。
- 理解常用系统监控命令的作用。

能力目标

- 能够使用常用的网络管理命令。
- 能够使用常用的网络配置文件。
- 能够使用常用的系统监控命令。

素质目标

培养爱岗敬业的职业精神。

5.1 常用网络管理命令

5.1.1 网络接口管理命令

ifconfig 是用来查看、配置、启用或禁用网络接口(通常指网卡)的管理命令。它可以临时配置网络接口的 IP 地址、掩码、广播地址、网关等信息,常用于网络故障排查,如当主机或者系统无法连接网络时,查看 IP 地址、网关、掩码等配置是否正确。

用 ifconfig 命令配置的网络接口信息,在系统重启后就不复存在。若要永久保存网络接口信息，可以把网络接口相关信息写入配置文件/etc/rc.d/rc.local 中，此文件在用户每次登录前都被读取，可实现永久保存网络接口信息。

其语法格式如下：

```
ifconfig [网络接口名称] [选项] [网络接口地址]
```

说明如下。

网络接口名称：网络接口的名称，如 eth0、wlan0 等。若省略此选项，将显示所有激活的网络接口的信息。

网络接口地址：为网络接口设置的 IP 地址。通常与 netmask 选项一起使用。

常用的选项如下。

up：启动指定的网络接口。

down：关闭指定的网络接口。

-arp：设置指定的网络接口是否支持 ARP(Address Resolution Protocal，地址解析协议)。

-promisc：设置是否支持网络接口的混杂模式，如果设置此选项，网络接口将接收网络发给它的所有数据包。

-a：显示全部网络接口信息。

-s：显示摘要信息（功能类似于 netstat -i）。

add：给指定网络接口添加 IPv6 地址。

del：删除指定网络接口的 IPv6 地址。

netmask<子网掩码>：设置网络接口的子网掩码。

-broadcast<地址>：为指定网络接口设置广播地址。

-pointtopoint<地址>：为网络接口设置点对点通信协议，并设置对端的 IP 地址。

例：查看激活的全部网络接口的信息。

```
[root@localhost ~]# ifconfig
ens160: flags=4163<UP,BROADCAST,RUNNING,MULTICAST>  mtu 1500
        inet 192.168.195.128  netmask 255.255.255.0  broadcast 192.168.195.255
        inet6 fe80::20c:29ff:fefb:19d4  prefixlen 64  scopeid 0x20<link>
        ether 00:0c:29:fb:19:d4  txqueuelen 1000  (Ethernet)
        RX packets 1119  bytes 84624 (82.6 KiB)
        RX errors 0  dropped 0  overruns 0  frame 0
        TX packets 142  bytes 22812 (22.2 KiB)
        TX errors 0  dropped 0  overruns 0  carrier 0  collisions 0

lo: flags=73<UP,LOOPBACK,RUNNING>  mtu 65536
        inet 127.0.0.1  netmask 255.0.0.0
        inet6 ::1  prefixlen 128  scopeid 0x10<host>
        loop  txqueuelen 1000  (Local Loopback)
        RX packets 84  bytes 7140 (6.9 KiB)
        RX errors 0  dropped 0  overruns 0  frame 0
        TX packets 84  bytes 7140 (6.9 KiB)
        TX errors 0  dropped 0  overruns 0  carrier 0  collisions 0
```

```
virbr0: flags=4099<UP,BROADCAST,MULTICAST>  mtu 1500
        inet 192.168.122.1  netmask 255.255.255.0  broadcast 192.168.122.255
        ether 52:54:00:5c:26:a8  txqueuelen 1000  (Ethernet)
        RX packets 0  bytes 0 (0.0 B)
        RX errors 0  dropped 0  overruns 0  frame 0
        TX packets 0  bytes 0 (0.0 B)
        TX errors 0  dropped 0 overruns 0  carrier 0  collisions 0
```

例：查看所有的网络接口，不论其是否激活。

```
[root@localhost ~]# ifconfig -a
```

例：显示指定网络接口的信息（有多个网络接口时，为了减少显示的信息，可指定网络接口）。

```
[root@localhost ~]# ifconfig ens160
ens160: flags=4163<UP,BROADCAST,RUNNING,MULTICAST>  mtu 1500
        inet 192.168.195.128  netmask 255.255.255.0  broadcast 192.168.195.255
        inet6 fe80::20c:29ff:fefb:19d4  prefixlen 64  scopeid 0x20<link>
        ether 00:0c:29:fb:19:d4  txqueuelen 1000  (Ethernet)
        RX packets 1161  bytes 87495 (85.4 KiB)
        RX errors 0  dropped 0  overruns 0  frame 0
        TX packets 142  bytes 22812 (22.2 KiB)
        TX errors 0  dropped 0 overruns 0  carrier 0  collisions 0
```

例：启动和关闭网络接口（有多个网络接口时，可关闭暂时不用的网络接口，需要时再启动；若是配置网络接口，也可先关闭再启动来测试网络接口配置信息是否已生效）。

```
[root@localhost ~]# ifconfig ens160 down   #关闭 ens160 网络接口（网卡）
[root@localhost ~]# ifconfig ens160 up     #启动 ens160 网络接口
```

例：更改网络接口 ens160（网卡）的配置信息。

```
[root@localhost ~]# ifconfig ens160 add 33ffe:3240:800:1005::2/ 64
                                #为 ens160 添加 IPv6 地址
[root@localhost ~]# ifconfig ens160 del 33ffe:3240:800:1005::2/ 64
                                #为 ens160 删除 IPv6 地址
[root@localhost ~]# ifconfig ens160 hw ether 00:AA:BB:CC:DD:EE
                                #修改 ens160 的 MAC 地址
[root@localhost ~]# ifconfig ens160 192.168.1.56   #给 ens160 配置 IP 地址
[root@localhost ~]# ifconfig ens160 192.168.1.56 netmask 255.255.255.0
            #给 ens160 配置 IP 地址，并加上子网掩码
[root@localhost ~]# ifconfig ens160 192.168.1.56 netmask 255.255.255.0 broadcast
192.168.1.255    #给 ens160 配置 IP 地址，加上子网掩码和广播地址
[root@localhost ~]# ifconfig ens160 mtu 1500
                #设置能通过 ens160 的最大数据包大小为 1500 bytes
[root@localhost ~]# ifconfig ens160 arp    #开启 arp 功能
[root@localhost ~]# ifconfig ens160 -arp   #关闭 arp 功能
```

在 CentOS 8 中，不再使用 network 而是使用 NetworkManager 来管理网络，在修改网络

接口的配置信息后，可使用 systemctl restart NetworkManager 命令来重启网络服务。

例：重启网络服务（一般用于配置网卡，重启后检查配置的信息是否生效）。

```
[root@localhost ~]# systemctl restart NetworkManager  #重启网络服务
```

5.1.2 设置主机名命令

hostname 命令用来显示或者设置当前系统的主机名，主机名帮助管理员识别和管理不同的计算机系统。在使用 hostname 命令设置主机名后，系统并不会永久保存新的主机名，在重启之后还是使用原来的主机名。若要永久修改主机名，则需要修改配置文件/etc/hosts 和 /etc/sysconfig/network 中的相关内容。

其语法格式如下：

```
hostname [选项] [新主机名]
```

常用的选项如下。

-a：显示主机的别名。

-d：显示 DNS（Domain Name Service，域名服务）域名。

-F：从指定文件中读取主机名。

-f：显示 FQDN（Fully Qualified Domain Name，全限定域名）。

-h：显示命令的帮助信息。

-s：显示短格式主机名，即在主机名第一个点处截断。

-V：输出该命令的版本信息。

例：显示主机名。

```
[root@localhost ~]# hostname
localhost.localdomain
```

例：显示短主机名。

```
[root@localhost ~]# hostname -s
localhost
```

例：显示主机别名。

```
[root@localhost ~]# hostname -a
localhost.localdomain localhost4 localhost4.localdomain4 localhost.localdomain
localhost6 localhost6.localdomain6
```

例：显示主机 IP 地址。

```
[root@localhost ~]# hostname -i
::1 127.0.0.1
```

例：设置主机名称为 WebServer1。

```
[root@localhost ~]# hostname WebServer1
[root@localhost ~]# hostname
WebServer1
```

5.1.3 管理路由命令

route 命令用来显示并设置 Linux 内核中的网络路由表。route 命令设置的主要是静态路由，通常用来当网络连接出现问题时查看路由表，确定数据包的转发路径是否正确，或在具有多个网络接口的系统中，如同时连接到内部网络和外部网络的服务器，要使用 "route" 命令来配置路由，以确保数据包能够正确地通过相应的网络接口发送出去。要注意的是，在命令行中执行 route 命令添加的路由不会永久保存，系统重启之后该路由就失效了。想要使其永久有效，可在配置文件/etc/rc.local 中添加路由信息。

其语法格式如下：

```
route [选项] [参数]
```

常用的选项如下。

-v：详细信息模式。

-A：采用指定的地址类型（如 inet、inet6）。

-n：以数字形式显示路由表内容。

-net：路由目标为网络。

-host：路由目标为主机。

-C：显示内核的路由缓存。

del：删除一条路由。

add：增加一条路由。

target：指定目标网络或主机，它可以是点分十进制表示的 IP 地址或主机/网络名。

netmask：为添加的路由指定网络掩码。

gw：为目标网络或主机指定网关。

reject：屏蔽路由，用于访问安全控制，禁止主机访问不安全或者无权访问的主机或网络。

例：显示当前路由。

```
[root@localhost ~]# route
Kernel IP routing table
Destination     Gateway         Genmask        Flags Metric Ref   Use Iface
default         _gateway        0.0.0.0        UG    100    0       0 ens160
192.168.122.0   0.0.0.0         255.255.255.0  U     0      0       0 virbr0
192.168.195.0   0.0.0.0         255.255.255.0  U     100    0       0 ens160
```

例：增加一条路由（当主机属于多个网络时）。

```
[root@localhost ~]# route add -net 224.0.0.0 netmask 240.0.0.0 dev ens160
[root@localhost ~]# route
Kernel IP routing table
Destination     Gateway         Genmask        Flags Metric Ref   Use  Iface
default         _gateway        0.0.0.0        UG    100    0     0    ens160
192.168.122.0   0.0.0.0         255.255.255.0  U     0      0     0    virbr0
192.168.195.0   0.0.0.0         255.255.255.0  U     100    0     0    ens160
base-address.mc 0.0.0.0         240.0.0.0      U     0      0     0    ens160
```

例：删除一条路由（当主机所在网络需删除一些网络信息避免出现网络故障时）。

```
[root@localhost ~]# route del -net 224.0.0.0 netmask 240.0.0.0 dev ens160
[root@localhost ~]# route
Kernel IP routing table
```

Destination	Gateway	Genmask	Flags	Metric	Ref	Use	Iface
default	_gateway	0.0.0.0	UG	100	0	0	ens160
192.168.122.0	0.0.0.0	255.255.255.0	U	0	0	0	virbr0
192.168.195.0	0.0.0.0	255.255.255.0	U	100	0	0	ens160

例：添加一条默认路由（通常主机都建议配置一条默认路由来保证至少有一个网络出口）。

```
[root@localhost ~]# route add default gw 192.168.122.1
```

5.1.4　检测主机连通性命令

ping 命令是 Linux 系统中使用非常频繁的命令，常用于网络故障排查、检测主机到网关或者到目的主机之间是否连通。ping 命令使用的是 ICMP（Internet Control Message Protocol，互联网控制报文协议），ICMP 规定目的主机必须返回 ICMP 的应答消息给源主机，若源主机在一定时间内收到应答消息，则认为目的主机可达。

其语法格式如下：

```
ping [选项] 目的地址
```

其中，目的地址可以是 IP 地址或域名（如 www.baidu.com）。

常用的选项如下。

-c 次数：指定发送数据包的次数。例：-c 4 表示发送 4 个数据包。

-i 间隔：指定发送数据包的间隔秒数。例：-i 2 表示每 2 秒发送一个数据包。

-W 超时：指定等待每个响应的超时时间（以毫秒为单位）。若在此时间内没有收到响应，则认为该数据包已丢失。

-s 字节数：指定发送的数据包大小（以字节为单位）。

-t TTL：设置数据包的 TTL（Time to Live，生存周期）值。该值指定数据包被路由器丢弃之前允许通过的最大网段数量。每个路由器在转发数据包时都会将 TTL 值减 1，当 TTL 值减至 0 时，数据包将被丢弃，并向原始发送者发送一个 ICMP 报文。

-v：详细模式。显示更多的输出信息。

-q：静默模式。不显示任何输出，只显示丢失数据包的百分比。

-n 只输出数值。

例：执行不带选项的 ping 命令，会不断地发送数据包，直到按 Ctrl+C 组合键为止。

```
[root@localhost ~]# ping www.baidu.com
PING www.a.shifen.com (120.232.145.185) 56(84) bytes of data.
64 bytes from 120.232.145.185 (120.232.145.185): icmp_seq=1 ttl=128 time=39.1 ms
64 bytes from 120.232.145.185 (120.232.145.185): icmp_seq=2 ttl=128 time=38.9 ms
64 bytes from 120.232.145.185 (120.232.145.185): icmp_seq=3 ttl=128 time=38.7 ms
64 bytes from 120.232.145.185 (120.232.145.185): icmp_seq=4 ttl=128 time=105 ms
64 bytes from 120.232.145.185 (120.232.145.185): icmp_seq=5 ttl=128 time=39.6 ms
64 bytes from 120.232.145.185 (120.232.145.185): icmp_seq=6 ttl=128 time=38.5 ms
64 bytes from 120.232.145.185 (120.232.145.185): icmp_seq=7 ttl=128 time=40.7 ms
^C
--- www.a.shifen.com ping statistics ---
7 packets transmitted, 7 received, 0% packet loss, time 15108ms
```

```
rtt min/avg/max/mdev = 38.509/48.586/104.699/22.919 ms
```
　　例：执行指定发送次数和间隔时间的 ping 命令。
```
[root@localhost ~]# ping -c 4 -i 1 www.baidu.com
PING www.a.shifen.com (120.232.145.144) 56(84) bytes of data.
64 bytes from 120.232.145.144 (120.232.145.144): icmp_seq=1 ttl=128 time=39.1 ms
64 bytes from 120.232.145.144 (120.232.145.144): icmp_seq=2 ttl=128 time=39.8 ms
64 bytes from 120.232.145.144 (120.232.145.144): icmp_seq=3 ttl=128 time=39.2 ms
64 bytes from 120.232.145.144 (120.232.145.144): icmp_seq=4 ttl=128 time=41.3 ms

--- www.a.shifen.com ping statistics ---
4 packets transmitted, 4 received, 0% packet loss, time 12103ms
rtt min/avg/max/mdev = 39.052/39.819/41.270/0.899 ms
```
　　例：执行指定发送次数和数据包大小的 ping 命令。
```
[root@localhost ~]# ping -c 4 -s 32 www.baidu.com
PING www.a.shifen.com (120.232.145.144) 32(60) bytes of data.
40 bytes from 120.232.145.144 (120.232.145.144): icmp_seq=1 ttl=128 time=38.7 ms
40 bytes from 120.232.145.144 (120.232.145.144): icmp_seq=2 ttl=128 time=40.5 ms
40 bytes from 120.232.145.144 (120.232.145.144): icmp_seq=3 ttl=128 time=38.1 ms
40 bytes from 120.232.145.144 (120.232.145.144): icmp_seq=4 ttl=128 time=39.4 ms
--- www.a.shifen.com ping statistics ---
4 packets transmitted, 4 received, 0% packet loss, time 12101ms
rtt min/avg/max/mdev = 38.140/39.175/40.494/0.899 ms
```

5.1.5　查看网络状态命令

　　netstat 是一个综合的网络状态查看命令，用于查看当前网络连接信息、端口开放情况以及 IP、TCP、UDP 和 ICMP 等协议的相关统计数据。执行 netstat 命令可得知系统此时的网络状态，包括网络连接、路由表、接口状态、伪装连接、网络链路和组播成员组等信息，常用于检测主机的网络安全。

　　其语法格式如下：
```
netstat [选项]
```
　　常用的选项如下。

　　-a 或 --all：显示所有活动的网络连接以及监听的服务器套接字。

　　-t 或 --tcp：仅显示 TCP（Transmission Control Protocol，传输控制协议）连接状况。

　　-u 或 --udp：仅显示 UDP（User Datagram Protocol，用户数据报协议）连接状况。

　　-n 或 --numeric：以数字形式显示地址和端口号，而不尝试确定它们的名称。

　　-l 或 --listening：仅显示正在监听的服务器套接字。

　　-p 或 --program：显示与每个套接字关联的 PID（进程号）和名称。需要与 -n 选项一同使用才有效。

　　-r 或 --route：显示路由表信息。

　　-i 或 --interfaces：显示网络接口统计信息。

-s 或 --statistics：显示每个协议的统计信息。

-h 或--help：在线帮助。

-V 或--version：显示该命令的版本信息。

例：查看所有端口（包括监听和未监听的）的状态。

```
[root@localhost ~]# netstat -a | more
```

例：查看所有 TCP 端口的状态。

```
[root@localhost ~]# netstat -at
Active Internet connections (servers and established)
Proto Recv-Q Send-Q Local Address          Foreign Address        State
tcp     0      0 0.0.0.0:sunrpc          0.0.0.0:*              LISTEN
tcp     0      0 localhost.locald:domain 0.0.0.0:*             LISTEN
tcp     0      0 0.0.0.0:ssh             0.0.0.0:*              LISTEN
tcp     0      0 localhost:ipp           0.0.0.0:*              LISTEN
tcp6    0      0 [::]:sunrpc             [::]:*                LISTEN
tcp6    0      0 [::]:ssh                [::]:*                LISTEN
tcp6    0      0 localhost:ipp           [::]:*                LISTEN
```

例：查看所有 UDP 端口的状态。

```
[root@localhost ~]# netstat -au
Active Internet connections (servers and established)
Proto Recv-Q Send-Q Local Address          Foreign Address        State
udp     0      0 0.0.0.0:53284          0.0.0.0:*
udp     0      0 localhost.locald:domain 0.0.0.0:*
udp     0      0 0.0.0.0:bootps          0.0.0.0:*
udp     0      0 localhost.locald:bootpc 192.168.195.254:bootps ESTABLISHED
udp     0      0 0.0.0.0:sunrpc          0.0.0.0:*
udp     0      0 0.0.0.0:mdns            0.0.0.0:*
udp6    0      0 [::]:41988             [::]:*
udp6    0      0 [::]:sunrpc             [::]:*
udp6    0      0 [::]:mdns               [::]:*
```

例：显示网络接口列表。

```
[root@localhost ~]# netstat -i
Kernel Interface table
Iface   MTU   RX-OK  RX-ERR RX-DRP RX-OVR  TX-OK TX-ERR TX-DRP TX-OVR Flg
ens160  1500  10846  0      0      0       4701  0      0      0      BMRU
lo      65536 48     0      0      0       48    0      0      0      LRU
virbr0  1500  0      0      0      0       0     0      0      0      BMU
```

例：显示网络统计信息。

```
[root@localhost ~]# netstat -s
```

例：查看 SSH 服务是否在运行。

```
[root@localhost ~]# netstat -ap|grep ssh
tcp     0      0 0.0.0.0:ssh             0.0.0.0:*              LISTEN      1075/sshd
```

```
tcp6      0      0 [::]:ssh             [::]:*                LISTEN      1075/sshd
unix 2      [ ACC ]      STREAM      LISTENING      46042     2323/ssh-agent
/tmp/ssh-BMknoXZO8eSS/agent.2289
unix 2      [ ACC ]      STREAM      LISTENING      47301     2248/gnome-keyring-
/run/user/0/keyring/ssh
unix 3      [ ]          STREAM      CONNECTED      32111     1075/sshd
unix 2      [ ]          STREAM      CONNECTED      32224     1075/sshd
```

例：只显示监听中的连接。

```
[root@localhost ~]# netstat -tnl
Active Internet connections (only servers)
Proto Recv-Q Send-Q Local Address           Foreign Address         State
tcp       0      0 0.0.0.0:111             0.0.0.0:*               LISTEN
tcp       0      0 192.168.122.1:53        0.0.0.0:*               LISTEN
tcp       0      0 0.0.0.0:22              0.0.0.0:*               LISTEN
tcp       0      0 127.0.0.1:631           0.0.0.0:*               LISTEN
tcp6      0      0 :::111                  :::*                    LISTEN
tcp6      0      0 :::22                   :::*                    LISTEN
tcp6      0      0 ::1:631                 :::*                    LISTEN
```

查看端口和连接的信息时，进程名和对应的 PID 是很重要的信息。如 Apache 的 httpd 服务开启了 80 端口，如果想知道 http 服务是否已经启动，或者 http 服务是由 Apache 还是 nginx 启动的，就可以通过查看进程名来了解情况。

例：显示监听中的进程名、进程号等相关信息。

```
[root@localhost ~]# netstat -nlpt
Active Internet connections (only servers)
Proto Recv-Q Send-Q Local Address    Foreign Address      State      PID/Program name
tcp       0      0 0.0.0.0:111        0.0.0.0:*            LISTEN     1/systemd
tcp       0      0 192.168.122.1:53   0.0.0.0:*            LISTEN     1659/dnsmasq
tcp       0      0 0.0.0.0:22         0.0.0.0:*            LISTEN     1075/sshd
tcp       0      0 127.0.0.1:631      0.0.0.0:*            LISTEN     1078/cupsd
tcp6      0      0 :::111             :::*                 LISTEN     1/systemd
tcp6      0      0 :::22              :::*                 LISTEN     1075/sshd
tcp6      0      0 ::1:631            :::*                 LISTEN     1078/cupsd
```

默认情况下，netstat 会通过反向域名解析功能查找每个 IP 地址对应的主机名，但这会降低查找速度，可使用-n 选项禁用反向域名解析功能。

例：禁用反向域名解析功能加快查询速度。

```
[root@localhost ~]# netstat -ant
Active Internet connections (servers and established)
Proto Recv-Q Send-Q Local Address           Foreign Address         State
tcp       0      0 0.0.0.0:111             0.0.0.0:*               LISTEN
tcp       0      0 192.168.122.1:53        0.0.0.0:*               LISTEN
tcp       0      0 0.0.0.0:22              0.0.0.0:*               LISTEN
```

```
tcp        0      0 127.0.0.1:631           0.0.0.0:*              LISTEN
tcp        0      0 192.168.195.128:46408   221.178.85.235:443    ESTABLISHED
tcp6       0      0 :::111                  :::*                  LISTEN
tcp6       0      0 :::22                   :::*                  LISTEN
tcp6       0      0 ::1:631                 :::*                  LISTEN
```

5.1.6　DNS 查询命令

nslookup 是常用的域名查询命令，通常用于诊断和调试 DNS 相关问题，以及查找 IP 地址与主机名（域名）相关信息。在使用此命令前，应熟悉 DNS 的工作原理。

nslookup 命令有两种工作模式，即非交互模式和交互模式。在非交互模式下，用户可以针对一个主机或域名仅获取特定的名称或所需信息；在交互模式下，用户可以向域名服务器查询各类主机、域名的信息或者输出域名中的主机列表等。

其语法格式如下：

```
nslookup  [选项]  [域名或 IP 地址]
```

说明如下。

域名或 IP 地址：指定要查询的域名或 IP 地址。

常用的选项如下。

-qt=type：指定查询类型，如 A、AAAA、CNAME、MX 等。

-d：启用调试模式，显示更详细的查询信息。

例：用非交互模式查看指定网站的 DNS 信息。

```
[root@localhost ~]# nslookup www.baidu.com
Server:     192.168.195.2
Address:    192.168.195.2#53

Non-authoritative answer:
www.baidu.com   canonical name = www.a.shifen.com.
Name:   www.a.shifen.com
Address: 120.232.145.144
Name:   www.a.shifen.com
Address: 120.232.145.185
Name:   www.a.shifen.com
Address: 2409:8c54:870:34e:0:ff:b024:1916
Name:   www.a.shifen.com
Address: 2409:8c54:870:67:0:ff:b0c2:ad75
```

一般来说，非交互式适用于简单的单次查询，若需要多次查询，则使用交互模式更适合。输入 nslookup 并按 Enter 键即可进入交互模式。

例：用交互模式查询指定网站的 DNS 信息。

```
[root@localhost ~]# nslookup
> baidu.com
Server:     192.168.195.2
```

```
Address:      192.168.195.2#53

Non-authoritative answer:
Name:  baidu.com
Address: 39.156.66.10
Name:  baidu.com
Address: 110.242.68.66
> set ty=mx                #查询邮件服务器记录
> 163.com
Server:      192.168.195.2
Address:      192.168.195.2#53

Non-authoritative answer:
163.com mail exchanger = 10 163mx03.mxmail.netease.com.
163.com mail exchanger = 10 163mx02.mxmail.netease.com.
163.com mail exchanger = 10 163mx01.mxmail.netease.com.
163.com mail exchanger = 50 163mx00.mxmail.netease.com.

Authoritative answers can be found from:
> set ty=txt               #查询域名对应的文本信息
> 163.com
Server:      192.168.195.2
Address:      192.168.195.2#53

Non-authoritative answer:
163.com text = "facebook-domain-verification=kqgnezlldheaauy9huiesb3j2emhh3 "
163.com text = "0hz8zn8jpkr3vffgll8hnd6j873bzvsg"
163.com text = "google-site-verification=hRXfNWRtd9HKlh-ZBOuUgGrxBJh526R8Uygp0
jEZ9wY"
163.com text = "57c23e6c1ed24f219803362dadf8dea3"
163.com text = "qdx50vkxg6qpn3n1k6n1tg2syg5wp96y"
163.com text = "v=spf1 include:spf.mail.163.com -all"

Authoritative answers can be found from:
> exit                     #退出
```

5.1.7　追踪路由命令

traceroute 是一个用于追踪数据包从源主机到目的主机之间经过的路径的命令，它可以显示数据包在到达目的主机之前所经过的每个路由器（也称为"跃点"）。traceroute 命令常用于网络故障调试和排查，它可以分析出网络连接的瓶颈、定位网络故障并帮助优化网络连接。

traceroute 命令包含在 traceroute 包中，使用前要进行安装。

```
[root@localhost ~]# dnf install traceroute          #安装
[root@localhost ~]# rpm -qa|grep traceroute         #查询
traceroute-2.1.0-6.el8.x86_64
```

其语法格式如下：

```
traceroute [选项] 目的地址
```

其中，目的地址可以是 IP 地址或域名。

常用的选项如下。

-f：设置第一个检测数据包的 TTL 值。

-g：设置来源路由网关，最多可设置 8 个。

-i：使用指定的网络接口送出数据包。

-m：指定最大跳数，达到此跳数后停止追踪。

-n：直接使用 IP 地址而非主机名。

-p：设置 UDP 的通信端口。

-q：设置每个跃点的查询次数。

-s：设置本地主机送出数据包的 IP 地址。

-t：设置检测数据包的等待响应时间。

-v：详细显示命令的执行过程。

例：追踪本机到 baidu.com 的路由情况。

```
[root@localhost ~]# traceroute www.baidu.com
traceroute to www.baidu.com (120.232.145.144), 30 hops max, 60 byte packets
 1  _gateway (192.168.195.2)  1.091 ms  0.964 ms  0.893 ms
 2  * * *
 3  * * *
 4  * * *
 5  * * *
 6  * * *
 7  * * *
 8  * * *
 9  * * *
10  * * *
11  * * *
12  * * *
13  * * *
14  * * *
15  * * *
16  * * *
17  * * *
18  * * *
19  * * *
20  * * *
21  * * *
```

```
22  *  *  *
23  *  *  *
24  *  *  *
25  *  *  *
26  *  *  *
27  *  *  *
28  *  *  *
29  *  *  *
```

说明：记录的序号从 1 开始，每个记录表示一跳，一跳表示一个网关，可看到每行有 3 个时间，单位都是 ms(毫秒)，是向每个网关发送 3 个数据包后，网关响应后返回的时间。一些行以*号表示，是因为防火墙拦截了 ICMP 的应答消息，未得到相关的返回数据。

例：设置检测数据包的 TTL 值为 10。

```
[root@localhost ~]# traceroute -m 10  8.8.8.8
traceroute to 8.8.8.8 (8.8.8.8), 10 hops max, 60 byte packets
1  _gateway (192.168.195.2)  1.439 ms  1.275 ms  1.043 ms
2  *  *  *
3  *  *  *
4  *  *  *
5  *  *  *
6  *  *  *
7  *  *  *
8  *  *  *
9  *  *  *
10 *  *  *
```

通过-m 选项限制用户 traceroute 的追踪范围，避免数据包在网络中无限制地转发，可能造成的网络拥塞或不必要的资源消耗。

5.1.8　网络配置命令

iproute2 软件包是 Linux 系统中管理控制 TCP/IP 网络的新一代工具包，旨在替代 net-tools 工具包，即 ifconfig、arp、route、netstat 等命令。net-tools 工具包目前已经不再维护，虽然还可以使用，但会发生看不到部分 ip 等情况。

ip 是 iproute2 软件包里一个强大的网络配置命令，用来显示或操作路由、网络设备等，在 Linux 系统中建议使用 ip 命令代替 ifconfig、route 等传统命令来管理网络。

其语法格式如下：

```
ip [选项] 对象 [命令 [参数]]
```

选项用于修改 ip 命令行为或者改变其输出，选项以 "-" 或 "--" 开头，分为长、短两种形式，常用的选项如下。

-V，-Version：输出该命令的版本并退出。

-s，-stats，-statistics：输出详尽的信息。

-f，-family：后面接协议种类，如 inet、inet6、link 等。如果没有告诉 ip 使用的协议种类，

ip 就会使用默认值 inet。

-o，-oneline：各记录单行输出，若要换行则用字符实现。使用 wc、grep 等命令处理 ip 的输出时会用到这个选项。

-r，-resolve：查询域名解析系统，用获得的主机名代替主机 IP 地址。

对象是要管理或者获取信息的对象，目前 ip 命令可识别以下对象。

link：网络设备。

address：设备的协议（IP 或者 IPv6）地址。

neighbour：ARP 表或者 NDISC（Neighbor Discovery Protocol，邻居发现协议）。

route：路由表内容。

rule：路由策略数据库中的规则。

maddress：多播地址。

例：查询 ip 命令的安装情况，如没有安装可以使用 dnf 进行安装。

```
[root@localhost ~]# whereis ip
ip: /usr/sbin/ip /usr/share/man/man7/ip.7.gz /usr/share/man/man8/ip.8.gz
[root@localhost ~]# rpm -qf /usr/sbin/ip
iproute-5.12.0-4.el8.x86_64
[root@localhost ~]# dnf install iproute          #若已安装则不必执行此命令
```

例：显示所有的网络设备。

```
[root@localhost ~]# ip link
1: lo: <LOOPBACK,UP,LOWER_UP> mtu 65536 qdisc noqueue state UNKNOWN mode DEFAULT
group default qlen 1000
    link/loopback 00:00:00:00:00:00 brd 00:00:00:00:00:00
2: ens160: <BROADCAST,MULTICAST,UP,LOWER_UP> mtu 1500 qdisc mq state UP mode
DEFAULT group default qlen 1000
    link/ether 00:0c:29:fb:19:d4 brd ff:ff:ff:ff:ff:ff
3: virbr0: <NO-CARRIER,BROADCAST,MULTICAST,UP> mtu 1500 qdisc noqueue state DOWN
mode DEFAULT group default qlen 1000
    link/ether 52:54:00:5c:26:a8 brd ff:ff:ff:ff:ff:ff
4: virbr0-nic: <BROADCAST,MULTICAST> mtu 1500 qdisc fq_codel master virbr0 state
DOWN mode DEFAULT group default qlen 1000
    link/ether 52:54:00:5c:26:a8 brd ff:ff:ff:ff:ff:ff
```

例：显示指定网络设备的收发统计信息。

```
[root@localhost ~]# ip -s link show ens160
2: ens160: <BROADCAST,MULTICAST,UP,LOWER_UP> mtu 1500 qdisc mq state UP mode
DEFAULT group default qlen 1000
    link/ether 00:0c:29:fb:19:d4 brd ff:ff:ff:ff:ff:ff
    RX: bytes  packets  errors  dropped missed  mcast
    46300      712      0       0       0       0
    TX: bytes  packets  errors  dropped carrier collsns
    0          0        0       0       0       0
```

例：只显示当前激活的网络设备。

```
[root@localhost ~]# ip link show up
1: lo: <LOOPBACK,UP,LOWER_UP> mtu 65536 qdisc noqueue state UNKNOWN mode DEFAULT
group default qlen 1000
    link/loopback 00:00:00:00:00:00 brd 00:00:00:00:00:00
2: ens160: <BROADCAST,MULTICAST,UP,LOWER_UP> mtu 1500 qdisc mq state UP mode
DEFAULT group default qlen 1000
    link/ether 00:0c:29:fb:19:d4 brd ff:ff:ff:ff:ff:ff
3: virbr0: <NO-CARRIER,BROADCAST,MULTICAST,UP> mtu 1500 qdisc noqueue state DOWN
mode DEFAULT group default qlen 1000
    link/ether 52:54:00:5c:26:a8 brd ff:ff:ff:ff:ff:ff
```

例：停用指定的网络设备、启用指定的网络设备并查看。

```
[root@localhost ~]# ip link set ens160 down
[root@localhost ~]# ip link show ens160
2: ens160: <BROADCAST,MULTICAST> mtu 1500 qdisc mq state DOWN mode DEFAULT group
default qlen 1000
    link/ether 00:0c:29:fb:19:d4 brd ff:ff:ff:ff:ff:ff
[root@localhost ~]# ip link set ens160 up
[root@localhost ~]# ip link show ens160
2: ens160: <BROADCAST,MULTICAST,UP,LOWER_UP> mtu 1500 qdisc mq state UP mode
DEFAULT group default qlen 1000
    link/ether 00:0c:29:fb:19:d4 brd ff:ff:ff:ff:ff:ff
```

例：查看所有网络设备的 IP 地址。

```
[root@localhost ~]# ip a
```

例：查看指定网络设备的 IP 地址。

```
[root@localhost ~]# ip a show ens160
2: ens160: <BROADCAST,MULTICAST,UP,LOWER_UP> mtu 1500 qdisc mq state UP group
default qlen 1000
    link/ether 00:0c:29:fb:19:d4 brd ff:ff:ff:ff:ff:ff
    inet 192.168.195.128/24 brd 192.168.195.255 scope global dynamic noprefixroute
ens160
       valid_lft 1799sec preferred_lft 1799sec
    inet6 fe80::20c:29ff:fefb:19d4/64 scope link noprefixroute
       valid_lft forever preferred_lft forever
```

例：显示网络设备的 IPv6 地址。

```
[root@localhost ~]# ip -6 a show ens160
2: ens160: <BROADCAST,MULTICAST,UP,LOWER_UP> mtu 1500 qdisc mq state UP group
default qlen 1000
    inet6 fe80::20c:29ff:fefb:19d4/64 scope link noprefixroute
       valid_lft forever preferred_lft forever
```

例：针对指定网络设备添加、删除 IP 地址。

```
[root@localhost ~]# ip a add 192.168.195.100/24 dev ens160
```

```
[root@localhost ~]# ip a show ens160
2: ens160: <BROADCAST,MULTICAST,UP,LOWER_UP> mtu 1500 qdisc mq state UP group
default qlen 1000
    link/ether 00:0c:29:fb:19:d4 brd ff:ff:ff:ff:ff:ff
    inet 192.168.195.128/24 brd 192.168.195.255 scope global dynamic noprefixroute
ens160
       valid_lft 1370sec preferred_lft 1370sec
    inet 192.168.195.100/24 scope global secondary ens160
      valid_lft forever preferred_lft forever
    inet6 fe80::20c:29ff:fefb:19d4/64 scope link noprefixroute
      valid_lft forever preferred_lft forever
[root@localhost ~]#
[root@localhost ~]# ip a del 192.168.195.100/24 dev ens160
[root@localhost ~]# ip a show ens160
2: ens160: <BROADCAST,MULTICAST,UP,LOWER_UP> mtu 1500 qdisc mq state UP group
default qlen 1000
    link/ether 00:0c:29:fb:19:d4 brd ff:ff:ff:ff:ff:ff
    inet 192.168.195.128/24 brd 192.168.195.255 scope global dynamic noprefixroute
ens160
       valid_lft 1279sec preferred_lft 1279sec
    inet6 fe80::20c:29ff:fefb:19d4/64 scope link noprefixroute
      valid_lft forever preferred_lft forever
```

例：查看路由表。

```
[root@localhost ~]# ip r
default via 192.168.195.2 dev ens160 proto dhcp metric 100
192.168.122.0/24 dev virbr0 proto kernel scope link src 192.168.122.1 linkdown
192.168.195.0/24 dev ens160 proto kernel scope link src 192.168.195.128 metric
100
```

例：添加一条默认路由，然后将其删除。

```
[root@localhost ~]# ip route add default via 192.168.195.2 dev ens160
[root@localhost ~]# ip r
default via 192.168.195.2 dev ens160
default via 192.168.195.2 dev ens160 proto dhcp metric 100
192.168.122.0/24 dev virbr0 proto kernel scope link src 192.168.122.1 linkdown
192.168.195.0/24 dev ens160 proto kernel scope link src 192.168.195.128 metric
100
[root@localhost ~]# ip route del default via 192.168.195.2 dev ens160
[root@localhost ~]# ip r
default via 192.168.195.2 dev ens160 proto dhcp metric 100
192.168.122.0/24 dev virbr0 proto kernel scope link src 192.168.122.1 linkdown
192.168.195.0/24 dev ens160 proto kernel scope link src 192.168.195.128 metric
100
```

例：查看 MAC 地址的 ARP 表。

```
[root@localhost ~]# ip neigh
192.168.195.2 dev ens160 lladdr 00:50:56:f1:a8:6d STALE
192.168.195.254 dev ens160 lladdr 00:50:56:ed:e8:b9 REACHABLE
```

例：查看 CentOS 版本。

```
[root@localhost ~]# cat /etc/redhat-release
CentOS Linux release 8.5.2111
```

5.2　常用网络配置文件

5.2.1　网络接口配置文件

Linux 系统中网络接口配置文件是/etc/sysconfig/network-scripts/ifcfg-
<iface>，其中，iface 为网络接口名称。该文件存储了网络接口（如以太网接口）的详细信息，
如 IP 地址、子网掩码、网关等信息。

例：查看配置文件/etc/sysconfig/network-scripts/ifcfg-ens160。

```
[root@localhost ~]# cat /etc/sysconfig/network-scripts/ifcfg-ens160
TYPE=Ethernet
PROXY_METHOD=none
BROWSER_ONLY=no
BOOTPROTO=dhcp
DEFROUTE=yes
IPV4_FAILURE_FATAL=no
IPV6INIT=yes
IPV6_AUTOCONF=yes
IPV6_DEFROUTE=yes
IPV6_FAILURE_FATAL=no
NAME=ens160
UUID=e1e898dd-bcb3-4b8a-a215-185bf69550d2
DEVICE=ens160
ONBOOT=no
```

网络接口配置文件中包含多个配置项，这些配置项定义了网络接口的各种属性，如设备
类型、IP 地址获取方式、静态 IP 地址、子网掩码、默认网关的 IP 地址、DNS 服务器的 IP
地址等。

以下是一些常见的配置项及其说明。

DEVICE：设备类型，如 eth0、ens33 等。

BOOTPROTO：IP 地址获取方式，常用的有 dhcp（从 DHCP 服务器获取 IP 地址）、static
（静态 IP 地址）、none（不自动获取 IP 地址）等。

IPADDR：静态 IP 地址，当 BOOTPROTO 设置为 static 时，需要指定此配置项。

NETMASK：子网掩码，用于定义 IP 地址中的网络部分和主机部分。

GATEWAY：默认网关的 IP 地址，用于数据包的转发。

DNS1、DNS2：首选和备用 DNS 服务器的 IP 地址。

ONBOOT：是否在系统启动时激活此网络接口，通常设置为 no。

IPV6INIT、IPV6_AUTOCONF 等：与 IPv6 相关的配置项，用于配置 IPv6 地址的自动获取和初始化等。

要修改网络接口配置文件，可以使用文本编辑器（如 Vi）。修改完成后，需要重启网络服务或整个系统以使配置生效。

5.2.2 DNS 配置文件

配置文件/etc/resolv.conf 中保存了当前主要使用的 DNS 服务器的配置信息，每一行表示一个 DNS 服务器。

例：查看配置文件/etc/resolv.conf。

```
[root@localhost ~]# cat /etc/resolv.conf
# Generated by NetworkManager
search localdomain
nameserver 192.168.195.2
```

此文件的格式很简单，每行以一个关键字开头，后接一个或多个由空格隔开的参数。主要的关键字包括以下 4 个。

nameserver：定义 DNS 服务器的 IP 地址。可有多行 nameserver，每行带一个 IP 地址。DNS 按配置的顺序查询，只有当前 nameserver 没有响应时才会查询下一个。

domain：声明主机的域名。定义系统在进行域名查询时，若输入的域名不是完全限定的（即没有包含.），则自动在域名前添加 domain 指定的后缀，然后再进行查询。

search：用多个参数指明域名查询顺序。当查询没有域名的主机时，主机将在由 search 声明的域中查找。domain 和 search 不能共存，如果同时存在，后设置的将会生效。

sortlist：对得到的域名结果进行特定的排序。

5.2.3 基本网络配置文件

配置文件/etc/sysconfig/network 在 Linux 系统中用于设置基本的网络配置信息，如是否启动网络服务、主机名、域名等。

例：查看配置文件/etc/sysconfig/network。

```
[root@localhost ~]# cat /etc/sysconfig/network
# Created by anaconda
NETWORKING=yes
HOSTNAME=localhost.localdomain
GATEWAY=172.16.127.1
```

该文件的格式较简单，主要由一系列的变量赋值组成，每个变量占一行，格式为"变量名=值"。

以下是该文件中常见的配置项及其说明。

NETWORKING：用于设置是否启动网络服务，取值为 yes 或 no。

HOSTNAME：用于设置系统的主机名，标识系统在网络中的身份。

GATEWAY：用于设置系统的默认网关 IP 地址。需要注意的是，该文件也可以不配置此项，因为网关地址通常在网络接口配置文件中进行设置。

DOMAINNAME：可选项，用于设置系统的域名。

由于配置文件/etc/sysconfig/network 包含了系统的关键配置信息，因此通常需要超级用户权限才能编辑，在修改该文件后，通常需要重启网络服务或整个系统，以使更改生效。

5.2.4　hosts 配置文件

在配置文件/etc/hosts 中可添加主机名或域名和 IP 地址的映射关系，对于已添加到该文件中的主机名或域名，无须经过 DNS 服务器即可解析到对应的 IP 地址。

例：查看配置文件/etc/hosts。

```
[root@localhost ~]# cat /etc/hosts
127.0.0.1   localhost localhost.localdomain localhost4 localhost4.
localdomain4
::1         localhost localhost.localdomain localhost6 localhost6.
localdomain6
0.0.0.0 account.jetbrains.com
```

通常/etc/hosts 文件的每一行对应一个主机或域名，由以下 3 部分组成：

主机 IP 地址 主机名或域名 主机别名

各个部分由空格隔开，其中主机别名是可选项，所以一般情况下只有两部分，即主机 IP 地址和主机名或域名，比如 192.168.1.100　FwServer。

配置文件/etc/hosts 告诉系统哪些域名对应哪些 IP 地址，哪些主机名对应哪些 IP 地址。这对于本地网络配置和测试非常有用。但它一般不用于大型网络或生产环境，因为维护大量的静态映射可能变得复杂且容易出错，所以在这类场景下，最好使用 DNS 服务器进行主机名解析。

5.3　常用系统监控命令

系统监控是管理员日常的主要工作，Linux 系统提供了各种系统监控命令以帮助管理员监控系统。本节将对常用系统监控命令进行介绍。

常用系统监控命令

5.3.1　系统性能监控命令

vmstat 是用于对系统性能进行监控的命令，它可以显示系统的 CPU（Central Processing Unit，中央处理器）、内存、硬盘、网络等性能指标，以及进程数量和状态等信息，这些信息可以帮助管理员全面了解系统的负载情况，从而进行系统性能调优、故障排查等操作。默认情况下，vmstat 命令在 Linux 系统中不可用，需要安装包含 vmstat 程序的 sysstat 软件包后才可使用。

其语法格式如下：

```
vmstat [选项] [delay [count]]
```

说明如下。

delay：表示间隔多久统计一次数据，若省略此选项，则只统计一次，即只显示一条结果。

count：刷新次数，若省略此选项，但指定时间间隔，刷新次数将为无穷。

常用的选项如下。

-a：显示活跃和非活跃内存。

-m：显示 slabinfo（管理小块内存分配和回收的一种机制）。

-V：显示 vmstat 版本信息。

-n：只在开始时显示一次各字段名称。

-s：显示内存相关统计信息及各种系统活动数量。

-d：显示硬盘相关统计信息。

-p：显示指定硬盘分区统计信息。

-S：使用指定单位显示，参数有 k、K、m、M，分别代表 1000B、1024B、1000000B、1048576B，默认单位为 K（1024B）。

例：每 5s 显示一次系统性能的统计信息，总共刷新 10 次。

```
[root@localhost ~]# vmstat 5 10
procs --------memory------- ---swap-- -----io---- -system-- ----cpu---
 r  b   swpd   free   buff  cache   si   so    bi   bo   in   cs us sy id wa st
 4  0    768  93840   3236 813968    0    0   418   33  114  159  1  2 92  5  0
 0  0    768  84144   3236 814820    0    0   131  398  949  818 16  7 75  2  0
 0  0    768 100960   3236 814820    0    0     0    1  194  318  1  0 99  0  0
 0  0    768 100960   3236 814820    0    0     0    2  225  320  1  0 99  0  0
 0  0    768 100960   3236 814820    0    0     0    1  425  691  2  1 97  0  0
 0  0    768 100960   3236 814820    0    0     0    0  145  226  0  0 99  0  0
 0  0    768 100992   3236 814820    0    0     0    0   99  165  0  0 100 0  0
 0  0    768 100908   3236 815036    0    0    14   80  180  261  0  1 99  0  0
 0  0    768 100916   3236 815036    0    0     0    0  162  247  0  0 99  0  0
 0  0    768 100884   3236 815036    0    0     0    0  124  186  0  0 100 0  0
[root@localhost ~]#
```

其中各输出字段的含义如下。

● procs（进程）。

r：运行队列中的进程数量。

b：等待 I/O 的进程数量。

● memory（内存）。

swpd：已使用的虚拟内存，默认单位是 KB，下同。

free：可用内存的大小。

buff：用作缓冲的内存的大小。

cache：用作缓存的内存的大小。

● swap（交换分区）。

si：每秒从交换分区写到内存的数据大小。

so：每秒从内存写入交换分区的数据大小。

- io（输入与输出）。

bi：每秒读取的块数。

bo：每秒写入的块数。

- system（系统）。

in：每秒中断数，包括时钟中断数。

cs：每秒上下文切换数。

- cpu（以百分比表示）。

us：用户进程执行时间。

sy：系统进程执行时间。

id：空闲时间（包括 I/O 等待时间）。

wa：等待 I/O 所消耗的 CPU 时间。

st：表示被虚拟机占用的 CPU 时间的百分比。

例：监控系统性能状态，并将结果保存到 vmstat.log 文件中。

```
[root@localhost ~]# vmstat 1 20 >>vmstat.log
[root@localhost ~]# more vmstat.log
procs -------memory--------- --swap-- ---io---- -system-- -----cpu-----
 r  b   swpd   free   buff   cache   si   so    bi    bo   in   cs us sy id wa st
 3  0   1280  100384  3236  799736    0    0   296    24  103  144  1  2 94  3  0
 1  0   1280  94992   3236  800024    0    0   288     0  471  545  5  3 88  4  0
 0  0   1280  85120   3236  800080    0    0     0     4  590  864  5  4 91  0  0
 0  0   1280  85060   3236  800080    0    0     0     4  243  354  1  1 99  0  0
 0  0   1280  85000   3236  800084    0    0     0     4  183  273  1  0 99  0  0
 0  0   1280  84940   3236  800100    0    0     0    50  203  363  1  1 98  0  0
 0  0   1280  84820   3236  800100    0    0     0     4  268  407  1  1 98  0  0
 0  0   1280  84760   3236  800104    0    0     0     4  200  323  1  1 99  0  0
 0  0   1280  84700   3236  800104    0    0     0     4  194  359  1  0 99  0  0
 0  0   1280  84640   3236  800104    0    0     0     4  241  380  1  1 98  0  0
 0  0   1280  84580   3236  800104    0    0     0     4  195  303  0  1 99  0  0
 0  0   1280  84580   3236  800104    0    0     0     4  200  356  1  1 98  0  0
 0  0   1280  84556   3236  800108    0    0     0     4  217  309  1  3 97  0  0
 0  0   1280  84556   3236  800108    0    0     0     4  158  286  1  1 99  0  0
 0  0   1280  84496   3236  800108    0    0     0     4  149  267  1  0 99  0  0
 0  0   1280  84436   3236  800108    0    0     0     4  155  275  1  0 99  0  0
 0  0   1280  84376   3236  800112    0    0     0     4  158  285  0  0 100 0  0
 r  0   1280  84376   3236  800112    0    0     0     4  184  274  0  1 99  0  0
 0  0   1280  84436   3236  800112    0    0     0     8  161  297  1  0 99  0  0
 0  0   1280  84316   3236  800112    0    0     0     4  158  291  1  0 99  0  0
```

5.3.2　CPU 监控命令

在 Linux 系统中，监控 CPU 主要关注 3 个方面：运行队列、CPU 使用率和上下文切换。

监控 CPU 旨在监测系统运行状态，排查系统故障。

（1）运行队列：每个 CPU 都维护着一个进程的运行队列。理论上调度器应该不断地运行和执行进程，进程不是处于睡眠状态（阻塞状态和等待 I/O 状态），就是处于可运行状态。如果 CPU 处于高负荷，就意味着内核调度器将无法及时响应系统请求，导致可运行状态的进程拥塞在运行队列里。当运行队列越来越长，进程将花费更多的时间获取被执行的机会。

（2）CPU 使用率：即 CPU 使用的百分比，是评估系统性能最重要的指标。

（3）上下文切换：是指当多任务（进程）内核决定执行另一个任务时，它保存当前正在执行任务的当前状态（也称为上下文），即 CPU 寄存器中的全部内容，并加载新任务的上下文到这些寄存器和程序计数器，以便开始执行新任务的过程。每个任务都是整个应用的一部分，都被赋予一定的优先级，并有自己的一套 CPU 寄存器和栈空间。

vmstat 命令只能显示 CPU 总的性能情况，对于有多个 CPU 的主机，如果要查看每个 CPU 的性能情况，可以使用 mpstat 命令。

mpstat（Multiprocessor Statistics）是实时系统监控命令，其用于获取与 CPU 相关的一些统计信息，这些信息存放在/proc/stat 文件中。mpstat 命令是 Linux 性能工具包 sysstat 中的一个命令，所以在使用前要安装 sysstat 工具包，如图 5-1 所示。

```
[root@localhost yum.repos.d]# yum install sysstat
CentOS-8.5.2111 - Base - mirrors.aliyun.com          1.4 MB/s | 4.6 MB    00:03
CentOS-8.5.2111 - Extras - mirrors.aliyun.com         14 kB/s |  10 kB    00:00
CentOS-8.5.2111 - AppStream - mirrors.aliyun.com     1.2 MB/s | 8.4 MB    00:07
依赖关系解决。
================================================================================
 软件包              架构          版本                         仓库         大小
================================================================================
安装:
 sysstat            x86_64        11.7.3-6.el8                AppStream   425 k
安装依赖关系:
 lm_sensors-libs    x86_64        3.4.0-23.20180522git70f7e08.el8  base    59 k

事务概要
================================================================================
安装   2 软件包

总下载: 484 k
安装大小: 1.5 M
确定吗? [y/N]: y
下载软件包:
(1/2): lm_sensors-libs-3.4.0-23.20180522git70f7e08.el8.x86_64.rpm  114 kB/s | 59 kB  00:00
(2/2): sysstat-11.7.3-6.el8.x86_64.rpm                             526 kB/s | 425 kB 00:00
```

图 5-1　安装 sysstat 工具包

mpstat 命令语法格式如下：

```
mpstat [-P {|ALL}] [interval [count]]
```

常用的选项如下。

-P {|ALL}：表示监控哪个 CPU，在[0,CPU 个数-1]中取值。

interval：相邻两次采样的间隔时间。

count：采样的次数。

没有选项 interval 时，mpstat 命令显示系统启动以后所有信息的平均值。有选项 interval 时，第一行显示自系统启动以来的平均值，从第二行开始，显示前一段 interval 指定的间隔时间的平均值。

例：查看多个 CPU 的当前性能情况，每 2s 更新一次，如图 5-2 所示。

```
[root@localhost ~]# mpstat -P ALL 2
Linux 4.18.0-348.el8.x86_64 (localhost.localdomain)     2024年04月29日  _x86_64_     (2 CPU)

04时47分44秒  CPU    %usr   %nice    %sys %iowait    %irq   %soft  %steal  %guest  %gnice   %idle
04时47分46秒  all    0.75    0.00    0.25    0.00    0.00    0.00    0.00    0.00    0.00   99.00
04时47分46秒    0    0.50    0.00    0.50    0.00    0.00    0.00    0.00    0.00    0.00   98.99
04时47分46秒    1    1.00    0.00    0.00    0.00    0.00    0.00    0.00    0.00    0.00   99.00

04时47分46秒  CPU    %usr   %nice    %sys %iowait    %irq   %soft  %steal  %guest  %gnice   %idle
04时47分48秒  all    0.77    0.00    0.51    0.00    0.00    0.26    0.00    0.00    0.00   98.47
04时47分48秒    0    1.55    0.00    0.52    0.00    0.00    0.52    0.00    0.00    0.00   97.42
04时47分48秒    1    0.00    0.00    0.51    0.00    0.00    0.00    0.00    0.00    0.00   99.49

04时47分48秒  CPU    %usr   %nice    %sys %iowait    %irq   %soft  %steal  %guest  %gnice   %idle
04时47分50秒  all    1.00    0.00    0.25    0.00    0.00    0.00    0.00    0.00    0.00   98.75
04时47分50秒    0    1.50    0.00    0.50    0.00    0.00    0.00    0.00    0.00    0.00   98.00
04时47分50秒    1    0.50    0.00    0.00    0.00    0.00    0.00    0.00    0.00    0.00   99.50

04时47分50秒  CPU    %usr   %nice    %sys %iowait    %irq   %soft  %steal  %guest  %gnice   %idle
04时47分52秒  all    1.00    0.00    0.00    0.00    0.00    0.00    0.00    0.00    0.00   99.00
04时47分52秒    0    1.01    0.00    0.00    0.00    0.00    0.00    0.00    0.00    0.00   98.99
04时47分52秒    1    1.00    0.00    0.00    0.00    0.00    0.00    0.00    0.00    0.00   99.00
```

图 5-2　查看多个 CPU 的当前运行情况

其中各输出选项的含义如下。

● %usr：在 interval 指定的间隔时间里，用户的 CPU 时间(%)=(usr/total)×100%，不包含 nice 值为负进程。

● %nice：在 interval 指定的间隔时间里，nice 值为负进程的 CPU 时间(%)=(nice/total)×100%。

● %sys：在 interval 指定的间隔时间里，内核时间(%)=(system/total)×100%。

● %iowait：在 interval 指定的间隔时间里，硬盘 I/O 请求等待时间(%)=(iowait/total)×100%。

● %irq：在 interval 指定的间隔时间里，硬中断时间(%)=(irq/total)×100%。

● %soft：在 interval 指定的间隔时间里，软中断时间(%)=(softirq/total)×100%。

● %steal：虚拟机强制 CPU 等待的时间百分比。

● %guest：虚拟机占用 CPU 时间的百分比。

● %gnice：CPU 运行虚拟机所花费时间的百分比。

● %idle：在 interval 指定的间隔时间里，除等待硬盘 I/O 请求操作以外的其他原因导致的 CPU 空闲时间，即闲置时间(%)=(idle/total)×100%。

5.3.3　CPU 和硬盘监控命令

iostat 命令用于查看 CPU 利用率和硬盘性能等相关信息，常用于监控 CPU 和硬盘的状态、排查硬盘故障等。系统有时响应慢、传数据慢可能是由多方面原因导致的，如 CPU 利用率高、网络性能差、系统平均负载高，甚至是硬盘已经损坏等。因此，在系统性能不佳时，此命令对管理员进行性能调优和故障排除非常有用，有助于管理员识别和解决潜在的性能问题。通过结合不同的选项和参数，iostat 命令可以满足用户特定的监控和分析需求。

iostat 命令语法格式如下：

```
iostat [选项]
```

常用的选项如下。

-c：只显示 CPU 利用率。

-d：只显示硬盘利用率。

-p：显示硬盘每个分区的使用情况。

-k：以 B/s 为单位显示硬盘利用率报告。

-n：显示 NFS 报告。

例：显示硬盘状态信息，如图 5-3 所示。

```
[root@localhost ~]# iostat -d -x
Linux 4.18.0-348.el8.x86_64 (localhost.localdomain)     2024年04月29日   _x86_64_      (2 CPU)

Device          r/s     w/s    rkB/s    wkB/s   rrqm/s   wrqm/s  %rrqm   %wrqm  r_await  w_await
 aqu-sz rareq-sz wareq-sz svctm  %util
nvme0n1        4.09    1.65   153.96    54.04    0.16     3.15    3.72   65.60   26.03    30.87
   0.16    37.60   32.66   6.40    3.68
scd0           0.00    0.00     0.00     0.00    0.00     0.00    0.00    0.00    0.40     0.00
   0.00     0.20    0.00   1.00    0.00
dm-0           3.67    1.68   145.75    37.97    0.00     0.00    0.00    0.00   25.53    14.38
   0.12    39.72   22.66   6.31    3.38
dm-1           0.24    3.12     1.17    15.81    0.00     0.00    0.00    0.00    8.61   327.86
   1.03     4.97    5.07   1.32    0.44

[root@localhost ~]#
```

图 5-3 显示硬盘状态信息

各输出选项的含义如下。

● r/s：每秒向硬盘发起的读操作数。

● w/s：每秒向硬盘发起的写操作数。

● rkB/s：每秒从硬盘读取的千字节数。

● wkB/s：每秒写入硬盘的千字节数。

● rrqm/s：每秒合并到设备的读请求数。

● wrqm/s：每秒合并到设备的写请求数。

● %rrqm：指 rrqm 的百分比。

● %wrqm：指 wrqm 的百分比。

● r_await：每个读操作的平均所需时间。

● w_await：每个写操作的平均所需时间。

● aqu-sz：平均 I/O 队列长度，表示等待处理的 I/O 请求的平均数量。

● rareq-sz：每次硬盘读操作的平均数据量大小，通常以千字节（KB）为单位。

● wareq-sz：每次硬盘写操作的平均数据量大小，通常以千字节（KB）为单位。

● svctm：每次设备 I/O 操作的平均服务时间，以毫秒（ms）为单位。

● %util：即设备利用率，每秒有多少时间用于 I/O 操作。当这个值接近 100%时，表示硬盘 I/O 操作已经饱和。

5.3.4 综合监控命令

top 命令是 Linux 系统中常用的性能分析工具，能够实时显示系统中各个进程的资源占用情况，常用于系统运行状态的监测和故障排查，作用类似于 Windows 系统的任务管理器。top 命令可动态刷新屏幕，即用户可通过按键来不断地刷新屏幕，了解资源占用情况。

top 命令语法格式如下：

```
top [选项]
```

常用的选项如下。

-b：以批处理模式操作。

-c：以完整的命令行（而不是仅显示进程名）的形式显示进程信息。

-d：屏幕刷新间隔时间。

-I：忽略失效过程。

-s：保密模式。

-S：累积模式。

-i<时间>：不显示任何闲置或者僵死进程。

-u<用户名>：指定用户名。

-p<进程标识符>：指定进程。

-n<次数>：循环显示的次数。

例：查看系统当前信息，如图 5-4 所示。

```
top - 05:22:57 up  2:31,  1 user,  load average: 0.91, 0.44, 0.22
Tasks: 242 total,   1 running, 241 sleeping,   0 stopped,   0 zombie
%Cpu(s):  0.5 us,  0.2 sy,  0.0 ni, 99.3 id,  0.0 wa,  0.0 hi,  0.0 si,  0.0 st
MiB Mem :   1790.0 total,    108.9 free,   1050.7 used,    630.4 buff/cache
MiB Swap:   2048.0 total,   1897.5 free,    150.5 used.    571.3 avail Mem

   PID USER      PR  NI    VIRT    RES    SHR S  %CPU  %MEM     TIME+ COMMAND
  2576 root      20   0 3687404 355136 111628 S   0.7  19.4   3:31.79 gnome-shell
 40112 root      20   0   65780   5256   4388 R   0.7   0.3   0:00.90 top
   915 root      20   0  366292  12180   9044 S   0.3   0.7   0:48.04 vmtoolsd
     1 root      20   0  241520  13188   8212 S   0.0   0.7   0:12.33 systemd
     2 root      20   0       0      0      0 S   0.0   0.0   0:00.02 kthreadd
     3 root       0 -20       0      0      0 I   0.0   0.0   0:00.00 rcu_gp
     4 root       0 -20       0      0      0 I   0.0   0.0   0:00.00 rcu_par_gp
     6 root       0 -20       0      0      0 I   0.0   0.0   0:00.00 kworker/0:0H-events_high-
     9 root       0 -20       0      0      0 I   0.0   0.0   0:00.00 mm_percpu_wq
    10 root      20   0       0      0      0 S   0.0   0.0   0:01.76 ksoftirqd/0
    11 root      20   0       0      0      0 I   0.0   0.0   0:01.37 rcu_sched
    12 root      rt   0       0      0      0 S   0.0   0.0   0:00.00 migration/0
    13 root      rt   0       0      0      0 S   0.0   0.0   0:00.00 watchdog/0
    14 root      20   0       0      0      0 S   0.0   0.0   0:00.00 cpuhp/0
    15 root      20   0       0      0      0 S   0.0   0.0   0:00.00 cpuhp/1
    16 root      rt   0       0      0      0 S   0.0   0.0   0:00.01 watchdog/1
```

图 5-4　查看系统当前信息

其中各输出选项的含义如下。

● 第一行。

05:22:57：系统当前时间。

2:31：系统开机到现在经过的时间。

1 user：当前 1 个用户在线。

load average:0.91, 0.44, 0.22：系统 1min、5 min、15 min 的 CPU 负载信息。

● 第二行。

Tasks：任务。

242 total：当前有 242 个任务，也就是有 242 个进程。

1 running：1 个进程正在运行。

241 sleeping：241 个进程睡眠。

0 stopped：停止的进程数为 0。

0 zombie：僵死的进程数为 0。

- 第三行。

%Cpu(s)：显示 CPU 总体信息，值为百分比。

0.5 us：用户态进程占用 CPU 时间百分比，不包含 renice 值为负的任务占用的 CPU 时间。

0.2 sy：内核占用 CPU 的时间百分比。

0.0 ni：改变过优先级的进程占用 CPU 的时间百分比。

99.3 id：空闲 CPU 的时间百分比。

0.0 wa：等待 I/O 的 CPU 的时间百分比。

0.0 hi：CPU 硬中断的时间百分比。

0.0 si：CPU 软中断的时间百分比。

0.0 st：虚拟机占用 CPU 的时间百分比。

注：这里显示的是所有 CPU 数据的平均值，如果想看每个 CPU 的相关信息，按 1 键即可；要想折叠相关信息，再次按 1 键即可。

- 第四行。

Mem：内存。

1790.0 total：物理内存总量。

108.9 free：空闲的物理内存量。

1050.7 used：使用的物理内存量。

630.4 buff/cache：用作内核缓存的物理内存量。

- 第五行。

Swap：交换分区。

2048.0 total：交换分区总量。

1897.5 free：空闲的交换分区量。

150.5 used：使用的交换分区量。

571.3 avail Mem：可用内存空间。

其他行是进程信息。

PID：进程的标识符。

USER：进程属主（用户名）。

PR：进程的优先级，值越小，越先被执行。

NI：通常代表 Nice 值，即进程优先级的修正值。

VIRT：进程占用的虚拟内存量。

RES：进程占用的物理内存量。

SHR：进程使用的共享内存量。

S：进程的状态。R 表示正在运行，S 表示睡眠，Z 表示僵死，D 表示等待。

%CPU：进程的 CPU 使用率。

%MEM：进程使用的物理内存量占内存总量的百分比。

TIME+：进程启动后占用的总 CPU 时间，即占用 CPU 时间的累加值。

COMMAND：启动进程的命令名称。

5.3.5　用户监控命令

Linux 系统可以有多个用户同时登录并使用。可以通过 users、who 或者 w 命令查看当前哪些用户正在使用系统。

1. users 命令

users 命令的功能比较简单，它用于显示当前登录系统的所有用户的列表。

例：显示当前登录系统的用户列表。

```
[root@localhost ~]# users
root root
```

结果显示当前共有两个用户以超级用户（root）的身份在不同的终端上登录系统。

2. who 命令

who 命令用于显示本机上所有用户的信息，包括用户名、TTY（Teletypewriter 虚拟终端）、登录日期和时间等信息。若用户是通过远程主机登录的，那么该远程主机的名称也会被显示出来。

例：执行 who 命令。

```
[root@localhost ~]# who
root    :0          2024-04-29 07:55 (:0)
root    pts/0       2024-04-29 07:56 (:0)
```

3. w 命令

w 命令用于显示当前登录系统的用户的信息。该命令显示用户的详细信息，包括用户名、终端、登录地点、登录时间和执行的命令等。单独执行 w 命令会显示所有登录系统的用户的信息，可指定用户名称，仅显示某位用户的相关信息。

w 命令语法格式如下：

```
w [选项][用户名称]
```

常用的选项如下。

-f：开启或关闭显示用户从何处登录系统。

-h：不显示各栏的标题信息。

-l：使用详细格式列表，此为预设值。

-s：使用简洁格式列表，不显示用户登录时间等。

-V：显示该命令的版本信息。

例：显示当前用户登录信息及执行的命令。

```
[root@localhost ~]# w
 08:06:29 up 12 min, 2 users,  load average: 0.52, 0.33, 0.30
USER     TTY      FROM            LOGIN@   IDLE   JCPU   PCPU WHAT
root     :0       :0              07:55    ?xdm?  2:32   0.34s /usr/libexec/gn
root     pts/0    :0              07:56    5.00s  0.13s  0.08s w
```

5.4 习题

一、填空题

1. 用于管理网络接口的命令是＿＿＿＿＿＿＿＿＿＿＿＿＿＿。
2. 用来测试主机之间网络连通性的命令是＿＿＿＿＿＿＿＿＿＿。
3. 常用的域名查询命令是＿＿＿＿＿＿＿＿＿＿＿＿＿。
4. 主机的名称信息保存在＿＿＿＿＿＿＿＿＿＿＿＿配置文件中。
5. 能够实时显示系统中各个进程的资源占用情况的命令是＿＿＿＿＿。

二、操作题

1. 在某内部网络中，有一个服务器 database，其 IP 地址为 133.0.0.28。配置 /etc/hosts 文件来实现在该网络内任何主机上通过主机名 database 访问该服务器。
2. 通过命令和修改配置文件两种方式来修改主机名。
3. 找出本机各种软件的运行端口。
4. 监控 taobao.com 到本机的路由情况。
5. 使用 ip 命令查看本地 IP 地址、网络接口、路由等信息。
6. 监控本机的 CPU 使用情况，并找出最消耗资源的程序。

第 ❻ 章 软件包管理

本章导读

Windows 系统和 Linux 系统在安装软件方面存在显著的区别。Windows 系统主要通过软件包进行安装。而 Linux 系统提供了多种安装方式，包括手动安装、在线安装和源码安装等。Windows 系统安装软件相对统一，软件的配置信息通常写到注册表里，不用维护软件的配置文件。而 Linux 系统安装软件的方式更多，且没有注册表，取而代之的是对应的配置文件。

知识目标

- 了解 RPM 的特点。
- 了解 DNF 或 YUM 的特点。
- 了解源码安装的优缺点。

能力目标

- 能够使用 RPM 安装、卸载和升级软件等。
- 能够使用 DNF 或 YUM 安装、卸载和升级软件等。
- 能够以源码方式安装软件。

素质目标

树立正确的劳动观，崇尚劳动和尊重劳动。

6.1 RPM

6.1.1 RPM 包简介

RPM 包安装

RPM（Redhat Package Manager）由 Red Hat 公司开发，是一个强大的软件包管理工具，它能够方便地实现软件包的安装、卸载、校验、查询等操作。

RPM 最大的特点就是需要安装的软件已经编译，并已经打成 RPM 包，包里默认的数据库记录这个软件在安装时需要依赖的软件。当安装 RPM 包时，RPM 会先依照包里的数据库查询主机上的依赖软件包是否都已经安装，若依赖软件包都已安装则予以安装该软件，否则不予安装。

在 Linux 系统中，许多软件使用共享库，多个软件可共享同一个库，从而减少了系统资源的浪费。在 Windows 系统中，软件开发者更倾向于将所有依赖软件都打包到一个独立的可执行文件中，这样用户无须担心依赖问题。总体来说，两种方式都有各自的优劣。

RPM 包的优缺点如下。

（1）优点

- RPM 包已经编译且打包，安装方便。
- 软件信息记录在 RPM 数据库中，方便查询、验证与卸载。

（2）缺点

- 当前系统环境必须与原 RPM 包的编译环境一致。
- 安装软件时需满足依赖要求。
- 卸载软件时，注意下层的软件不可先卸载，否则可能使整个系统产生问题。

RPM 包的命名通常遵循以下格式：

```
name-version-release.architecture.rpm
```

格式说明如下。

name：表示软件包的名称，通常与软件本身的名称相对应。

version：表示软件包的版本号，通常由开发者或发行版维护者设置。

release：表示发行版的版本号或修订号，用于标识同一版本软件包的不同构建或修订，以方便修复软件包中的错误或添加新的功能。

architecture：表示软件包是为哪种处理器架构构建的。例如 i386（32 位 Intel 架构）、i686（优化的 32 位 Intel 架构）、x86_64（64 位 Intel 和 AMD 架构）、noarch（不依赖于特定架构）等。

.rpm：这是 RPM 包文件的扩展名。

例：名为 nginx 的软件包，版本为 1.18.0，为 CentOS 7 构建的第一个版本，并且支持 x86_64 架构，其 RPM 包文件名如下所示。

```
nginx-1.18.0-1.el7.x86_64.rpm
```

6.1.2　RPM 命令

RPM 命令可实现对 RPM 包的管理，使用它在 Linux 系统中安装、卸载和升级软件包非常容易，它还具有查询、验证软件包等功能。

1. RPM 安装

通过 RPM 安装软件的语法格式如下：

```
rpm -i ( or --install) options pkg1 ... pkgN
```

常用的参数如下。

pkg1 ... pkgN：将要安装的软件包的名称。

常用的选项如下。

-h/--hash：安装时以 "#" 显示安装进度。

-v：显示附加信息。

-vv：显示调试信息。

--test：只对安装进行测试，并不实际安装。

--percent：以百分比的形式显示安装的进度。

--excludedocs：不安装软件包中的文档文件。

--includedocs：安装软件包中的文档文件（如 README 文件）。

--replacepkgs：强制重新安装已经安装的软件包。

--replacefiles：替换属于其他软件包的文件。

--force：忽略软件包及文件的冲突，也叫暴力安装。

--noscripts：不运行预安装和后安装脚本。

--prefix：将软件包安装到指定路径下。

--nodeps：不检查依赖关系。

可使用的选项很多，一般来说使用 rpm -ivh 就可以了，尽量不要使用暴力安装。

例：用 RPM 命令安装 ipscan 软件。

安装前可使用命令 rpm -qa|grep ipscan 查询系统中是否已经安装了此软件。若没有，先把该软件的软件包下载到/root 目录中，再执行命令 rpm -ivh ipscan-3.4.1-1.x86_64.rpm 安装即可。若在安装过程中提示"依赖检测失败"，则应先安装依赖软件包，再安装 ipscan。

```
[root@localhost ~]# rpm -qa|grep ipscan                    //查询是否已安装
[root@localhost ~]# ls ipscan-3.4.1-1.x86_64.rpm
ipscan-3.4.1-1.x86_64.rpm
[root@localhost ~]# rpm -ivh ipscan-3.4.1-1.x86_64.rpm      //安装 ipscan
错误：依赖检测失败：
jre >= 1.6.0 被 ipscan-3.4.1-1.x86_64 需要
[root@localhost ~]# dnf install jre                         //安装依赖软件包 jre
上次元数据过期检查：1:20:25 前，执行于 2024 年 05 月 01 日 星期三 06 时 48 分 53 秒。
依赖关系解决。
================================================================
 软件包                    架构    版本               仓库        大小
================================================================
安装：
 java-1.8.0-openjdk        x86_64 1:1.8.0.312.b07-1.el8_4   AppStream 337 k
安装依赖关系：
 copy-jdk-configs          noarch 4.0-2.el8                 AppStream  31 k
 java-1.8.0-openjdk-headless x86_64 1:1.8.0.312.b07-1.el8_4 AppStream  34 M
 lksctp-tools              x86_64 1.0.18-3.el8              BaseOS    100 k
 ttmkfdir                  x86_64 3.0.9-54.el8              AppStream  62 k
 tzdata-java               noarch 2021e-1.el8               AppStream 191 k
 xorg-x11-fonts-Type1      noarch 7.5-19.el8                AppStream 522 k
启用模块流：
 javapackages-runtime                 201801
```

```
事务概要
================================================================
安装   8 软件包

总计：35 M
安装大小：120 M
确定吗？[y/N]：y
下载软件包：
运行事务检查
事务检查成功。
运行事务测试
事务测试成功。
运行事务
  运行脚本: copy-jdk-configs-4.0-2.el8.noarch                         1/1
  运行脚本: java-1.8.0-openjdk-headless-1:1.8.0.312.b07-1.el8_4.x86_64 1/1
  准备中   :                                                          1/1
  安装     : tzdata-java-2021e-1.el8.noarch                          1/8
  安装     : ttmkfdir-3.0.9-54.el8.x86_64                            2/8
  安装     : xorg-x11-fonts-Type1-7.5-19.el8.noarch                  3/8
  运行脚本: xorg-x11-fonts-Type1-7.5-19.el8.noarch                   3/8
  安装     : javapackages-filesystem-5.3.0-1.module_el8.0.0+11+5b8c10bd.n 4/8
  安装     : copy-jdk-configs-4.0-2.el8.noarch                       5/8
  安装     : lksctp-tools-1.0.18-3.el8.x86_64                        6/8
  运行脚本: lksctp-tools-1.0.18-3.el8.x86_64                         6/8
  安装     : java-1.8.0-openjdk-headless-1:1.8.0.312.b07-1.el8_4.x86_64  7/8
  运行脚本: java-1.8.0-openjdk-headless-1:1.8.0.312.b07-1.el8_4.x86_64  7/8
  安装     : java-1.8.0-openjdk-1:1.8.0.312.b07-1.el8_4.x86_64        8/8
  运行脚本: java-1.8.0-openjdk-1:1.8.0.312.b07-1.el8_4.x86_64         8/8
  …

已安装：
 copy-jdk-configs-4.0-2.el8.noarch
 java-1.8.0-openjdk-1:1.8.0.312.b07-1.el8_4.x86_64
 java-1.8.0-openjdk-headless-1:1.8.0.312.b07-1.el8_4.x86_64
 javapackages-filesystem-5.3.0-1.module_el8.0.0+11+5b8c10bd.noarch
 lksctp-tools-1.0.18-3.el8.x86_64
 ttmkfdir-3.0.9-54.el8.x86_64
 tzdata-java-2021e-1.el8.noarch
 xorg-x11-fonts-Type1-7.5-19.el8.noarch

完毕！
```

```
[root@localhost ~]# rpm -ivh ipscan-3.4.1-1.x86_64.rpm        //安装 ipscan
Verifying...                        ################################# [100%]
准备中...                           ################################# [100%]
正在升级/安装...
  1:ipscan-3.4.1-1                  ################################# [100%]
```

安装完成后，执行命令 rpm -ql ipscan 查询该软件的安装位置，然后运行该软件。

```
[root@localhost ~]# rpm -ql ipscan
/usr/bin/ipscan
/usr/lib64/ipscan/ipscan-linux64-3.4.1.jar
/usr/share/applications/ipscan.desktop
/usr/share/pixmaps/ipscan.png
[root@localhost ~]# /usr/bin/ipscan
Gtk-Message: 08:11:12.231: Failed to load module "canberra-gtk-module"
五月 01, 2024 8:11:12 上午 java.util.prefs.FileSystemPreferences$1 run
信息: Created user preferences directory.
```

ipscan 软件运行成功，如图 6-1 所示。

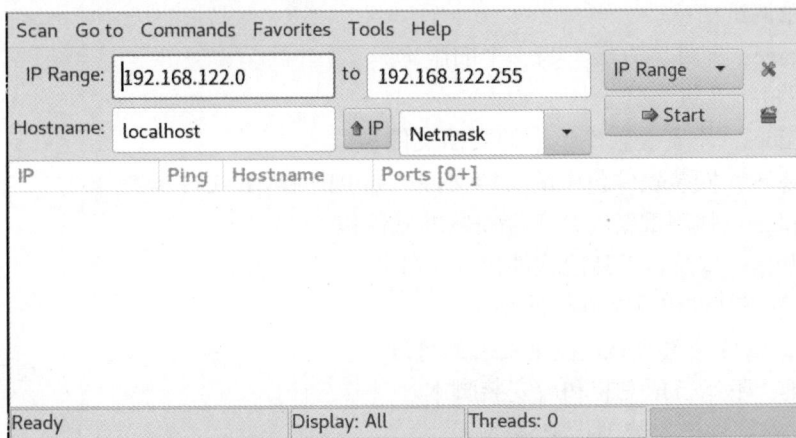

图 6-1　ipscan 软件运行成功

2. RPM 卸载

卸载软件时一定要由最上层往下层卸载，否则会发生结构上的问题。

其语法格式如下：

```
rpm -e ( or --erase) options pkg1 ... pkgN
```

常用的参数如下。

pkg1 ... pkgN：要删除的软件包的名称。

常用的选项如下。

--test：只执行删除的测试。

--noscripts：不运行预安装和后安装脚本。

--nodeps：不检查依赖关系。

-vv：显示调试信息。

例：卸载安装的软件 ipscan。

先查询该软件的信息，然后执行命令 rpm - e ipscan 将其卸载，再次查询则无法查到该软件的信息了。

```
 [root@localhost ~]# rpm -qa ipscan        //查询到软件信息
ipscan-3.4.1-1.x86_64
[root@localhost ~]# rpm -e ipscan        //卸载软件
[root@localhost ~]# rpm -qa ipscan        //再次查询则无法查到该软件的信息
```

3．RPM 升级

RPM 升级软件的语法格式如下：

```
rpm -U ( or --upgrade) options pkg1 ... pkgN
```

常用的参数如下。

pkg1 ... pkgN：要升级的软件包的名称。

常用的选项如下。

-h/--hash：安装时以"#"显示安装进度。

-v：显示附加信息。

-vv：显示调试信息。

--oldpackage：允许"升级"为一个旧版本。

--test：只进行升级测试。

--excludedocs：不安装软件包中的文档文件。

--includedocs：安装软件包中的文档文件（如 README 文件）。

--replacepkgs：强制重新安装已经安装的软件包。

--replacefiles：替换属于其他软件包的文件。

--force：忽略软件包及文件的冲突。

--percent：以百分比的形式显示安装的进度。

--noscripts：不运行预安装和后安装脚本。

--prefix：将软件包安装到指定路径下。

--nodeps：不检查依赖关系。

使用 RPM 命令升级某软件时，可先查询已安装的某软件的版本，然后找到并下载该软件的新版本，执行升级命令 rpm -Uvh 即可。需要注意的是：直接使用 RPM 命令升级软件时，该命令不会去处理依赖软件包，因此在升级之前请确保了解新版本的依赖软件包，并且安装它们。

4．RPM 查询

通过 RPM 可以查询/var/lib/rpm/目录下的数据库文件，也可以查询未安装的 RPM 包的信息。

其语法格式如下：

```
rpm -q ( or --query) options pkg1 ... pkgN
```

常用的参数如下。

pkg1 ... pkgN：查询已安装软件包的名称。

常用的选项如下。

-p：查询某个 RPM 包的信息，而非已安装软件的信息。

-f：查询指定的文件属于哪个 RPM 包。

-a：查询已安装的所有软件包。

-i：显示软件包的概要信息。

-l：显示软件包中的文件列表。

-c：显示配置文件列表。

-d：显示文档文件列表。

-s：显示软件包中的文件列表并显示每个文件的状态。

--scripts：显示安装、卸载、校验脚本。

--queryformat/--qf：以用户指定的方式显示查询信息。

--dump：显示每个文件的所有已校验信息。

--provides：显示软件包提供的功能。

--requires/-R：显示软件包所需的功能。

-v：显示附加信息。

-vv：显示调试信息。

例：查询是否已安装 logrotate 软件。

```
[root@localhost ~]# rpm -q logrotate
logrotate-3.14.0-4.el8.x86_64                    //说明已经安装了此软件
```

例：查询 logrotate 软件包所有的目录和文件。

```
[root@localhost ~]# rpm -ql logrotate
/etc/cron.daily
/etc/cron.daily/logrotate
/etc/logrotate.conf
/etc/logrotate.d
/etc/logrotate.d/btmp
/etc/logrotate.d/wtmp
/etc/rwtab.d/logrotate
/usr/lib/.build-id
/usr/lib/.build-id/62
/usr/lib/.build-id/62/0770611fb2586f99b722af13432d6b0aec93b1
/usr/sbin/logrotate
/usr/share/doc/logrotate
/usr/share/doc/logrotate/ChangeLog.md
/usr/share/licenses/logrotate
/usr/share/licenses/logrotate/COPYING
/usr/share/man/man5/logrotate.conf.5.gz
/usr/share/man/man8/logrotate.8.gz
/var/lib/logrotate
/var/lib/logrotate/logrotate.status
```

例：显示 logrotate 软件包的概要信息。

```
[root@localhost ~]# rpm -qi logrotate
Name        : logrotate
Version     : 3.14.0
Release     : 4.el8
Architecture: x86_64
Install Date: 2024 年 04 月 29 日 星期一 18 时 28 分 55 秒
Group       : Unspecified
Size        : 145612
License     : GPLv2+
Signature   : RSA/SHA256, 2020 年 05 月 16 日 星期六 09 时 59 分 29 秒, Key ID
05b555b38483c65d
Source RPM  : logrotate-3.14.0-4.el8.src.rpm
Build Date  : 2020 年 05 月 16 日 星期六 09 时 54 分 47 秒
Build Host  : x86-02.mbox.centos.org
Packager    : CentOS Buildsys <bugs@centos.org>
Vendor      : CentOS
URL         : https://github.com/logrotate/logrotate
Summary     : Rotates, compresses, removes and mails system log files
Description :
The logrotate utility is designed to simplify the administration of
log files on a system which generates a lot of log files.  Logrotate
allows for the automatic rotation compression, removal and mailing of
log files.  Logrotate can be set to handle a log file daily, weekly,
monthly or when the log file gets to a certain size.  Normally,
logrotate runs as a daily cron job.
```

例：查询 logrotate 软件包的配置文件。

```
[root@localhost ~]# rpm -qc logrotate
/etc/cron.daily/logrotate
/etc/logrotate.conf
/etc/rwtab.d/logrotate
```

5. 校验已安装的软件包

校验已安装软件包的语法格式如下：

```
rpm -V / --verify / -y options pkg1 ... pkgN
```

常用的参数如下。

pkg1 ... pkgN：将要校验的软件包的名称。

常用的选项如下。

-p：校验指定的未安装的软件包与系统中已安装的同名软件包的差异。

-f：指出软件包里的某个文件是否被修改过。

-a：列出所有软件包里可能被修改过的文件。

-g：校验所有属于组的软件包。

-v：显示附加信息。

-vv：显示调试信息。

--noscripts：不运行校验脚本。

--nodeps：不校验依赖关系。

--nofiles：不校验文件属性。

例：验证软件 logrotate 是否被修改过，若没有信息输出则说明没有被修改过。

```
[root@localhost ~]# rpm -V logrotate  //没有信息输出，说明没有被修改过
```

例：验证文件/etc/logrotate.conf 是否被修改过，若修改过则会显示修改相关的详细信息。

```
[root@localhost ~]# vim /etc/logrotate.conf
[root@localhost ~]# rpm -Vf /etc/logrotate.conf
S.5....T.  c /etc/logrotate.conf        //显示修改相关的详细信息
```

输出信息中，文件名前有 S 以及其他字符，这些字符的具体含义如下。

- S：文件的大小已被改变。
- M：文件的类型或文件的权限（如执行等权限）已被改变。
- 5：MD5（Message-Digest Algorithm 5，信息摘要算法 5）指纹码的内容已经不同。
- D：设备的主/次代码已经改变。
- L：链接文件的链接目标（即实际指向的文件）已经发生了改变。
- U：文件的属主已被改变。
- G：文件的属组已被改变。
- T：文件的创建时间已被改变。

表示文件类型的参数的含义如下。

- c：配置文件。
- d：文档。
- g："鬼"文件，通常表示文件不被某个软件包含，较少出现。
- l：授权文件。
- r：自诉文件。

6. 校验软件包中的文件

校验软件包中文件的语法格式如下：

```
rpm -K/ --checksig options pkg1 ... pkgN
```

常用的参数如下。

pkg1 ... pkgN：要校验的软件包的名称。

常用的选项如下。

-v：显示附加信息。

-vv：显示调试信息。

例：验证软件包 ipscan 是否被修改过。

```
[root@localhost ~]# rpm -K ipscan-3.4.1-1.x86_64.rpm
ipscan-3.4.1-1.x86_64.rpm: digests 确定
```

7. 其他 RPM 选项

其他 RPM 选项如下。

--rebuilddb：重建 RPM 数据库。

--initdb：创建一个新的 RPM 数据库。

--quiet：尽可能地减少输出。

--help：显示帮助文件。

--version：显示 RPM 的版本。

例：查看 RPM 的版本。

```
[root@localhost ~]# rpm --version
RPM 版本 4.11.3
```

6.2 DNF 和 YUM

DNF 是新一代 RPM 包管理器，它取代了 YUM，是 CentOS 8 默认的软件包管理器。DNF 是为了解决 YUM 存在的一些性能和依赖解析问题而设计的，它使用 libsolv（一个开源库，主要用于解决软件包依赖问题）进行依赖解析，旨在提高软件包管理的效率。DNF 客户端基于 RPM 包进行管理，可以通过 HTTP 服务器、FTP 服务器、本地软件池等方式获得软件包，从指定的服务器自动下载 RPM 包并且安装，自动处理依赖关系，并且一次性安装所有依赖软件包。

虽然 YUM 命令在 CentOS 8 中仍然可用，但实际上它已经是 DNF 的一个软链接，所有的 YUM 命令都会调用 DNF 来执行，DNF 命令兼容 YUM 命令，因此 YUM 命令可以直接替换为 DNF 命令。

YUM

目前 Linux 社区不再维护 CentOS，所以原来的 CentOS 8 的 DNF 源也都失效了，必须更换 DNF 源，否则就不能正常使用 DNF 命令。

更换 DNF 源有两种选择，一种是更换为网络源，另一种是更换为本地源。

（1）更换为网络源

网络源要求系统必须联网。网络源很多，国内较快且稳定的有阿里云。

例：将 DNF 源更换为阿里云。

```
[root@localhost ~]# mkdir /etc/yum.repos.d/bak
[root@localhost ~]# mv /etc/yum.repos.d/CentOS-Linux-* /etc/yum.repos.d/bak
[root@localhost ~]# ls /etc/yum.repos.d/
bak
[root@localhost ~]# wget -O /etc/yum.repos.d/CentOS-Base.repo
https://mirrors.aliyun.com/repo/Centos-vault-8.5.2111.repo
--2024-05-01 01:10:38--
https://mirrors.aliyun.com/repo/Centos-vault-8.5.2111.repo
正在解析主机 mirrors.aliyun.com (mirrors.aliyun.com)... 110.40.18.107,
111.123.53.240, 182.242.40.102, ...
正在连接 mirrors.aliyun.com (mirrors.aliyun.com)|110.40.18.107|:443... 已连接。
```

已发出 HTTP 请求，正在等待回应... 200 OK

长度: 2495 (2.4K) [application/octet-stream]

正在保存至: "CentOS-Base.repo"

```
CentOS-Base.repo    100%[===================>]   2.44K  --.-KB/s  用时 0.02s
```

2024-05-01 01:10:39 (130 KB/s) - 已保存 "CentOS-Base.repo" [2495/2495])

```
[root@localhost ~]# dnf clean all
18 文件已删除
[root@localhost ~]# dnf makecache
CentOS-8.5.2111 - Base - mirrors.aliyun.com    379 KB/s | 4.6 MB     00:12
CentOS-8.5.2111 - Extras - mirrors.aliyun.com   40 KB/s |  10 KB     00:00
CentOS-8.5.2111 - AppStream - mirrors.aliyun.c 263 KB/s | 8.4 MB     00:32
元数据缓存已建立。
```

（2）更换为本地源

本地源不需要联网，而且速度更快，若有 CentOS 8 的软件包，则优先选用本地源。

例：将 DNF 源更换为本地源。

```
[root@localhost ~]# mkdir /etc/yum.repos.d/bak
[root@localhost ~]# mv /etc/yum.repos.d/CentOS-* /etc/yum.repos.d/bak
[root@localhost ~]# vim /etc/yum.repos.d/CentOS-Base.repo
[root@localhost ~]# cat /etc/yum.repos.d/CentOS-Base.repo
[BaseOS]
name=BaseOS
baseurl=file:///media/BaseOS
enabled=1
gpgcheck=0
[AppStream]
name=AppStream
baseurl=file:///media/AppStream
enabled=1
gpgcheck=0
[root@localhost ~]# mount /dev/sr0 /media
mount: /media: WARNING: device write-protected, mounted read-only.
[root@localhost ~]# dnf clean all
18 文件已删除
[root@localhost ~]# dnf makecache
BaseOS                                  25 MB/s | 2.6 MB    00:00
AppStream                               31 MB/s | 7.5 MB    00:00
上次元数据过期检查: 0:00:01 前, 执行于 2024 年 05 月 01 日 星期三 06 时 48 分 53 秒。
元数据缓存已建立。
```

DNF 命令语法格式如下：

```
dnf [options] <command> [package...]
```

[options]表示选项，用于配置 DNF 命令的执行方式，常用的选项如下。

-c [config file],--config [config file]：指定配置文件的位置。

-q,--quiet：静默执行，不显示任何输出。

-v,--verbose：详尽执行，显示详细的输出信息。

--version：显示 DNF 的版本信息并退出。

<command>：表示要执行的 DNF 命令，常用的 DNF 命令如下。

search：搜索某个软件名称或者描述的关键字。

list：显示 dnf 管理的所有软件的名称和版本。

info：显示 dnf 管理的所有软件的名称和版本。

provides：查找提供特定文件、包名或功能的软件包。

install：安装指定的软件包及其依赖。

update：升级指定的软件包，不带软件包名称则升级整个系统的软件。

remove：卸载软件包。

download：下载二进制或源码包。

-y：用于自动执行需要用户确认的操作，如安装、更新和卸载软件包等。

[package...]表示要操作的软件包名称，可以是一个或多个。

例：使用命令 dnf search openssh 搜索 openssh 相关的软件。

```
[root@localhost ~]# dnf search openssh
上次元数据过期检查：0:17:44 前，执行于 2024 年 05 月 01 日 星期三 01 时 11 分 30 秒。
========================= 名称 精准匹配：openssh =============================
openssh.x86_64 : An open source implementation of SSH protocol version 2
========================= 名称 和 概况 匹配：openssh ==========================
openssh-askpass.x86_64 : A passphrase dialog for OpenSSH and X
openssh-keycat.x86_64 : A mls keycat backend for openssh
============================ 名称 匹配：openssh ==============================
openssh-cavs.x86_64 : CAVS tests for FIPS validation
openssh-clients.x86_64 : An open source SSH client applications
openssh-ldap.x86_64 : A LDAP support for open source SSH server daemon
openssh-server.x86_64 : An open source SSH server daemon
```

例：使用命令 dnf list | more 分页显示 DNF 服务器上提供的所有软件。

```
[root@localhost ~]# dnf list | more
上次元数据过期检查：0:26:15 前，执行于 2024 年 05 月 01 日 星期三 01 时 11 分 30 秒。
已安装的软件包
GConf2.x86_64                      3.2.6-22.el8          @AppStream
ModemManager.x86_64                1.10.8-4.el8          @anaconda
ModemManager-glib.x86_64           1.10.8-4.el8          @anaconda
NetworkManager.x86_64              1:1.32.10-4.el8       @anaconda
NetworkManager-adsl.x86_64         1:1.32.10-4.el8       @anaconda
```

```
NetworkManager-bluetooth.x86_64           1:1.32.10-4.el8        @anaconda
NetworkManager-config-server.noarch       1:1.32.10-4.el8        @anaconda
NetworkManager-libnm.x86_64               1:1.32.10-4.el8        @anaconda
NetworkManager-libreswan.x86_64           1.2.10-4.el8           @anaconda
--更多--
```

例：使用命令 dnf list updates 显示服务器上所有可升级的软件。

```
[root@localhost ~]# dnf list updates
上次元数据过期检查：0:47:17 前，执行于 2024 年 05 月 01 日 星期三 01 时 11 分 30 秒。
可用升级
accountsservice.x86_64                          0.6.55-2.el8_5.2        AppStream
accountsservice-libs.x86_64                     0.6.55-2.el8_5.2        AppStream
binutils.x86_64                                 2.30-108.el8_5.1        base
bpftool.x86_64                                  4.18.0-348.7.1.el8_5    base
……
systemd.x86_64                                   239-51.el8_5.2          base
systemd-container.x86_64                         239-51.el8_5.2          base
systemd-libs.x86_64                             239-51.el8_5.2          base
systemd-pam.x86_64                              239-51.el8_5.2          base
systemd-udev.x86_64                             239-51.el8_5.2          base
[root@localhost ~]#
```

例：安装音乐播放和管理软件 rhythmbox。

dnf 会自动安装依赖关系软件包，如果安装命令未加-y 选项，则需要手动确认安装。

```
[root@localhost ~]# dnf install rhythmbox
上次元数据过期检查：1:39:10 前，执行于 2024 年 05 月 01 日 星期三 01 时 11 分 30 秒。
依赖关系解决。
================================================================================
 软件包              架构          版本            仓库            大小
================================================================================
安装：
 rhythmbox           x86_64        3.4.2-8.el8     AppStream       5.6 M
安装依赖关系：
 brasero-libs        x86_64        3.12.2-5.el8    AppStream       347 k
 libgpod             x86_64        0.8.3-24.el8    AppStream       308 k
 media-player-info   noarch        23-2.el8        AppStream       68 k
 python3-mako        noarch        1.0.6-13.el8    AppStream       157 k
 python3-markupsafe  x86_64        0.23-19.el8     AppStream       39 k

事务概要
================================================================================
安装   6 软件包
```

```
总下载: 6.5 M
安装大小: 18 M
确定吗? [y/N]: y
下载软件包:
(1/6): media-player-info-23-2.el8.noarch.rpm        41 KB/s |  68 KB      00:01
(2/6): python3-mako-1.0.6-13.el8.noarch.rpm         60 KB/s | 157 KB      00:02
(3/6): libgpod-0.8.3-24.el8.x86_64.rpm              62 KB/s | 308 KB      00:04
(4/6): python3-markupsafe-0.23-19.el8.x86_64.rpm    54 KB/s |  39 KB      00:00
(5/6): brasero-libs-3.12.2-5.el8.x86_64.rpm         62 KB/s | 347 KB      00:05
(6/6): rhythmbox-3.4.2-8.el8.x86_64.rpm             67 KB/s | 5.6 MB      01:25
-------------------------------------------------------------------------------
总计                                                74 KB/s | 6.5 MB      01:30
运行事务检查
事务检查成功。
运行事务测试
事务测试成功。
运行事务
  准备中  :                                                          1/1
  安装    : python3-markupsafe-0.23-19.el8.x86_64                      1/6
  安装    : python3-mako-1.0.6-13.el8.noarch                          2/6
  安装    : media-player-info-23-2.el8.noarch                         3/6
  安装    : libgpod-0.8.3-24.el8.x86_64                               4/6
  运行脚本: libgpod-0.8.3-24.el8.x86_64                               4/6
  安装    : brasero-libs-3.12.2-5.el8.x86_64                          5/6
  安装    : rhythmbox-3.4.2-8.el8.x86_64                              6/6
  运行脚本: rhythmbox-3.4.2-8.el8.x86_64                              6/6
  验证    : brasero-libs-3.12.2-5.el8.x86_64                          1/6
  验证    : libgpod-0.8.3-24.el8.x86_64                               2/6
  验证    : media-player-info-23-2.el8.noarch                         3/6
  验证    : python3-mako-1.0.6-13.el8.noarch                          4/6
  验证    : python3-markupsafe-0.23-19.el8.x86_64                     5/6
  验证    : rhythmbox-3.4.2-8.el8.x86_64                              6/6
已安装:
  brasero-libs-3.12.2-5.el8.x86_64            libgpod-0.8.3-24.el8.x86_64
media-player-info-23-2.el8.noarch            python3-mako-1.0.6-13.el8.noarch
python3-markupsafe-0.23-19.el8.x86_64        rhythmbox-3.4.2-8.el8.x86_64

完毕!
```

安装完成后，可执行命令/usr/bin/rhythmbox 运行该软件。

```
[root@localhost ~]# /usr/bin/rhythmbox
```

rhythmbox 软件运行成功，如图 6-2 所示。

图 6-2　rhythmbox 软件运行成功

例：卸载安装的软件 rhythmbox。

```
[root@localhost ~]# dnf remove rhythmbox                    //卸载软件
[root@localhost ~]# dnf list installed|grep rhythmbox      //查询软件
```

6.3　源码安装

源码安装是指使用源代码安装软件，通常源代码会被打包成一个 Tarball（归档压缩包），它是软件源代码用 tar 命令打包后压缩形成的包。现在大多数 Linux 发行版都支持各种各样的软件管理工具（如 RPM），这些工具可简化软件的安装过程。源码安装软件则比用管理工具安装软件复杂得多，但是掌握源码安装还是非常重要的，其至今仍然是软件安装的重要方式。

1. 源码安装的优缺点

源码安装的优点如下。

● 灵活性：用户可获得最新的软件版本，也可根据需要选择软件版本，定制软件参数。

● 自由性：源码安装没有版权限制，用户可自由修改、分发或出售自己编译的软件。

● 定制性：源码安装允许用户自由选择所需的组件、库等。

● 文档齐全：源码安装通常提供完整的文档和源代码，方便用户进行调试和故障排除。

源码安装的缺点如下。

● 安装过程复杂：源码安装需要用户具备较高的技术水平，包括熟悉编译工具、能解决依赖关系和配置选项等。对新手来说，源码安装可能会比较困难和耗时。

● 编译时间长：源码安装通常需要进行编译，这个过程可能需要较长的时间。

● 依赖管理复杂：源码安装缺乏自动依赖管理功能，用户需要自行解决所有依赖关系。

● 不适合所有用户：对大多数普通用户来说可能并不适用。

2. 源码安装的基本流程

源码安装的基本流程如下。

（1）解压、释放出源代码文件。

（2）针对当前系统、软件环境，配置好安装参数。

（3）将源代码文件编译为二进制的可执行文件。

（4）将编译好的文件复制到系统中。

（5）安装完成后，根据需要配置系统环境（可选），然后通过运行软件或查看软件的版本信息来验证安装是否成功。

3. 源码安装的先决条件

（1）安装 GCC 编译器

执行以下命令安装 GCC 编译器。

```
[root@localhost ~]# dnf install gcc -y
上次元数据过期检查：2:14:50 前，执行于 2024 年 05 月 01 日 星期三 17 时 14 分 17 秒。
依赖关系解决。
================================================================================
 软件包            架构          版本              仓库            大小
================================================================================
安装：
 gcc              x86_64       8.5.0-3.el8       AppStream       23 M
安装依赖关系：
 cpp              x86_64       8.5.0-3.el8       AppStream       10 M
 glibc-devel      x86_64       2.28-164.el8      BaseOS          1.0 M
 glibc-headers    x86_64       2.28-164.el8      BaseOS          480 k
 isl              x86_64       0.16.1-6.el8      AppStream       841 k
 kernel-headers   x86_64       4.18.0-348.el8    BaseOS          8.3 M
 libxcrypt-devel  x86_64       4.1.1-6.el8       BaseOS          25 k

事务概要
================================================================================
安装   7 软件包

总计：44 M
安装大小：99 M
下载软件包：
运行事务检查
事务检查成功。
运行事务测试
事务测试成功。
运行事务
  准备中  :                                                      1/1
  安装    : isl-0.16.1-6.el8.x86_64                            1/7
  运行脚本: isl-0.16.1-6.el8.x86_64                            1/7
  安装    : cpp-8.5.0-3.el8.x86_64                             2/7
```

```
运行脚本：cpp-8.5.0-3.el8.x86_64                                    2/7
安装      ：kernel-headers-4.18.0-348.el8.x86_64                  3/7
运行脚本：glibc-headers-2.28-164.el8.x86_64                        4/7
安装      ：glibc-headers-2.28-164.el8.x86_64                      4/7
安装      ：libxcrypt-devel-4.1.1-6.el8.x86_64                    5/7
安装      ：glibc-devel-2.28-164.el8.x86_64                       6/7
运行脚本：glibc-devel-2.28-164.el8.x86_64                          6/7
安装      ：gcc-8.5.0-3.el8.x86_64                                7/7
运行脚本：gcc-8.5.0-3.el8.x86_64                                   7/7
验证      ：glibc-devel-2.28-164.el8.x86_64                       1/7
验证      ：glibc-headers-2.28-164.el8.x86_64                     2/7
验证      ：kernel-headers-4.18.0-348.el8.x86_64                 3/7
验证      ：libxcrypt-devel-4.1.1-6.el8.x86_64                   4/7
验证      ：cpp-8.5.0-3.el8.x86_64                                5/7
验证      ：gcc-8.5.0-3.el8.x86_64                                6/7
验证      ：isl-0.16.1-6.el8.x86_64                               7/7

已安装：
  cpp-8.5.0-3.el8.x86_64                    gcc-8.5.0-3.el8.x86_64
  glibc-devel-2.28-164.el8.x86_64          glibc-headers-2.28-164.el8.x86_64
  isl-0.16.1-6.el8.x86_64                  kernel-headers-4.18.0-348.el8.x86_64
  libxcrypt-devel-4.1.1-6.el8.x86_64

完毕！
[root@localhost ~]# rpm -qa | grep gcc
libgcc-8.5.0-3.el8.x86_64
gcc-8.5.0-3.el8.x86_64
```

（2）安装 Autoconf 工具

　　Autoconf 是一个用于生成可以自动配置软件源代码包的工具，它的主要作用是帮助用户编写可以在 Linux 系统上运行的配置脚本，从而简化软件在不同平台和系统上的编译和安装过程。由 Autoconf 生成的配置脚本在运行的时候不需要用户干预，不需要通过给出参数以确定系统的类型。

　　执行以下命令安装 Autoconf 工具。

```
[root@localhost ~]# dnf install autoconf -y
上次元数据过期检查：2:59:49 前，执行于 2024 年 05 月 01 日 星期三 17 时 14 分 17 秒。
依赖关系解决。
================================================================================
 软件包        架构        版本             仓库            大小
================================================================================
安装：
 autoconf      noarch      2.69-29.el8      AppStream       710 k
```

安装依赖关系：

```
m4              x86_64          1.4.18-7.el8        BaseOS          223 k
```

事务概要

```
================================================================================
安装  2 软件包

总计：933 k
安装大小：2.6 M
下载软件包：
运行事务检查
事务检查成功。
运行事务测试
事务测试成功。
运行事务
  准备中  :                                                        1/1
  安装    : m4-1.4.18-7.el8.x86_64                                   1/2
  运行脚本: m4-1.4.18-7.el8.x86_64                                   1/2
  安装    : autoconf-2.69-29.el8.noarch                              2/2
  运行脚本: autoconf-2.69-29.el8.noarch                              2/2
  验证    : m4-1.4.18-7.el8.x86_64                                   1/2
  验证    : autoconf-2.69-29.el8.noarch                              2/2

已安装:
  autoconf-2.69-29.el8.noarch              m4-1.4.18-7.el8.x86_64

完毕!
[root@localhost ~]# rpm -qa | grep autoconf
autoconf-2.69-29.el8.noarch
```

（3）安装 zlib 库

zlib 是一个强大的通用开源数据压缩库，由让-卢普·加伊（Jean-loup Gailly）和马克·阿德勒（Mark Adler）共同开发，其中让-卢普·加伊主要负责 compression（压缩）部分，马克·阿德勒主要负责 decompression（解压缩）部分。zlib 被设计成一个免费的通用无损数据压缩库，几乎适用于任何计算机硬件和操作系统。

zlib 中的数据可以跨平台移植，其压缩方法从不对数据进行扩展。zlib 的内存占用也是独立于输入数据的，并且在必要的情况下可以适当减少部分内存占用。

执行以下命令安装 zlib 库。

```
[root@localhost ~]# dnf install zlib-devel -y
上次元数据过期检查：3:06:27 前，执行于 2024 年 05 月 01 日 星期三 17 时 14 分 17 秒。
依赖关系解决。
================================================================================
```

```
软件包              架构          版本              仓库          大小
================================================================
安装:
 zlib-devel      x86_64       1.2.11-17.el8     BaseOS        58 k

事务概要
================================================================
安装  1 软件包

总计: 58 k
安装大小: 138 k
下载软件包:
运行事务检查
事务检查成功。
运行事务测试
事务测试成功。
运行事务
  准备中  :                                              1/1
  安装    : zlib-devel-1.2.11-17.el8.x86_64              1/1
  运行脚本: zlib-devel-1.2.11-17.el8.x86_64              1/1
  验证    : zlib-devel-1.2.11-17.el8.x86_64              1/1

已安装:
  zlib-devel-1.2.11-17.el8.x86_64

完毕!
[root@localhost ~]# rpm -qa | grep zlib
zlib-devel-1.2.11-17.el8.x86_64
zlib-1.2.11-17.el8.x86_64
```

（4）安装 make 工具

make 是一个非常重要的工具，用于自动化构建（包括编译和链接）软件项目。make 工具基于一个名为 Makefile 的文件来执行构建过程，该文件描述了如何编译和链接源代码文件以生成可执行文件或库。

执行以下命令安装 make 工具。

```
[root@localhost ~]# dnf install make -y
上次元数据过期检查: 3:09:27 前，执行于 2024 年 05 月 01 日 星期三 17 时 14 分 17 秒。
依赖关系解决。
……
已安装:
 make-4.2.1-10.el8.x86_64
```

完毕！
```
[root@localhost git-2.41.0]# rpm -qa|grep make
make-4.2.1-10.el8.x86_64
```

4. 源码安装实例

Git 是一个优秀的分布式版本控制系统，越来越多的公司采用 Git 来管理项目代码。Linux 源码便是使用 Git 来管理的。

下面以 Git 2.41.0 源码安装为例演示安装过程。

（1）下载 Git 源文件

创建并进入目录 git，使用 wget 命令从相应的网站下载 Git 源文件。

```
[root@localhost ~]# mkdir /git
[root@localhost ~]# cd /git
[root@localhost git]# wget --no-check-certificate
https://mirrors.edge.kernel.org/pub/software/scm/git/git-2.41.0.tar.xz
--2024-05-01 20:41:04--
https://mirrors.edge.kernel.org/pub/software/scm/git/git-2.41.0.tar.xz
正在解析主机 mirrors.edge.kernel.org (mirrors.edge.kernel.org)... 147.75.80.249,
2604:1380:4601:e00::3
正在连接 mirrors.edge.kernel.org (mirrors.edge.kernel.org)|147.75.80.249|:443...
已连接。
已发出 HTTP 请求，正在等待回应... 200 OK
长度: 7273624 (6.9M) [application/x-xz]
正在保存至: "git-2.41.0.tar.xz"

git-2.41.0.tar.xz   100%[===================>]   6.94M  216KB/s  用时 50s

2024-05-01 20:41:54 (216 KB/s) - 已保存 "git-2.41.0.tar.xz" [7273624/7273624])

[root@localhost git]# ls
git-2.41.0.tar.xz
```

（2）解压 Git 源文件

命令如下。

```
[root@localhost git]# xz -d git-2.41.0.tar.xz
[root@localhost git]# ls
git-2.41.0.tar
[root@localhost git]# tar -xvf git-2.41.0.tar
git-2.41.0/
git-2.41.0/.cirrus.yml
git-2.41.0/.clang-format
……
git-2.41.0/configure
git-2.41.0/version
```

```
git-2.41.0/git-gui/version
[root@localhost git]# ls
git-2.41.0  git-2.41.0.tar
```

（3）生成 Makefile 文件

命令如下。

```
[root@localhost git]# cd git-2.41.0
[root@localhost git-2.41.0]# ./configure --prefix=/usr/local/git
configure: Setting lib to 'lib' (the default)
configure: Will try -pthread then -lpthread to enable POSIX Threads.
configure: CHECKS for site configuration
checking for gcc... gcc
checking whether the C compiler works... yes
checking for C compiler default output file name... a.out
……
checking for POSIX Threads with '-pthread'... yes
configure: creating ./config.status
config.status: creating config.mak.autogen
config.status: executing config.mak.autogen commands
```

（4）编译安装 Git

命令如下。

```
[root@localhost git-2.41.0]# make install
GIT_VERSION = 2.41.0
    * new build flags
    CC oss-fuzz/fuzz-commit-graph.o
    CC oss-fuzz/fuzz-pack-headers.o
    CC oss-fuzz/fuzz-pack-idx.o
CC daemon.o
…
remote_curl_aliases="" && \
for p in $remote_curl_aliases; do \
    rm -f "$execdir/$p" && \
    test -n "" && \
    ln -s "git-remote-http" "$execdir/$p" || \
    { test -z "" && \
      ln "$execdir/git-remote-http" "$execdir/$p" 2>/dev/null || \
      ln -s "git-remote-http" "$execdir/$p" 2>/dev/null || \
      cp "$execdir/git-remote-http" "$execdir/$p" || exit; } \
done
```

（5）配置系统环境并测试 Git

命令如下。

```
[root@localhost ~]# vi /etc/profile
```

在文件/etc/profile 的末尾添加如下内容：

```
export GIT_HOME=/usr/local/git
export PATH=${GIT_HOME}/bin:${PATH}
```

使配置立即生效并且查看 Git 的版本。

```
[root@localhost ~]# source /etc/profile
[root@localhost ~]# git --version
git version 2.41.0
```

至此，Git 源码安装完成。

6.4 习题

一、填空题

1. RPM 包的命名格式中，架构号表示_____。
2. 通过 RPM 升级软件十分方便，执行升级命令_____即可。
3. 使用 DNF 安装软件可以通过_____、_____、_____等获得软件包。
4. 更换 DNF 源有两种选择，一种是_____，另一种是_____。

二、操作题

1. 以源码安装的形式安装 GMP 软件。
2. 用 RPM 命令找出系统中被修改过的软件。
3. 尝试用 RPM 命令在不同的目录中安装软件。
4. 用 DNF 命令找出以"pam"开头的软件名称。
5. 尝试配置腾讯的 DNF 源。
6. 尝试用 RPM 和 DNF 命令来升级系统中的软件。

第 7 章 进程与基础服务管理

本章导读

进程是操作系统中程序运行的具体实例，是操作系统进行资源分配和调度的基本单位。服务则是支持操作系统运行的一些必要程序，通常是自动运行的，不需要用户交互。合理调度进程，优化开启的服务，可以确保操作系统的高效运行。本章将介绍如何管理进程、如何管理基础服务、如何使用日志系统以及如何通过计划任务执行预先安排好的工作。

知识目标

- 理解进程的概念。
- 理解基础服务的概念。
- 了解日志系统和计划任务的作用。

能力目标

- 能查看进程的状态和控制进程。
- 能对基础服务进行管理。
- 能配置日志服务和计划任务。

素质目标

具有一丝不苟和尽职尽责的工作态度。

7.1 进程管理

7.1.1 进程简介

进程是操作系统中的程序在某数据集合上的一次运行活动，是操作系统进行资源分配的基本单位，也是操作系统结构的基础。

进程和程序既有区别又有联系，进程是动态的，是程序运行时的活动实体，而程序是静态的。程序与进程并非一一对应，一个程序可能对应多个进程，一个进程也可能执行多个程序。进程是操作系统进行资源分配和调度的基本单位，能够描述并发执行的情况。

进程是在内存中独立运行的程序，进程内部又划分了许多线程。线程是进程中某个单一顺序的控制流，是进程中的执行实体，线程共享进程中的内存和资源，因此占用内存较少。线程不能独立运行，必须依赖于进程；线程间通信相对简单，因为它们共享同一进程的内存空间；线程是 CPU 调度和分派的基本单位，同一进程中的多个线程可以并发执行、共享资源，但也需要考虑线程间的同步问题。

1. Linux 进程

Linux 系统中的进程使用数字进行标记，称为 PID（Process Identifier，进程标识符）。CentOS 8 启动后的第一个进程是 systemd，其 PID 是 1。systemd 是唯一一个直接运行于系统内核中的进程。新进程可以由系统调用 fork 函数来产生，也可以从已经存在的进程中派生。

在 Linux 系统启动以后，systemd 进程会创建 login 进程，等待用户登录系统，login 进程是 systemd 进程的子进程。用户登录系统后，login 进程就会启动 Shell 进程，Shell 进程是 login 进程的子进程，此后用户运行的进程则都是 Shell 进程的子进程。

2. 进程的 3 种状态

进程的状态反映了进程执行过程的变化。进程状态随着进程的执行和外界条件的变化而转换。在三态模型中，进程有 3 个基本状态，即执行、就绪和阻塞。

- 执行：进程已获得 CPU，正在 CPU 上执行。
- 就绪：进程已分配到除 CPU 以外的所有必要资源，只要获得 CPU 便可立即执行。
- 阻塞：正在执行的进程由于等待某个事件发生而无法执行，便放弃 CPU 而处于阻塞状态。引起进程阻塞的事件有多种，如等待 I/O 完成、未申请到缓冲区等。

3. 进程间的基本转换

进程转换是多任务多用户操作系统所应具有的基本功能。操作系统为了控制进程的执行，必须有能力将正在 CPU 上执行的进程挂起，并恢复挂起的某个进程的执行，这些行为称为进程转换或进程切换。进程的 3 种基本状态及其转换如图 7-1 所示。

- 就绪→执行：处于就绪状态的进程，若进程调度程序为其分配了 CPU，则由就绪状态转换为执行状态。
- 执行→阻塞：执行的进程若因等待某事件发生而无法执行，则变为阻塞状态。
- 阻塞→就绪：处于阻塞状态的进程，若其等待的事件已经发生，则由阻塞状态转换为就绪状态。
- 执行→就绪：处于执行状态的进程在其执行过程中，若因分配给它的时间片已用完而不得不让出 CPU，则从执行状态转换为就绪状态。

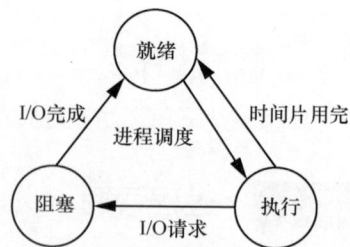

图 7-1　进程的 3 种基本状态及其转换

在 Linux 系统中，进程有多种状态，以下是除上述 3 种基本状态外的其他主要状态及其说明。

- 暂停状态（Paused）：进程被暂停执行，但可以随时恢复执行。
- 终止状态（Terminated）：进程执行完毕或者因为某些原因被终止。
- 僵尸状态（Zombie）：进程已经结束，但其父进程尚未调用 wait 函数来获取其退出状态。

● 睡眠状态（Sleep）：进程处于睡眠状态，等待某个事件的发生，如等待输入/输出操作完成、等待信号量等。睡眠状态的进程可以被信号中断唤醒而切换到运行状态。

4．进程的类型

进程主要包括交互进程、批处理进程和监控进程，具体介绍如下。

● 交互进程：由 Shell 进程启动的进程。交互进程既可在前台运行，也可在后台运行。它需要与用户进行交互操作，通过接收用户的键盘或鼠标输入来执行命令和任务。例如，文本编辑器、命令解释器等都是典型的交互进程。

● 批处理进程：在系统中执行而无须用户交互的进程，批处理进程通常用于执行大量的、重复的、无须即时响应的任务。例如，Shell 脚本、cron 任务调度等。

● 监控进程：也称为系统守护进程，是 Linux 系统启动时运行的进程并常驻后台。例如，httpd 就是 Apache 服务的系统守护进程。

7.1.2　查看进程状态

了解系统中进程的状态是对进程进行管理的前提，使用不同的命令可以从不同的角度查看进程状态，如哪些进程处于执行状态、进程是否结束、进程是否僵死、哪些进程占用了过多资源等。

1．查看进程的状态

ps 命令用于显示当前系统中进程的状态。通过该命令，可查看正在运行的进程、进程的状态、进程使用的 CPU 和内存状态等。

其语法格式如下：

```
ps  [选项]
```

常用的选项如下。

-a：显示当前终端的所有进程信息。

-u：显示与指定用户相关的进程。

-x：显示当前用户在所有终端下的进程信息。

-e：显示所有进程。

-f：全格式显示进程信息，它提供比默认格式更多的信息。

例：分页查看所有进程。

```
[root@localhost ~]# ps -e | more
  PID TTY          TIME CMD
    1 ?        00:01:28 systemd
    2 ?        00:00:00 kthreadd
    3 ?        00:00:00 rcu_gp
    4 ?        00:00:00 rcu_par_gp
    6 ?        00:00:00 kworker/0:0H-events_highpri
    9 ?        00:00:00 mm_percpu_wq
   10 ?        00:00:06 ksoftirqd/0
```

```
11 ?          00:00:37 rcu_sched
12 ?          00:00:00 migration/0
13 ?          00:00:00 watchdog/0
14 ?          00:00:00 cpuhp/0
15 ?          00:00:00 cpuhp/1
16 ?          00:00:00 watchdog/1
17 ?          00:00:00 migration/1
18 ?          00:00:03 ksoftirqd/1
20 ?          00:00:00 kworker/1:0H-events_highpri
21 ?          00:00:00 cpuhp/2
22 ?          00:00:00 watchdog/2
23 ?          00:00:00 migration/2
24 ?          00:00:08 ksoftirqd/2
26 ?          00:00:00 kworker/2:0H-events_highpri
27 ?          00:00:00 cpuhp/3
28 ?          00:00:00 watchdog/3
29 ?          00:00:00 migration/3
30 ?          00:00:04 ksoftirqd/3
--更多--
```

例：查看进程的详细信息。

```
[root@localhost ~]# ps -aux
USER       PID %CPU %MEM   VSZ   RSS TTY     STAT START   TIME COMMAND
root         1  0.0  0.5 241412  6992 ?       Ss   5月 11   1:28 /usr/lib/sy
root         2  0.0  0.0     0     0 ?       S    5月 11   0:00 [kthreadd]
root         3  0.0  0.0     0     0 ?       I<   5月 11   0:00 [rcu_gp]
root         4  0.0  0.0     0     0 ?       I<   5月 11   0:00 [rcu_par_gp
root         6  0.0  0.0     0     0 ?       I<   5月 11   0:00 [kworker/0:
root         9  0.0  0.0     0     0 ?       I<   5月 11   0:00 [mm_percpu_
root        10  0.0  0.0     0     0 ?       S    5月 11   0:06 [ksoftirqd/
root        11  0.0  0.0     0     0 ?       I    5月 11   0:37 [rcu_sched]
root        12  0.0  0.0     0     0 ?       S    5月 11   0:00 [migration/
root        13  0.0  0.0     0     0 ?       S    5月 11   0:00 [watchdog/0
root        14  0.0  0.0     0     0 ?       S    5月 11   0:00 [cpuhp/0]
...
```

其中，各字段的含义说明如下。

- USER：进程的属主（用户名）。
- PID：进程的标识符。
- %CPU：进程的 CPU 使用率。
- %MEM：进程使用的物理内存占内存总量的百分比。
- VSZ：占用的虚拟内存的空间（单位为 KB）。
- RSS：占用的物理内存空间（单位为 KB）。

- TTY：代表终端，?表示未知或不需要终端。
- STAT：代表进程状态。
  - ➤ R：进程正在执行。
  - ➤ S：进程处于睡眠状态。
  - ➤ T：进程执行完毕或因某些原因被终止。
  - ➤ Z：进程已停止执行但仍在使用系统资源，即处于僵尸状态。
  - ➤ s：leader（领头）进程。一个或多个进程可构成一个进程组，其中会有一个 leader 进程。
  - ➤ I：表示多线程。
  - ➤ <：表示是高优先级的进程。
- START：该进程的启动时间。
- TIME：该进程实际使用的 CPU 时间总量，即占用 CPU 时间的累加值。
- COMMAND：启动该进程的命令名称。

例：查看用户 root 的所有进程。

```
[root@localhost ~]# ps -u root |more
  PID TTY          TIME CMD
    1 ?        00:01:28 systemd
    2 ?        00:00:00 kthreadd
    3 ?        00:00:00 rcu_gp
    4 ?        00:00:00 rcu_par_gp
    6 ?        00:00:00 kworker/0:0H-events_highpri
    9 ?        00:00:00 mm_percpu_wq
   10 ?        00:00:06 ksoftirqd/0
   11 ?        00:00:37 rcu_sched
   12 ?        00:00:00 migration/0
   13 ?        00:00:00 watchdog/0
   14 ?        00:00:00 cpuhp/0
   15 ?        00:00:00 cpuhp/1
   16 ?        00:00:00 watchdog/1
   17 ?        00:00:00 migration/1
   18 ?        00:00:03 ksoftirqd/1
   20 ?        00:00:00 kworker/1:0H-events_highpri
   21 ?        00:00:00 cpuhp/2
   22 ?        00:00:00 watchdog/2
   23 ?        00:00:00 migration/2
   24 ?        00:00:08 ksoftirqd/2
   26 ?        00:00:00 kworker/2:0H-events_highpri
   27 ?        00:00:00 cpuhp/3
   28 ?        00:00:00 watchdog/3
   29 ?        00:00:00 migration/3
   30 ?        00:00:04 ksoftirqd/3
```

```
--更多--
```
例：查看指定的进程，如查看 ssh 进程。
```
[root@localhost ~]# ps -e |grep ssh
  3006 ?        00:00:00 ssh-agent
106097 ?        00:00:00 sshd
```

2. 动态查看进程的状态信息

top 命令可以实时动态地显示系统的整体运行情况和各个进程的状态信息，帮助管理员更好地了解系统的性能和运行状态。其详细介绍见 5.3.4 小节。

7.1.3　进程的控制

1. 启动进程

在 Linux 系统中，启动进程有两种方式：调度启动和手动启动。调度启动是指事先设置好在某个时间要运行的命令或程序，当到了预设的时间后，系统自动运行该命令或程序。手动启动是指用户在 Shell 命令行中输入要执行的命令来启动一个进程，其启动方式分为前台启动和后台启动。

前台启动是默认的进程启动方式，如用户执行 ls -l 命令就会启动一个前台进程，当系统在执行此命令的时候，用户不能进行其他操作。后台启动可在要执行的命令后面加上一个"&"符号，此时命令将转到后台执行，其执行结果不在屏幕上显示，命令执行过程中用户可以进行其他操作。

例：后台执行 du / 命令。
```
[root@localhost ~]# du / &
```

2. 改变进程的运行方式

当命令在前台执行（执行尚未结束）时，按 Ctrl+Z 组合键可以将当前进程挂起（调入后台并暂停执行），这在需要暂停当前进程而执行其他操作时特别有用。

使用 jobs 命令可以查看在后台运行的进程，加上 -l 选项可同时显示进程对应的 PID。一行记录对应一个后台进程的状态信息，该状态信息由编号加对应的命令名称及状态组成，如"[1]+已停止./a.sh"表示编号为 1 的命令 "./a.sh" 处于暂停状态。

- fg 命令可将挂起的进程放回前台执行。
- bg 命令使挂起的进程继续在后台执行。

例：将挂起的进程重新放回前台执行。
```
[root@localhost ~]# vim a.sh                  //创建一个文件a.sh
[root@localhost ~]# cat a.sh                  //显示a.sh文件的内容
for i in {1..10}
do
    sleep 2
echo "hello world!"
done
[root@localhost ~]# chmod a+x a.sh
```

```
[root@localhost ~]# ./a.sh
hello world!
^Z
[1]+  已停止               ./a.sh
[root@localhost ~]# jobs -l
[1]+  127245 停止               ./a.sh
[root@localhost ~]# fg 1
./a.sh
hello world!
hello world!
hello world!
hello world!
hello world!
hello world!
hello world!
hello world!
hello world!
```

3. 终止进程

通常终止一个前台进程可以使用 Ctrl+C 组合键，而对于在其他终端或后台运行的进程，就需要使用 kill 命令来终止。

进程信号是在软件层次上对中断机制的一种模拟，从原理上看，一个进程收到一个信号与处理器收到一个中断请求是一样的。软中断信号（用 Signal 函数来进行信号处理）用来通知进程发生了异步事件，进程之间可以通过系统执行 kill 命令互相发送信号，内核也可以因为内部事件而给进程发送信号，通知进程发生了某个事件。注意，信号只用来通知某进程发生了什么事件，并不给进程传递任何数据。

例：查看可用进程信号。

```
[root@localhost ~]# kill -l
 1) SIGHUP   2) SIGINT   3) SIGQUIT 4) SIGILL   5) SIGTRAP
 6) SIGABRT 7) SIGBUS   8) SIGFPE   9) SIGKILL 10) SIGUSR1
11) SIGSEGV 12) SIGUSR2 13) SIGPIPE 14) SIGALRM 15) SIGTERM
16) SIGSTKFLT 17) SIGCHLD 18) SIGCONT 19) SIGSTOP 20) SIGTSTP
21) SIGTTIN 22) SIGTTOU   23) SIGURG 24) SIGXCPU 25) SIGXFSZ
26) SIGVTALRM 27) SIGPROF 28) SIGWINCH 29) SIGIO 30) SIGPWR
31) SIGSYS 34) SIGRTMIN 35) SIGRTMIN+1 36) SIGRTMIN+2 37) SIGRTMIN+3
…
```

常用信号说明如下。

● SIGINT：由用户按 Ctrl+C 组合键触发的进程终止信号。

● SIGKILL：强制终结进程的信号，无法被阻止、处理或忽略，常用于无法正常终止进程时，强行结束其运行。

● SIGTERM：进程正常终止信号，它是系统或用户请求进程正常退出的标准方式。

可以发送信号的命令如下。

- kill：通过 PID 为指定进程发送信号。
- killall：通过进程的名称为指定进程发送信号。
- pkill：通过模式匹配为指定进程发送信号。

例：终止指定 PID 对应的进程（-9 表示强制终止进程）。

```
[root@localhost ~]# kill -9 2978
```

例：通过进程名称终止进程。

```
[root@localhost ~]# killall httpd
```

例：通过模式匹配终止用户 user01 的所有进程。

```
[root@localhost ~]# pkill -u user01
```

例：终止用户 root 的 sshd 进程。

```
[root@localhost ~]# pkill -u root sshd
```

例：终止 Class1 组内的所有进程。

```
[root@localhost ~]# pkill -G Class1
```

一般在系统运行期间发生了如下情况，就需要终止进程。

- 进程占用了过多的 CPU 时间。
- 进程锁住了一个终端，使其他前台进程无法运行。
- 进程运行时间过长，没有产生预期效果或无法正常退出。
- 进程产生了过多到屏幕或磁盘文件的输出。

7.2 基础服务管理

7.2.1 系统运行级别

有许多程序需要开机启动，它们在 Linux 系统中叫作守护进程（Daemon），在 Windows 系统中叫作服务（Service）。init 进程的主要任务就是运行开机启动的程序。但是，不同的场合需要启动不同的程序，如系统用作 Web 服务器时，需要启动 Apache，用作桌面时就不需要。Linux 系统允许针对不同的场合设置不同的开机启动程序，这些不同的开机启动程序的组合称作运行级别，也就是说，系统启动时将根据运行级别确定要运行哪些程序。

Linux 系统共有 7 个运行级别，具体如下。

- 运行级别 0：系统关机状态，默认运行级别不能设置为 0，否则系统不能启动。
- 运行级别 1：单用户工作状态，拥有超级用户权限，一般用于系统维护，禁止远程登录。
- 运行级别 2：多用户工作状态（没有 NFS）。
- 运行级别 3：完全的多用户工作状态（有 NFS），登录后进入控制台命令行模式。
- 运行级别 4：系统未使用，保留。
- 运行级别 5：X11 控制台（X Windows 系统），登录后进入 GUI 模式。
- 运行级别 6：系统关闭并重启，默认运行级别不能设置为 6。

在 CentOS 8 中，指定默认运行级别的配置文件是/etc/systemd/system/default.target，此文

件是软链接文件。

例：查看配置文件/etc/systemd/system/default.target。

```
[root@localhost ~]# cat /etc/systemd/system/default.target
#  SPDX-License-Identifier: LGPL-2.1+
#
#  This file is part of systemd.
#
#  systemd is free software; you can redistribute it and/or modify it
#  under the terms of the GNU Lesser General Public License as published by
#  the Free Software Foundation; either version 2.1 of the License, or
#  (at your option) any later version.


[Unit]
Description=Graphical Interface
Documentation=man:systemd.special(7)
Requires=multi-user.target
Wants=display-manager.service
Conflicts=rescue.service rescue.target
After=multi-user.target rescue.service rescue.target display-manager.service
AllowIsolate=yes
```

其中，[Unit]部分各行的含义如下。

Description：描述信息。

Documentation：文档地址列表，提供了一个快速访问相关文档的方式。

Requires：指定当前对其他守护进程依赖的关系。

Wants：列出的守护进程会被启动，若列出守护进程无法启动，也不会导致当前守护进程启动失败。

Conflicts：定义冲突关系。

After：表明需要依赖的守护进程，决定启动顺序。

AllowIsolate：一个布尔类型的字段，如果为真，则当前守护进程可以使用 systemctl isolate 命令进行操作，否则拒绝此操作。

例：查看默认的运行级别，graphical.target 表示系统运行在 GUI 模式（运行级别 5）。

```
[root@localhost ~]# systemctl get-default
graphical.target
```

例：使用 runlevel 命令查询运行级别。

```
[root@localhost ~]# runlevel
N 5
```

例：从运行级别 5 切换到运行级别 3。

```
[root@localhost ~]# systemctl set-default multi-user.target
```

例：从运行级别 3 切换到运行级别 5。

```
[root@localhost ~]# systemctl set-default graphical.target
```

修改运行级别后需要重启系统才能生效。

7.2.2　系统初始化流程

在 Linux 系统中，init 进程是所有用户进程的祖先进程，它是内核启动后的第一个用户级进程，其进程号（PID）为 1，它的主要任务是完成系统初始化、启动各种守护进程等。如果内核启动时找不到 init 进程，它将尝试运行/bin/sh，如果失败，则系统启动失败。

系统初始化采用 init 进程，这种方式有两个缺点。

● 启动时间长：init 进程是串行启动，只有前一个进程启动完，才会启动下一个进程。

● 启动脚本复杂：init 进程只启动脚本，不管其他事情，脚本需要自己处理其他各种情况，这使得脚本很长。

在 CentOS 8 中，init 进程已被 systemd 进程所取代，systemd 可以管理系统的所有资源，其名字的含义就是守护整个系统。

以下是 systemd 进程进行系统初始化的基本流程。

（1）引导加载程序加载内核映像文件和 initramfs 映像文件。当系统启动时，引导加载程序会加载内核映像文件和 initramfs 映像文件到内存中。initramfs 是一个小型的文件系统，它包含一些基本的驱动程序和工具，用于在内核启动后挂载真正的根文件系统（Root File System，RFS）——所有其他文件系统和目录的起源。

（2）systemd 进程启动。内核启动后，会执行 init 程序，即 systemd 进程。systemd 进程成为 PID 为 1 的进程，即系统的初始进程。

（3）systemd 读取配置文件和设置。systemd 会读取一系列的配置文件和设置，systemd 还会读取环境变量、命令行参数等。

（4）systemd 启动各个单元（Unit）。单元是 systemd 中的一个基本概念，表示某系统功能或服务。systemd 会根据配置文件和设置启动各种单元。

（5）systemd 启动服务。在启动服务时，systemd 会处理服务之间的依赖关系。

（6）systemd 监听和处理信号。一旦服务启动并运行，systemd 会监听各种信号和事件，以便对服务进行管理和控制。

在 CentOS 8 中，系统初始化是一个复杂但有序的过程，涉及引导加载、进程启动、配置读取、单元启动、服务启动以及信号监听等多个步骤。这些步骤确保了系统的稳定和服务的正常运行。

7.2.3　服务管理

在 Linux 系统中，守护进程是一种在后台运行的进程，不与用户交互，其名称以 d 结尾。每一个从终端开始运行的进程都会依附这个终端，因此这个终端也称为控制终端。当控制终端关闭时，依附的进程也会自动关闭，但守护进程不受影响。系统通常在启动时开启守护进程响应网络请求、硬件活动等，守护进程从系统启动时开始运行，直到系统关闭才终止。

按照服务类型，守护进程可以分为如下两类。

● 系统守护进程：dbus、crond、cpus、rsyslogd 等。

● 网络守护进程：sshd、htttpd、postfix、xinetd 等。

系统初始化进程 systemd 是特殊的守护进程，其 PID 为 1。它是其他所有守护进程的父进程，系统中所有的守护进程都由系统初始化进程 systemd 进行管理（如启动、停止等）。

systemctl 命令是服务管理命令，其语法格式如下：

```
systemctl [OPTIONS] COMMAND [UNIT...]
```

OPTIONS：选项，用于指定 systemctl 的行为。

COMMAND：命令，用于指定执行特定的 systemd 命令，例如启动、停止或重新启动服务等。

UNIT...：用于指定要操作的单元（Unit）。

常用的选项如下。

-H, --host：指定要在远程主机上运行的 systemd 实例的主机名或 IP 地址。

-a, --all：显示所有已加载的单元，而不仅仅是当前活动的单元。

-t, --type：根据指定的单元类型（如 service、socket、mount 等）筛选出单元列表。

-u, --user：执行与当前用户相关联的用户级服务。

常用的命令如下。

（1）查看服务状态

status [UNIT...]：显示指定单元的状态信息。

is-active [UNIT...]：检查指定单元是否处于活动状态。

is-failed [UNIT...]：检查指定单元是否处于失败状态。

is-enabled [UNIT...]：检查指定单元是否已启用。

（2）管理服务

start [UNIT...]：启动指定的单元。

stop [UNIT...]：停止指定的单元。

restart [UNIT...]：重启指定的单元。

reload [UNIT...]：重新加载指定单元的配置文件。

（3）管理服务启动

enable [UNIT...]：使指定单元在系统启动时自动启动。

disable [UNIT...]：禁用指定单元在系统启动时自动启动。

（4）其他操作

list-units：列出所有正在运行的单元。

list-units --all：列出所有单元，包括未运行的单元。

list-units --type=service：列出所有正在运行的、类型为 service 的单元。

daemon-reload：重新加载 systemd 守护进程的配置文件。

例：查看 rpcbind 服务的状态。

```
[root@localhost ~]# systemctl status rpcbind
● rpcbind.service - RPC Bind
   Loaded: loaded (/usr/lib/systemd/system/rpcbind.service; enabled; vendor
preset: enabled)
   Active: active (running) since Sat 2024-05-11 08:00:38 CST; 4 days ago
     Docs: man:rpcbind(8)
 Main PID: 926 (rpcbind)
    Tasks: 1 (limit: 7964)
```

```
   Memory: 308.0K
   CGroup: /system.slice/rpcbind.service
        └─926 /usr/bin/rpcbind -w -f
```

5月 11 08:00:37 master systemd[1]: Starting RPC Bind...
5月 11 08:00:38 master systemd[1]: Started RPC Bind.

例：停止 rpcbind 服务。

```
[root@localhost ~]# systemctl stop rpcbind
[root@localhost ~]# systemctl is-active rpcbind
Inactive
```

例：重启 rpcbind 服务。

```
[root@localhost ~]# systemctl restart rpcbind
[root@localhost ~]# systemctl is-active rpcbind
Active
```

例：查看正在运行的服务。

```
[root@localhost ~]# systemctl list-units -t service
UNIT                        LOAD   ACTIVE SUB     DESCRIPTION
accounts-daemon.service     loaded active running Accounts Service
alsa-state.service          loaded active running Manage Sound Card State…
atd.service                 loaded active running Job spooling tools
auditd.service              loaded active running Security Auditing Service
avahi-daemon.service        loaded active running Avahi mDNS/DNS-SD Stack
chronyd.service             loaded active running NTP client/server
colord.service              loaded active running Manage, Install and …
containerd.service          loaded active running containerd container …
crond.service               loaded active running Command Scheduler
cups.service                loaded active running CUPS Scheduler
dbus.service                loaded active running D-Bus System Message Bus
docker.service              loaded active running Docker Application …
dovecot.service             loaded active running Dovecot IMAP/POP3 email…
dracut-shutdown.service     loaded active exited  Restore /run/initramfs …
firewalld.service           loaded active running firewalld - dynamic …
gdm.service                 loaded active running GNOME Display Manager
geoclue.service             loaded active running Location Lookup Service
gssproxy.service            loaded active running GSSAPI Proxy Daemon
httpd.service               loaded active running The Apache HTTP Server
import-state.service        loaded active exited  Import network …
irqbalance.service          loaded active running irqbalance daemon
iscsi-shutdown.service      loaded active exited  Logout off all iSCSI …
kdump.service               loaded active exited  Crash recovery kernel …
kmod-static-nodes.service   loaded active exited  Create list of required…
ksm.service                 loaded active exited  Kernel Samepage Merging
```

```
ksmtuned.service                    loaded active running Kernel Samepage Merging…
lines 1-27
```

7.2.4 日志系统

日志系统在系统运行维护中具有不可替代的作用，当系统出现故障或异常时，日志系统能够记录详细的错误信息、请求参数等，帮助管理员快速定位问题原因、减少故障排查时间。当系统出现异常情况（如请求量激增、响应时间过长、错误率升高等）时，日志系统可以触发告警通知，提醒管理员及时处理。在发生安全事件时，日志系统可以提供有力的证据，帮助追踪和溯源。管理员通过对日志进行分析，可以发现系统性能瓶颈、潜在的安全漏洞等，从而进行有针对性的修复和优化。

rsyslog 是一个自由、开源的日志记录程序，在 CentOS 8 中默认可用。它提供了一种将日志从客户端集中到服务器的简单有效方式。

rsyslog 守护进程可以被配置成服务器或客户端。

- 配置成日志服务器时，可从网络中的客户端收集日志消息。
- 配置成日志客户端时，可将日志消息过滤和发送到本地目录（如/var/log）或服务器。

在 CentOS 8 中，rsyslog 守护进程的主要配置文件是/etc/rsyslog.conf，用于定义日志系统的记录和路由行为。

例：查看配置文件/etc/rsyslog.conf。

```
[root@localhost ~]# cat /etc/rsyslog.conf
# rsyslog configuration file


#### MODULES ####      //模块

module(load="imuxsock"       # provides support for local system logging (e.g. via
logger command)
 SysSock.Use="off") # Turn off message reception via local log socket;
                # local messages are retrieved through imjournal now.
module(load="imjournal"      # provides access to the systemd journal
 StateFile="imjournal.state") # File to store the position in the journal
#module(load="imklog") #reads kernel messages (the same are read from journald)
#module(load="immark") # provides --MARK-- message capability


# Provides UDP syslog reception
# for parameters see http://www.rsyslog.com/doc/imudp.html
#module(load="imudp") # needs to be done just once
#input(type="imudp" port="514")


# Provides TCP syslog reception
# for parameters see http://www.rsyslog.com/doc/imtcp.html
#module(load="imtcp") # needs to be done just once
```

```
#input(type="imtcp" port="514")

#### GLOBAL DIRECTIVES ####    //全局配置

# Where to place auxiliary files
global(workDirectory="/var/lib/rsyslog")

# Use default timestamp format
module(load="builtin:omfile" Template="RSYSLOG_TraditionalFileFormat")

# Include all config files in /etc/rsyslog.d/
include(file="/etc/rsyslog.d/*.conf" mode="optional")

#### RULES ####    //规则

# Log all kernel messages to the console.
# Logging much else clutters up the screen.
#kern.*                                          /dev/console

# Log anything (except mail) of level info or higher.
# Don't log private authentication messages!
*.info;mail.none;authpriv.none;cron.none         /var/log/messages

# The authpriv file has restricted access.
authpriv.*                                       /var/log/secure

# Log all the mail messages in one place.
mail.*                                           -/var/log/maillog

# Log cron stuff
cron.*                                           /var/log/cron

# Everybody gets emergency messages
*.emerg                                          :omusrmsg:*

# Save news errors of level crit and higher in a special file.
uucp,news.crit                                   /var/log/spooler

# Save boot messages also to boot.log
local7.*                                         /var/log/boot.log

# ### sample forwarding rule ###      //简单的日志转发规则示例
```

```
#action(type="omfwd"
# An on-disk queue is created for this action. If the remote host is
# down, messages are spooled to disk and sent when it is up again.
#queue.filename="fwdRule1"        # unique name prefix for spool files
#queue.maxdiskspace="1g"          # 1gb space limit (use as much as possible)
#queue.saveonshutdown="on"        # save messages to disk on shutdown
#queue.type="LinkedList"          # run asynchronously
#action.resumeRetryCount="-1"     # infinite retries if host is down
# Remote Logging (we use TCP for reliable delivery)
# remote_host is: name/ip, e.g. 192.168.0.1, port optional e.g. 10514
#Target="remote_host" Port="XXX" Protocol="tcp")
```

此文件主要包括以下 4 个部分，说明如下。

（1）模块（MODULES）：加载 rsyslog 的模块，常见的模块如下。

● imuxsock：提供本地系统日志支持（如通过 logger 命令）。

● imjournal：提供对 systemd journal 的访问。

● imudp：提供 UDP syslog 接收功能。

● imtcp：提供 TCP syslog 接收功能。

（2）全局配置（GLOBAL DIRECTIVES）：设置 rsyslog 的全局行为，如日志文件的默认时间戳格式、工作目录、是否包含其他配置文件等。

（3）规则（RULES）：定义哪些日志消息应该被记录、过滤或转发。其基本格式如下。

```
facility.priority action
```

facility：指定消息来源，如 auth（授权和安全相关的消息）、kern（来自 Linux 内核的消息）、mail（由 mail 子系统产生的消息）、cron（cron 守护进程相关的信息）等。

priority：定义消息的级别（优先级），它可帮助管理员更好地理解和诊断程序运行过程中出现的问题。级别越低，输出的日志消息越详细，级别越高，输出的日志消息越简略，但通常包含更严重的问题。

消息级别从低到高如下所示。

● *：所有级别都生效，除了 none。

● debug：包含详细的调试消息，通常只在调试程序时使用。

● info：情报消息，正常的系统消息。

● notice：不是错误，也不需要立即处理。

● warning：警告消息，不是错误。

● err：错误消息，不是非常紧急，在一定时间内修复即可。

● crit：重要情况消息，如硬盘错误、备用连接丢失等。

● alert：应该被立即处理的问题，如系统数据库被破坏。

● emerg：紧急情况，需要立即通知技术人员。

● none：一个特殊的消息级别，它表示不记录任何日志消息。

action：定义当匹配到规则时应该执行的操作，如写入文件、发送到远程服务器等。示例如下。

● /var/log/messages：表示将日志消息写入/var/log/messages 文件中。

- @192.168.10.29：表示将日志消息通过 TCP 发送到 IP 地址为 192.168.10.29 的远程主机。
- @@192.168.37.22：表示将日志消息通过 UDP 发送到 IP 地址为 192.168.37.22 的远程主机。

（4）简单的日志转发规则示例（sample forwarding rule）：这部分是一个日志转发规则示例，用户可将其修改以适应自己系统的具体配置。

下面通过一个具体的案例来实现将客户端的日志发送到服务器，步骤如下。

说明：服务器（远程主机）和客户端（本地主机）组成一个实验网络环境，服务器主机名为 master，IP 地址为 192.168.125.128；客户端主机名为 slave，IP 地址为 192.168.125.129。

1. 配置服务器

① 检查 rsyslog 是否已安装，若未安装，用 DNF 命令进行安装。

```
[root@master ~]#dnf install rsyslog
上次元数据过期检查: 0:57:02 前，执行于 2024 年 05 月 15 日 星期三 02 时 09 分 37 秒。
软件包 rsyslog-8.2102.0-5.el8.x86_64 已安装。
依赖关系解决。
无须任何处理。
完毕!
[root@master ~]# systemctl enable rsyslog
[root@master ~]# systemctl start rsyslog
[root@master ~]# systemctl status rsyslog
● rsyslog.service - System Logging Service
  Loaded: loaded (/usr/lib/systemd/system/rsyslog.service; enabled;…)
  Active: active (running) since Sat 2024-05-11 08:01:12 CST; 3 days ago
    Docs: man:rsyslogd(8)
          https://www.rsyslog.com/doc/
 Main PID: 1504 (rsyslogd)
   Tasks: 3 (limit: 7964)
  Memory: 2.0M
  CGroup: /system.slice/rsyslog.service
          └─1504 /usr/sbin/rsyslogd -n

5 月 11 08:01:07 master systemd[1]: Starting System Logging Service...
……
```

② 修改 rsyslog 配置文件，允许通过 UDP 和 TCP 接收日志（去掉相应行的注释即可）。

```
[root@master ~]# grep -ine 'imudp' -ine 'imtcp' /etc/rsyslog.conf
18:# for parameters see http://www.rsyslog.com/doc/imudp.html
19:#module(load="imudp") # needs to be done just once
20:#input(type="imudp" port="514")
23:# for parameters see http://www.rsyslog.com/doc/imtcp.html
24:#module(load="imtcp") # needs to be done just once
```

```
25:#input(type="imtcp" port="514")
```
```
[root@master ~]# vim /etc/rsyslog.conf
[root@master ~]# grep -ine 'imudp' -ine 'imtcp' /etc/rsyslog.conf
18:# for parameters see http://www.rsyslog.com/doc/imudp.html
19:module(load="imudp") # needs to be done just once
20:input(type="imudp" port="514")
23:# for parameters see http://www.rsyslog.com/doc/imtcp.html
24:module(load="imtcp") # needs to be done just once
25:input(type="imtcp" port="514")
```

③ 设置防火墙，开启 514 端口。

```
[root@master ~]# firewall-cmd --add-port=514/udp --zone=public --permanent
success
[root@master ~]# firewall-cmd --add-port=514/tcp --zone=public --permanent
success
[root@master ~]# firewall-cmd --reload
success
[root@master ~]# firewall-cmd --list-ports
514/tcp 514/udp
```

④ 重启 rsyslog 服务。

```
[root@master ~]# systemctl restart rsyslog
[root@master ~]# ps -ef|grep rsyslog
root     116230       1  0 03:44 ?        00:00:00 /usr/sbin/rsyslogd -n
root     116307    3922  0 03:47 pts/0    00:00:00 grep --color=auto rsyslog
[root@master ~]# netstat -tuln | grep 514
tcp    0    0 0.0.0.0:514          0.0.0.0:*          LISTEN
tcp6   0    0 :::514               :::*               LISTEN
udp    0    0 0.0.0.0:514          0.0.0.0:*
udp6   0    0 :::514               :::*
```

2. 配置客户端

① 检查 rsyslog 是否已安装，若未安装可用 DNF 命令安装。

```
[root@slave ~]#dnf install rsyslog
上次元数据过期检查：2:46:17 前，执行于 2024 年 05 月 15 日 星期三 01 时 37 分 35 秒。
软件包 rsyslog-8.2102.0-5.el8.x86_64 已安装。
依赖关系解决。
无须任何处理。
完毕！
[root@slave ~]# systemctl enable rsyslog
[root@slave ~]# systemctl start rsyslog
[root@slave ~]# systemctl status rsyslog
● rsyslog.service - System Logging Service
  Loaded: loaded (/usr/lib/systemd/system/rsyslog.service; enabled; …)
```

161

```
     Active: active (running) since Sat 2024-05-11 08:22:10 CST; 3 days ago
       Docs: man:rsyslogd(8)
             https://www.rsyslog.com/doc/
   Main PID: 1339 (rsyslogd)
      Tasks: 3 (limit: 4648)
     Memory: 1.1M
     CGroup: /system.slice/rsyslog.service
             └─1339 /usr/sbin/rsyslogd -n

5月 11 08:22:08 slave systemd[1]: Starting System Logging Service...
……
```

② 修改 rsyslog 配置文件。

```
[root@slave ~]# vim /etc/rsyslog.conf
```

在此文件末尾添加以下两行：

```
*.*  @192.168.125.128:514         # Use @ for UDP protocol
*.*  @@192.168.125.128:514        # Use @@ for TCP protocol
```

③ 设置防火墙，开启 514 端口。

```
[root@slave ~]# firewall-cmd --add-port=514/udp --zone=public --permanent
success
[root@slave ~]# firewall-cmd --add-port=514/tcp --zone=public --permanent
success
[root@slave ~]# firewall-cmd --reload
success
[root@slave ~]# firewall-cmd --list-ports
514/tcp 514/udp
```

④ 重启 rsyslog 服务。

```
[root@slave ~]# systemctl restart rsyslog
[root@slave ~]# ps -ef|grep rsyslog
root      130906      1  0 04:54 ?        00:00:00 /usr/sbin/rsyslogd -n
root      130921  11506  0 04:54 pts/1    00:00:00 grep --color=auto rsyslog
```

3. 测试 rsyslog

① 在客户端执行以下命令来发送日志。

```
[root@slave ~]# logger "大家好！这是我们的第一个日志！"
[root@slave ~]# logger "日志集中服务，管理更加轻松！"
```

② 在服务器运行以下命令来实时查看日志消息（若要退出，可按 Ctrl+C 组合键）。

```
[root@master ~]# tail -f /var/log/messages
May 15 04:54:21 slave systemd[1]: rsyslog.service: Succeeded.
May 15 04:54:22 slave systemd[1]: Stopped System Logging Service.
May 15 04:54:22 slave systemd[1]: Starting System Logging Service...
May 15 04:54:22 slave rsyslogd[130906]: [origin software="rsyslogd"
swVersion="8.2102.0-5.el8"  x-pid="130906"  x-info="https://www.rsyslog.com"]
```

```
start
May 15 04:54:22 slave rsyslogd[130906]: imjournal: journal files changed,
reloading... [v8.2102.0-5.el8 try https://www.rsyslog.com/e/0 ]
May 15 04:54:22 slave systemd[1]: Started System Logging Service.
May 15 04:54:22 slave rsyslogd[130906]: imjournal: journal files changed,
reloading... [v8.2102.0-5.el8 try https://www.rsyslog.com/e/0 ]
May 15 04:54:22 slave systemd[1]: Started System Logging Service.
May 15 04:55:35 slave root[130956]: 大家好！这是我们的第一个日志！
May 15 04:55:35 slave root[130956]: 大家好！这是我们的第一个日志！
May 15 04:57:33 slave root[131004]:日志集中服务，管理更加轻松！
May 15 04:57:33 slave root[131004]:日志集中服务，管理更加轻松！
```

在服务器收集到了客户端发来的日志，至此，日志集中服务配置成功。

日志集中有两个好处。首先，它简化了日志查看，管理员可以在服务器上查看所有日志，而无须登录每个客户端来查看日志。其次，如果客户端崩溃，也不用担心日志丢失，所有的日志都已保存在服务器上。

7.2.5　计划任务

计划任务是指在约定的时间执行预先安排好的工作，计划任务的好处是提高效率，比如系统运行维护中会有很多重复工作（如定时备份、定期重启服务、定期检测等），这些工作有的需要在半夜进行，只要管理员把计划任务写好就不需要熬夜加班了。

在 Linux 系统中，使用 cron 进程和 anacron 命令来实现计划任务。

1．cron 与 anacron

cron 是系统进程，由 systemctl 管理。它是一个基于时间的计划任务调度器，能够在无人干预的情况下按分钟精确地执行计划任务。cron 假定服务器是全天候（24 小时不间断）运行的，但若系统的时间发生变化或关机一段时间，就会遗漏这段时间内应该执行的 cron 计划任务。而 anacron 是一个脚本（也是一个基于时间的计划任务调度器），需要 cron 调用才能运行，它认为系统不可能不出意外一直不间断地运行，因此会定时执行意外导致无法被 cron 执行的计划任务。anacron 是对 cron 的补充和完善。

cron 的守护进程 crond 启动后，根据其内部计时器，crond 每分钟会被唤醒一次，检测配置文件/etc/crontab、/etc/cron.d/*、/var/spool/cron/*和/etc/anacrontab 的变化并将其加载到内存。一旦发现上述配置文件中设置的 cron 计划任务的时间和日期与系统当前时间和日期符合，就执行设置的 cron 计划任务。当 cron 计划任务执行结束后，会通过电子邮件的形式将输出发送给设置 cron 计划任务的用户或者相关配置文件中的 MAILTO 环境变量指定的用户。

2．计划任务的配置

配置文件/etc/crontab 是系统中用于配置周期性执行计划任务的主要文件之一，它属于 cron 进程的一部分。它允许用户设置在后台运行计划任务（即命令或脚本），而无须登录系统。这些计划任务可以在指定的时间、日期执行或周期性地执行。

例：查看计划任务的配置文件/etc/crontab。

```
[root@master ~]# cat /etc/crontab
SHELL=/bin/bash
PATH=/sbin:/bin:/usr/sbin:/usr/bin
MAILTO=root


# For details see man 4 crontabs


# Example of job definition:
# .---------------- minute (0 - 59)
# |  .------------- hour (0 - 23)
# |  |  .---------- day of month (1 - 31)
# |  |  |  .------- month (1 - 12) OR jan,feb,mar,apr ...
# |  |  |  |  .---- day of week (0 - 6) (Sunday=0 or 7) OR sun,mon,tue,wed,thu,fri,sat
# |  |  |  |  |
# *  *  *  *  * user-name  command to be executed
```

crontab 配置文件中最后一行的基本语法格式如下：

```
*       *       *       *       *     user-namd  command to be executed
分钟    小时    日期    月份    星期    用户名               命令
```

其中各列含义说明如下。

第 1 列：分钟，取值范围为 1～59，每分钟用 "*" 或者 "*/1" 表示。

第 2 列：小时，取值范围为 0～23（0 表示 0 点）。

第 3 列：日期，取值范围为 1～31。

第 4 列：月份，取值范围为 1～12。

第 5 列：星期，取值范围为 0～6（0 表示星期天）。

第 6 列：用户名，表示执行此任务的用户，若省略则表示当前用户。

第 7 列：命令，表示要运行的命令。

crontab 配置文件内容还涉及几个特殊符号，其含义如表 7-1 所示。

表 7-1　特殊符号及其含义

特殊符号	说明
星号（*）	代表所有可能的值，例如月份字段的值是星号，则表示在满足其他字段的制约条件后每月都执行对应命令
逗号（,）	可以用逗号隔开指定列表的值，例如 "1,2,5,7,8,9"
短横线（-）	可以用整数之间的短横线表示一个整数范围，例如 "2-6" 表示 "2,3,4,5,6"
斜杠（/）	可以用斜杠指定时间的间隔频率，例如 "0-23/2" 表示每两小时执行一次。同时斜杠可以和星号一起使用，例如 "*/10" 用在分钟字段，表示每 10 分钟执行一次

3. 设置计划任务

crontab 是用于设置周期性执行计划任务的命令。它允许用户编辑 crontab 文件，该文件包含了要定期执行的命令的列表。每个命令后面都跟着一个时间戳，指示命令应该在何时执行。

其语法格式如下：

```
crontab [-u user] [-l | -r | -e] [-i]
```

说明如下。

-u user：指定要设置 crontab 文件的用户。默认为当前用户的 crontab 文件。

-l：列出当前用户的 crontab 文件内容。

-r：删除当前用户的 crontab 文件。

-e：编辑当前用户的 crontab 文件。如果该文件不存在，则创建一个新的 crontab 文件。

-i：与 -r 一起使用时，会提示用户确认是否要删除 crontab 文件。

例：为用户 tang 设置一个计划任务。

```
[root@localhost ~]# crontab -u tang -e
no crontab for tang - using an empty one
crontab: installing new crontab
[root@localhost ~]# crontab -u tang -l
*/30 * * * * /usr/local/mycommand          #每 30 分钟执行一次 mycommand 命令
```

设置计划任务还可直接在配置文件 /etc/crontab 末尾添加任务命令。

例：以 root 用户的身份设置计划任务，每分钟执行一次脚本。

```
[root@localhost ~]# crontab -u root -e
no crontab for root - using an empty one
crontab: installing new crontab
[root@localhost ~]# crontab -u root -l
*/1 * * * * root /root/a.sh        #每分钟执行一次脚本
```

例：删除 root 用户的计划任务。

```
[root@localhost ~]# crontab -r -u root
[root@localhost ~]# crontab -l -u root
no crontab for root
```

例：查看用户的配置文件。

```
[root@localhost ~]# ls /var/spool/cron/
root  tang
```

目录 /etc/cron.{hourly,daily,weekly,monthly} 中存放了众多系统常规任务脚本，这些脚本需在 crontab 文件或 anacrontab 文件中使用 run-parts 命令调用执行。

run-parts 命令的语法格式如下：

```
run-parts <directory>
```

例：查看配置文件 /etc/cron.d/0hourly。

```
[root@localhost ~]# cat /etc/cron.d/0hourly
# Run the hourly jobs
SHELL=/bin/bash
PATH=/sbin:/bin:/usr/sbin:/usr/bin
MAILTO=root
01 * * * * root run-parts /etc/cron.hourly
```

该配置文件的功能是执行目录 /etc/cron.hourly 中的所有可执行文件，即每当整点零一分时以 root 用户身份执行目录 /etc/cron.hourly 中的脚本。

4．anacron 的执行

目录/etc/cron.hourly 中的脚本由守护进程 crond 直接执行，目录/etc/cron.{daily, weekly, monthly}中的脚本由守护进程 crond 调用 anacron 间接执行。

执行 anacron 的脚本文件为/etc/cron.hourly/0anacron，此脚本包含如下内容：

```
/user/sbin/anacron -s
```

其中，参数-s 表示顺序执行任务，即前一个任务完成之前，anacron 不会开始新的任务。

例：查看配置文件/etc/anacrontab。

```
[root@master ~]# cat /etc/anacrontab
# /etc/anacrontab: configuration file for anacron

# See anacron(8) and anacrontab(5) for details.

SHELL=/bin/sh
PATH=/sbin:/bin:/usr/sbin:/usr/bin
MAILTO=root
# the maximal random delay added to the base delay of the jobs
RANDOM_DELAY=45
# the jobs will be started during the following hours only
START_HOURS_RANGE=3-22

#period in days  delay in minutes  job-identifier  command
1   5   cron.daily    nice run-parts /etc/cron.daily
7   25  cron.weekly    nice run-parts /etc/cron.weekly
@monthly 45 cron.monthly       nice run-parts /etc/cron.monthly
```

该文件中的每一行代表一个 anacron 计划任务，主要由 4 部分组成，其语法格式如下：

```
period in days  delay in minutes  job-identifier command
```

说明如下。

period in days：命令执行的频率（单位为天数），可以是数字（如 1 代表每天，7 代表每周，30 代表每月）。

delay in minutes：延迟时间（单位为分钟），表示在计划任务执行前需要等待的分钟数。

job-identifier：任务的描述，用在 anacron 的消息中，作为计划任务时间戳文件的名称，只能包括除斜杠外的非空白字符。

command：要执行的命令。

对于每项计划任务，anacron 先判定其是否已在配置文件的 period in days 部分指定的期间内被执行，如果它在指定期间内还没有被执行，anacron 会等待 delay in minutes 部分指定的分钟数，然后执行 command 部分指定的命令。

计划任务完成后，anacron 在/var/spool/anacron 目录内的时间戳文件中记录日期，但只记录日期，不记录具体时间，而 job-identifier 的数值被用作产生一个文件，该文件将用于记录作业的某些状态或时间控制信息。

crontab 的一些实例如表 7-2 所示。

表 7-2　crontab 的一些实例

命令行	说明
30 21 * * * /usr/local/etc/rc.d/apache restart	每天 21:30 重启 Apache
45 4 1,10,22 * * usr/local/etc/rc.d/apache restart	每月 1、10、22 日的 4:45 重启 Apache
10 1 * * 6,0 /usr/local/etc/rc.d/apache restart	每个星期六、星期天的 1:10 重启 Apache
0,30 18-23 * * * /usr/local/etc/rc.d/apache restart	每天 18:00 至 23:00 每隔 30min 重启一次 Apache
0 23 * * 6 /usr/local/etc/rc.d/apache restart	每个星期六的 23:00 重启 Apache
* 23-7/1 * * * /usr/local/etc/rc.d/apache restart	第一天 23:00 到第二天 7:00，每隔一小时重启一次 Apache
* */1 * * * /usr/local/etc/rc.d/apache restart	每隔一小时重启一次 Apache
0 11 4 * 1-3 /usr/local/etc/rc.d/apache restart	每月 4 号与每周星期一到星期三的 11:00 重启 Apache
*/30 * * * * /usr/sbin/ntpdate 210.72.145.44	每隔 30min 同步一次时间

5. crontab 的限制

通过/etc/cron.allow 和 /etc/cron.deny 配置文件来限制哪些用户可以使用 crontab 命令。当系统中只有/etc/cron.allow 文件时，只有写入此文件的用户可以使用 crontab 命令，没有写入的用户不能使用 crontab 命令。当系统中只有/etc/cron.deny 文件时，写入此文件的用户不能使用 crontab 命令，没有写入此文件的用户可以使用 crontab 命令。

/etc/cron.allow 文件比/etc/cron.deny 文件的优先级高，所以通常这两个文件保留一个即可，以免影响在配置上的判断。一般来说，系统默认保留/etc/cron.deny 文件，也可以将不想让其运行 crontab 命令的用户写入/etc/cron.deny 文件中，一行写一个用户。

7.3　习题

一、填空题

1. 使用命令修改运行级别，其中用于从字符界面转到图形界面的命令是＿＿＿＿＿＿。
2. ＿＿＿＿＿＿是用于管理系统服务的命令，它可实现系统服务的启动、停止、重启等。
3. ＿＿＿＿＿＿是一个自由、开源的日志记录程序。
4. ＿＿＿＿＿＿是指在约定的时间执行预先安排好的工作。

二、操作题

1. 写出查看 tang 用户进程信息的相关命令。
2. 写出终止正在运行的进程（前台进程和后台进程）的命令。
3. 写出将挂起的进程调入前台继续执行的命令。
4. 写出将进程调入后台执行的命令。
5. 用 crontab 命令实现系统在每个星期一、星期三、星期五的 15:00 进入维护状态并重启。
6. 第一天 23:00 到第二天 7:00，每隔一小时重启一次 httpd，请给出具体实现方法。
7. 每个星期六、星期日的 1:10 重启 httpd，请给出具体实现方法。

第8章 常用服务配置

本章导读

网络文件共享服务是网络中常用的服务,包括 NFS 服务、vsftpd 服务和 Samba 服务等。网络服务是互联网的基础服务,广泛地应用于企业网络,包括 DHCP 服务、DNS、电子邮件服务等。数据库服务是企业和组织运营中不可或缺的基础服务,包括 MySQL 服务、Redis 服务等。综合服务是全面的互联网服务,包括信息查询、程序运行支持等,如 LAMP 是常用的 Web 服务;Docker 是开源应用容器引擎,可运行用户的应用并且具有良好的可移植性。本章将详细讲解这些服务的安装与配置。

知识目标

- 了解常用的网络文件共享服务,包括 NFS 服务、vsftpd 服务、Samba 服务。
- 了解常用的网络服务,包括 DHCP 服务、DNS、电子邮件服务。
- 了解常用的数据库服务,包括 MySQL 服务、Redis 服务。
- 了解 LAMP 和 Docker 的作用。

能力目标

- 能够安装与配置常用的网络文件共享服务,包括 NFS 服务、vsftpd 服务、Samba 服务。
- 能够安装与配置常用的网络服务,包括 DHCP 服务、DNS、电子邮件服务。
- 能够安装与配置常用的数据库服务,包括 MySQL 服务、Redis 服务。
- 能够安装与配置 LAMP 和 Docker。

素质目标

具有一定的专业素养。

8.1 网络文件共享服务

8.1.1 NFS 服务

NFS 于 1984 年由 Sun 公司创建。NFS 可以通过网络让不同的机器、不同的操作系统彼此共享文件。当用户（客户端）想使用服务器上的文件时，只要用 mount 命令就可以把服务器上的文件系统挂载到用户的文件系统之下，这样使用服务器上的文件就像使用本机上的文件一样。

NFS 支持的功能很多，不同的功能由不同的程序来启动，并且会主动向 RPC（Remote Procedure Call，远程过程调用）服务注册所采用的端口和功能信息。RPC 服务使用固定端口 111 监听来自 NFS 客户端的请求，并将正确的 NFS 服务器端口信息返回给客户端，这样客户端与服务器就可以进行数据传输了。

为了本章实验调试方便，现就最小 Linux 集群做出约定：服务器主机名为 master，IP 地址为 192.168.125.128；客户端主机名为 slave，IP 地址为 192.168.125.129。后面各节若无特别声明，则 Linux 集群均采用此约定。

可以利用现有的系统来克隆另一个系统，这样服务器和客户端就都有了。

在服务器完成主机名设置和主机名与 IP 地址映射设置。

```
[root@localhost ~]# hostnamectl set-hostname master
[root@localhost ~]# hostnamectl
   Static hostname: master
         Icon name: computer-vm
           Chassis: vm
        Machine ID: 96a5b23c866146dda32650ac59744895
           Boot ID: 639259eac9fc469da36487dbc6d76d62
    Virtualization: vmware
  Operating System: CentOS Linux 8
       CPE OS Name: cpe:/o:centos:centos:8
            Kernel: Linux 4.18.0-348.el8.x86_64
      Architecture: x86-64
[root@localhost ~]# vi /etc/hosts
[root@localhost ~]# cat /etc/hosts
127.0.0.1 localhost localhost.localdomain localhost4
localhost4.localdomain4
::1 localhost localhost.localdomain localhost6 localhost6.localdomain6
192.168.125.128 master
192.168.125.129 slave
[root@localhost ~]#reboot
```

在客户端完成主机名设置和主机名与 IP 地址映射设置。

```
[root@localhost ~]# hostnamectl set-hostname slave
[root@localhost ~]# hostnamectl
   Static hostname: slave
         Icon name: computer-vm
           Chassis: vm
        Machine ID: 96a5b23c866146dda32650ac59744895
           Boot ID: 5e8e2a23ed514ff6a080b41fafd3b3ae
    Virtualization: vmware
  Operating System: CentOS Linux 8
       CPE OS Name: cpe:/o:centos:centos:8
```

```
        Kernel: Linux 4.18.0-348.el8.x86_64
   Architecture: x86-64
```
[root@localhost ~]# **vi /etc/hosts**

[root@localhost ~]# **cat /etc/hosts**

127.0.0.1 localhost localhost.localdomain localhost4

localhost4.localdomain4

::1 localhost localhost.localdomain localhost6 localhost6.localdomain6

192.168.125.128 master

192.168.125.129 slave

[root@localhost ~]#**reboot**

下面讲解 NFS 服务的安装与配置过程。

1. 服务器安装 NFS 服务

先查询是否已安装了 NFS 服务。由于 RPC 服务是先决条件，所以先查询该服务。

```
[root@master ~]# rpm -qa|grep rpcbind
rpcbind-1.2.5-8.el8.x86_64
[root@master ~]# systemctl status rpcbind.service
● rpcbind.service - RPC Bind
  Loaded: loaded (/usr/lib/systemd/system/rpcbind.service; enabled; vendor pr>
  Active: active (running) since Thu 2024-05-02 04:09:06 CST; 21min ago
    Docs: man:rpcbind(8)
 Main PID: 872 (rpcbind)
   Tasks: 1 (limit: 11088)
  Memory: 1.7M
  CGroup: /system.slice/rpcbind.service
          └─872 /usr/bin/rpcbind -w -f

5月 02 04:09:06 master systemd[1]: Starting RPC Bind...
5月 02 04:09:06 master systemd[1]: Started RPC Bind.
```
可以看到，系统默认安装了 RPC 服务并且启动了该服务。

然后查询 NFS 服务。

```
[root@master ~]# rpm -qa|grep nfs
libnfsidmap-2.3.3-46.el8.x86_64
nfs-utils-2.3.3-46.el8.x86_64
sssd-nfs-idmap-2.5.2-2.el8.x86_64
```
可以看到，系统已默认安装了 NFS 服务。若没有安装，则可运行 dnf install nfs-utils -y 命令来安装。

2. 配置 NFS 服务端口

NFS 服务除了主程序端口 2049 和 rpcbind 端口 111 以外，还会使用一些随机端口，下面将配置这些端口，以便配置防火墙。

[root@master ~]# **vi /etc/sysconfig/nfs**

在此文件的末尾添加以下内容：

```
#  追加端口配置
MOUNTD_PORT=4001
STATD_PORT=4002
LOCKD_TCPPORT=4003
LOCKD_UDPPORT=4003
RQUOTAD_PORT=4004
```

3. NFS 服务的权限设置

NFS 权限主要涉及 NFS 服务的配置文件/etc/exports，该文件定义了哪些目录可以被共享，以及哪些客户端具有对这些目录操作的权限。

/etc/exports 配置文件中的每一行都定义了一个共享目录及其权限。其基本格式为：

```
<共享目录> <客户端地址>(<选项 1>,<选项 2>,...)
```

说明如下。

共享目录：要通过网络共享的本地文件系统的目录路径。

客户端地址：可以访问该共享目录的客户端的地址，可以是 IP 地址、主机名或网络段。使用*表示允许所有客户端访问。

选项：定义客户端对共享目录的访问权限和其他行为。各选项用逗号分隔。

常用的选项如下。

ro：共享目录只读。

rw：共享目录可读可写。

all_squash：所有来访用户都映射为匿名用户或用户组。

no_all_squash：来访用户先与本机用户匹配，匹配失败后再映射为匿名用户或用户组。

root_squash：将来访的 root 用户映射为匿名用户或用户组。

no_root_squash：来访的 root 用户保持 root 账号权限。

anonuid=<UID>：指定匿名用户在本地的虚拟 UID，默认为 nfsnobody（65534）。

secure：限制客户端只能从小于 1024 的 TCP/IP 端口连接服务器。

insecure：允许客户端从大于 1023 的 TCP/IP 端口连接服务器。

sync：将数据同步写入内存缓冲区与硬盘中，效率低，但可以保证数据的一致性。

async：将数据先保存在内存缓冲区中，必要时才将其写入硬盘。

wdelay：检查是否有相关的写操作，如果有，则将这些写操作一起执行。

no_wdelay：若有写操作，则立即执行，注意应与 sync 配合使用。

exportfs 是用于在 NFS 服务器上设置、查看和管理共享文件或目录的命令。

其语法格式如下：

```
exportfs [选项] [目录]
```

常用选项如下。

-a：全部挂载或卸载/etc/exports 文件中的内容。

-r：重新读取/etc/exports 文件中的内容，并同步更新/etc/exports、/var/lib/nfs/xtab 文件。

-u：卸载单一目录（和-a 一起使用，将卸载/etc/exports 文件中的所有目录）。

-v：输出详细的共享参数。

例：用 nfsnobody 创建共享目录，并且允许所有客户端写入。

```
[root@master ~]# mkdir /var/nfs
[root@master ~]# echo 'Hello,world!'>/var/nfs/text.txt
[root@master ~]# vi /etc/exports
```

在 exports 文件中添加如下内容。

```
/var/nfs *(rw,sync)
```

重新读取/etc/exports 文件。

```
[root@master ~]# exportfs -r
```

查看共享参数。

```
[root@master ~]# exportfs -v
/var/nfs
<world>(rw,sync,wdelay,hide,no_subtree_check,sec=sys,root_squash,no_all_squash)
```

4. 服务器防火墙设置

CentOS 8 默认安装的防火墙是 firewall，执行以下命令来设置端口。

```
[root@master ~]# firewall-cmd --permanent --add-port=111/tcp
success
[root@master ~]# firewall-cmd --permanent --add-port=111/udp
success
[root@master ~]# firewall-cmd --permanent --add-port=2049/tcp
success
[root@master ~]# firewall-cmd --permanent --add-port=2049/udp
success
[root@master ~]# firewall-cmd --permanent --add-port=4001-4004/tcp
success
[root@master ~]# firewall-cmd --permanent --add-port=4001-4004/udp
success
```

重启防火墙后，再次查看防火墙设置。

```
[root@master ~]# systemctl restart firewalld.service
[root@master ~]# firewall-cmd --list-all
public (active)
  target: default
  icmp-block-inversion: no
  interfaces: ens160
  sources:
  services: cockpit dhcpv6-client ssh
  ports: 111/tcp 111/udp 2049/tcp 2049/udp 4001-4004/tcp 4001-4004/udp
  protocols:
  forward: no
  masquerade: no
  forward-ports:
  source-ports:
```

```
 icmp-blocks:
 rich rules:
```

5. 启动 NFS 服务

执行以下命令启动 NFS 服务并查看 NFS 服务的状态。

```
[root@master ~]# systemctl enable --now nfs-server
Created symlink
/etc/systemd/system/multi-user.target.wants/nfs-server.service → /usr/lib/
systemd/system/nfs-server.service.
[root@master ~]# systemctl status nfs-server.service
● nfs-server.service - NFS server and services
   Loaded: loaded (/usr/lib/systemd/system/nfs-server.service; enabled; vendor>
   Drop-In: /run/systemd/generator/nfs-server.service.d
            └─order-with-mounts.conf
   Active: active (exited) since Thu 2024-05-02 12:29:33 CST; 4min 47s ago
  Process: 8176 ExecStart=/bin/sh -c if systemctl -q is-active gssproxy; then >
  Process: 8164 ExecStart=/usr/sbin/rpc.nfsd (code=exited, status=0/SUCCESS)
  Process: 8162 ExecStartPre=/usr/sbin/exportfs -r (code=exited, status=0/SUCC>
 Main PID: 8176 (code=exited, status=0/SUCCESS)
    Tasks: 0 (limit: 11088)
   Memory: 0B
   CGroup: /system.slice/nfs-server.service

5月 02 12:29:32 master systemd[1]: Starting NFS server and services...
5月 02 12:29:33 master systemd[1]: Started NFS server and services.
```

至此，NFS 服务的安装配置完成。

6. 客户端挂载

（1）将服务器的 NFS 共享目录挂载到本地的/mnt/nfs 目录。

```
[root@slave ~]# mkdir /mnt/nfs
[root@slave ~]# mount -t nfs master:/var/nfs /mnt/nfs
[root@slave ~]# ls -l /mnt/nfs
总用量 4
-rw-r--r--. 1 root root 13 5月   2 10:52 text.txt
[root@slave ~]# cat /mnt/nfs/text.txt
Hello,world!
```

（2）卸载 NFS 共享目录，执行如下命令。

```
[root@slave ~]# umount /mnt/nfs
[root@slave ~]# ls -l /mnt/nfs
总用量 0
```

8.1.2　vsftpd 服务

vsftpd（very secure FTP daemon，非常安全的 FTP 服务），它是 Linux 发行版中主流的、

免费的、开源的 FTP 服务器程序。其优点是小巧轻便、安全易用、稳定高效、可创建虚拟用户、支持 IPv6、速率高、可满足企业跨部门和多用户的使用需求等。

vsftpd 基于 GPL（GNU General Public License，GNU 通用公共许可证）开源协议发布，在中小企业中得到广泛的应用。vsftpd 基于 vsftpd 虚拟用户方式，访问验证更加安全；vsftpd 还可以基于 MySQL 数据库进行安全验证，实现多重安全防护。

下面讲解 vsftpd 服务的安装与配置过程。

1. 安装 vsftpd 服务

先查询是否安装了 vsftpd 服务，若未安装，则通过命令 dnf -y install vsftpd 进行安装。

vsftpd 服务安装

```
[root@master ~]# rpm -qa |grep vsftpd
[root@master ~]# dnf list installed|grep vsftpd
[root@master ~]# dnf -y install vsftpd
上次元数据过期检查：12:40:13 前，执行于 2024 年 05 月 02 日 星期四 03 时 48 分 46 秒。
依赖关系解决。
================================================================================
 软件包          架构         版本            仓库          大小
================================================================================
安装：
 vsftpd         x86_64       3.0.3-34.el8    AppStream     181 k
事务概要
================================================================================
安装  1 软件包
总计：181 k
安装大小：347 k
下载软件包：
运行事务检查
事务检查成功。
运行事务测试
事务测试成功。
运行事务
  准备中  ：                                                      1/1
  安装    ：vsftpd-3.0.3-34.el8.x86_64                            1/1
  运行脚本：vsftpd-3.0.3-34.el8.x86_64                            1/1
  验证    ：vsftpd-3.0.3-34.el8.x86_64                            1/1
已安装：
  vsftpd-3.0.3-34.el8.x86_64
完毕！
```

2. 设置 vsftpd 服务开机自启

设置开机自启的目的是确保系统启动时 vsftpd 服务自动启动。

```
[root@master ~]# systemctl enable vsftpd.service
```

```
Created symlink /etc/systemd/system/multi-user.target.wants/vsftpd.service →
/usr/lib/systemd/system/vsftpd.service.
```

3. 启动 vsftpd 服务

启动 vsftpd 服务，命令如下。

```
[root@master ~]# systemctl start vsftpd.service
```

4. 查看 vsftpd 服务是否启动

可用以下两种方式来查看 vsftpd 服务是否启动。

```
[root@master ~]# ps -e |grep ftp
 11610 ?        00:00:00 vsftpd
[root@master ~]# systemctl status vsftpd.service
● vsftpd.service - Vsftpd ftp daemon
   Loaded: loaded (/usr/lib/systemd/system/vsftpd.service; enabled; vendor pre>
   Active: active (running) since Thu 2024-05-02 17:49:19 CST; 59s ago
  Process: 11609 ExecStart=/usr/sbin/vsftpd /etc/vsftpd/vsftpd.conf (code=exit>
 Main PID: 11610 (vsftpd)
    Tasks: 1 (limit: 11088)
   Memory: 580.0K
   CGroup: /system.slice/vsftpd.service
           └─11610 /usr/sbin/vsftpd /etc/vsftpd/vsftpd.conf

5月 02 17:49:19 master systemd[1]: Starting Vsftpd ftp daemon...
5月 02 17:49:19 master systemd[1]: Started Vsftpd ftp daemon.
```

5. 配置防火墙

配置防火墙，开启 21 端口。

```
[root@master ~]# firewall-cmd --permanent --zone=public --add-port=21/tcp
success
[root@master ~]# firewall-cmd --permanent --zone=public --add-service=ftp
success
[root@master ~]# firewall-cmd --reload
success
[root@master ~]# firewall-cmd --list-all
public (active)
  target: default
  icmp-block-inversion: no
  interfaces: ens160
  sources:
  services: cockpit dhcpv6-client ftp ssh
  ports: 111/tcp 111/udp 2049/tcp 2049/udp 4001-4004/tcp 4001-4004/udp 21/tcp
  protocols:
  forward: no
```

```
masquerade: no
forward-ports:
source-ports:
icmp-blocks:
rich rules:
```

6. 安装 vsftpd 虚拟用户需要的软件和认证模块

安装命令如下。

```
[root@master ~]# dnf -y install pam* libdb-utils libdb*
上次元数据过期检查: 0:58:10 前, 执行于 2024 年 05 月 02 日 星期四 19 时 21 分 04 秒。
软件包 pam-1.3.1-15.el8.x86_64 已安装。
软件包 libdb-utils-5.3.28-42.el8_4.x86_64 已安装。
软件包 libdb-5.3.28-42.el8_4.x86_64 已安装。
软件包 libdb-utils-5.3.28-42.el8_4.x86_64 已安装。
依赖关系解决。
......
已安装:
  libdb-devel-5.3.28-42.el8_4.x86_64
  libdbusmenu-16.04.0-12.el8.x86_64
  libdbusmenu-gtk3-16.04.0-12.el8.x86_64
  pam-devel-1.3.1-15.el8.x86_64
  pam_cifscreds-6.8-3.el8.x86_64
  pam_ssh_agent_auth-0.10.3-7.10.el8.x86_64
完毕!
```

7. 创建虚拟用户临时文件

创建虚拟用户临时文件/etc/vsftpd/ftpusers.txt，其中的奇数行代表用户名，各偶数行分别代表其上一奇数行用户对应的密码，注意不能有空行和空格。

```
[root@master ~]# vi /etc/vsftpd/ftpusers.txt
```

在此文件添加如下内容:

```
tql
pas369
lxy
zb2598
zidb
pq6527
```

8. 生成虚拟用户数据认证文件

生成虚拟用户数据认证文件的命令如下。

```
[root@master ~]# db_load -T -t hash -f /etc/vsftpd/ftpusers.txt /etc/vsftpd/
login.db
```

9. 设置数据认证文件的权限

设置数据认证文件的权限为 755。

```
[root@master ~]# chmod 755 /etc/vsftpd/login.db
```

10.　配置 PAM 认证文件

用 vi /etc/pam.d/vsftpd 来编辑配置 PAM（Pluggable Authentication Modules，可插拔认证模块）认证文件。

```
[root@master ~]# vi /etc/pam.d/vsftpd
```

在此文件中注释掉原来的内容，加入下面两行内容。

```
auth required pam_userdb.so db=/etc/vsftpd/login
account required pam_userdb.so db=/etc/vsftpd/login
```

11.　新建一个系统用户（ftpuser）作为虚拟用户的映射（这个用户不用密码即可登录系统）

新建系统用户 ftpuser。

```
[root@master ~]# useradd ftpuser -s /sbin/nologin
```

12.　创建虚拟用户配置文件放置的目录

创建命令如下。

```
[root@master ~]# mkdir -p /etc/vsftpd/user_conf
```

13.　设置 vsftpd 服务的配置文件

用 Vi 编辑 vsftpd 服务的配置文件。

```
[root@master ~]# vi /etc/vsftpd/vsftpd.conf
```

在此配置文件中将 "anonymous_enable=YES" 改为：

```
anonymous_enable=NO
```

将 "xferlog_file=/var/log/xferlog" 前面的 "#" 删除；

将 "listen=NO" 改为：

```
listen=YES
```

将 "listen_ipv6=YES" 改为：

```
listen_ipv6=NO
```

在此配置文件末尾加入以下内容：

```
# 启用虚拟用户
guest_enable=YES
# 映射虚拟用户到系统用户 ftpuser
guest_username=ftpuser
# 设置虚拟用户配置文件所在的目录
user_config_dir=/etc/vsftpd/user_conf
# 虚拟用户拥有本地用户的权限
virtual_use_local_privs=YES
# 锁定用户目录
chroot_local_user=YES
# 禁止用户列表功能
chroot_list_enable=YES
```

```
chroot_list_file=/etc/vsftpd/chroot_list
allow_writeable_chroot=YES
```

建立主目录锁定的用户列表文件。

```
[root@master ~]# touch /etc/vsftpd/chroot_list
```

14. 为每个虚拟用户创建配置文件

为第一个虚拟用户创建配置文件。

```
[root@master ~]# vi /etc/vsftpd/user_conf/tql
```

在此配置文件中加入以下内容：

```
# 虚拟用户主目录路径
local_root=/home/ftpuser/tql
# 允许虚拟用户有写入权限
write_enable=YES
# 允许匿名用户有下载和读取权限
anon_world_readable_only=YES
# 允许匿名用户有上传文件权限，在 write_enable=YES 时有效
anon_upload_enable=YES
# 允许匿名用户有创建目录权限，在 write_enable=YES 时有效
anon_mkdir_write_enable=YES
# 允许匿名用户有其他权限，在 write_enable=YES 时有效
anon_other_write_enable=YES
```

为第二个虚拟用户创建配置文件。

```
[root@master ~]# vi /etc/vsftpd/user_conf/lxy
```

在此配置文件中加入以下内容：

```
local_root=/home/ftpuser/lxy
write_enable=YES
anon_world_readable_only=YES
anon_upload_enable=YES
anon_mkdir_write_enable=YES
anon_other_write_enable=YES
```

为第三个虚拟用户创建配置文件。

```
[root@master ~]# vi /etc/vsftpd/user_conf/zidb
```

在此配置文件中加入以下内容：

```
local_root=/home/ftpuser/zidb
write_enable=YES
anon_world_readable_only=YES
anon_upload_enable=YES
anon_mkdir_write_enable=YES
anon_other_write_enable=YES
```

15. 创建虚拟用户各自的主目录

为 3 个虚拟用户分别创建与用户同名的主目录。

```
[root@master ~]# mkdir -p /home/ftpuser/tql
[root@master ~]# mkdir -p /home/ftpuser/lxy
[root@master ~]# mkdir -p /home/ftpuser/zidb
```

16. 为/home/ftpuser 目录设置权限

权限设置命令如下。

```
[root@master ~]# chown -R ftpuser:ftpuser /home/ftpuser
```

17. vsftpd 服务访问用户的主目录和主目录之外的文件或目录

配置 SELinux 以便 vsftpd 服务访问用户的主目录和主目录之外的文件或目录。

```
[root@master ~]# setsebool -P allow_ftpd_full_access on
[root@master ~]# setsebool -P tftp_home_dir on
```

18. 重启 vsftpd 服务

配置完成后重启服务，以便配置生效。

```
[root@master ~]# systemctl restart vsftpd.service
```

在用户主目录下创建测试文件 "info1.txt"，以便客户端进行测试。

```
[root@master ~]# vi /home/ftpuser/lxy/info1.txt
[root@master ~]# cat /home/ftpuser/lxy/info1.txt
                            通知
计算机学院的同学们：
     学院近期将举办 "CentOS 挑战赛"，旨在推动学生、院校、企业三方互动，希望有兴趣的同学积极报
名。通过该比赛，希望越来越多的学校以及学生参与到开源软件设计与开发中来，接触和学习更多的 Linux
技术，推动开源事业的进一步发展，为我国信息技术人才的培养贡献力量。

                            计算机学院
```

19. 客户端测试

（1）用浏览器测试

在浏览器地址栏中输入如下地址后按 Enter 键，在弹出的对话框中输入用户名和密码后
按 Enter 键，即可看到图 8-1 所示的结果。

```
ftp://192.168.125.128
```

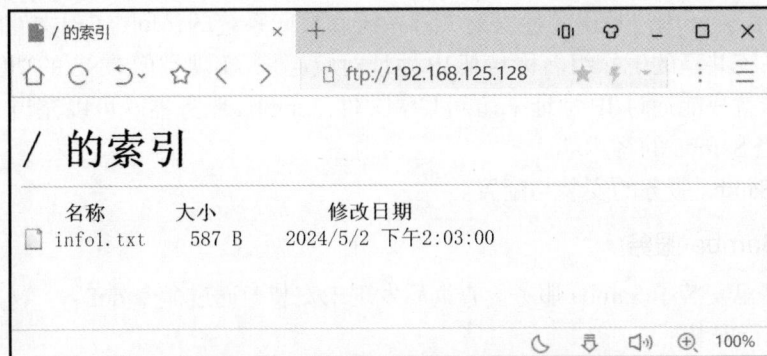

图 8-1　用浏览器访问 vsftpd 服务器

（2）用 FTP 客户端测试

FTP 客户端是一种用于与远程主机进行文件传输的软件，负责向远程主机发出传输命令并处理响应。CuteFTP 是一款功能强大的 FTP 客户端软件，功能丰富。它将远程主机的文件和目录结构信息以 Windows 系统文件管理器的形式组织起来，简化了文件传输过程。

要使用 CuteFTP，先要下载软件包并进行安装。安装成功后，启动 CuteFTP，进行一些基本的设置就可连接到 vsftpd 服务器了，连接成功后的软件界面如图 8-2 所示。

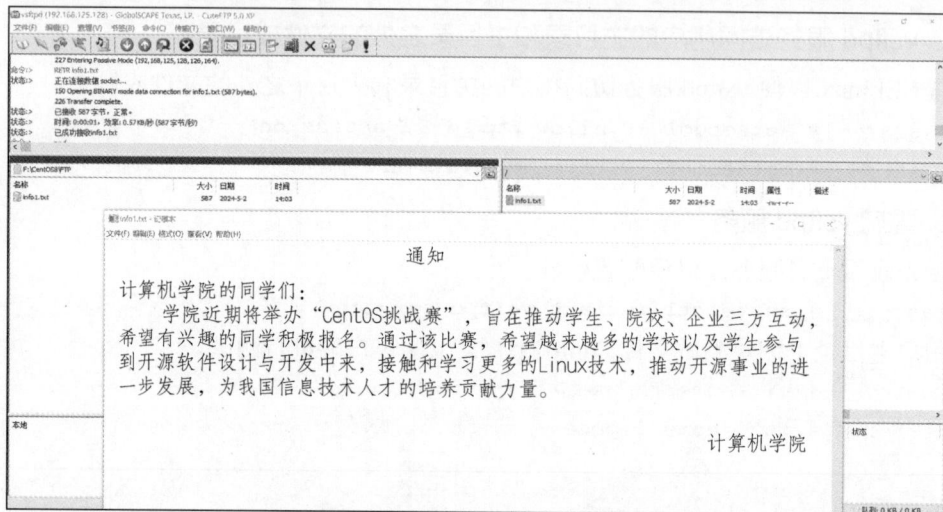

图 8-2　用 CuteFTP 访问 vsftpd 服务器

8.1.3　Samba 服务

Samba 是一个能让 Linux 系统应用 Microsoft 网络通信协议的软件，于 1991 年由安德鲁·特里格韦尔（Andrew Tridgwell）创建。Samba 可以用于 Linux 系统与 Windows 系统之间实现文件共享和打印共享，也可用于 Linux 与 Linux 系统之间的资源共享。Samba 还可以实现 WINS（Windows Internet Name Service，Windows 网络名称服务）和 DNS、网络浏览服务、Linux 系统和 Windows 域之间的认证和授权、Unicode 字符集和域名映射等功能。

Samba 包括 SMB（Server Message Block，服务器消息块）和 NMB（NetBIOS Message Block，NetBIOS 消息块）两个服务。SMB 是 Samba 的核心服务，主要负责建立服务器与客户端之间的对话，验证用户身份并提供对文件系统和打印系统的访问，实现文件的共享。NMB 负责把 Linux 系统共享的工作组名称与其 IP 地址对应起来，实现类似 DNS 的功能。如果 NMB 服务没有启动，就只能通过 IP 地址来访问共享文件。Samba 服务器既可以充当文件共享服务器，也可以充当 Samba 的客户端。

下面讲解 Samba 服务的安装与配置。

1．安装 Samba 服务

先查询是否已安装了 Samba 服务。查询后发现未安装，通过命令 dnf -y install samba 进行安装。

Samba 服务配置

```
[root@master ~]# dnf -y install samba
```

上次元数据过期检查：0:21:11 前，执行于 2024 年 05 月 03 日 星期五 02 时 57 分 05 秒。
依赖关系解决。
……
已安装：
```
samba-4.14.5-2.el8.x86_64    samba-common-tools-4.14.5-2.el8.x86_64
samba-libs-4.14.5-2.el8.x86_64
```
完毕！

2. 查看 Samba 服务安装状况

Samba 服务安装完成后，可查看其安装的版本及其安装文件。

```
[root@master ~]# rpm -qa | grep samba
samba-common-libs-4.14.5-2.el8.x86_64
samba-libs-4.14.5-2.el8.x86_64
samba-common-4.14.5-2.el8.noarch
samba-4.14.5-2.el8.x86_64
samba-client-libs-4.14.5-2.el8.x86_64
samba-client-4.14.5-2.el8.x86_64
samba-common-tools-4.14.5-2.el8.x86_64
```

3. 设置 Samba 服务开机自启

设置开机自启的目的是确保系统启动时 Samba 服务自动启动。

```
[root@master ~]# systemctl enable smb.service
Created symlink /etc/systemd/system/multi-user.target.wants/smb.service →
/usr/lib/systemd/system/smb.service.
[root@master ~]# systemctl enable nmb.service
Created symlink /etc/systemd/system/multi-user.target.wants/nmb.service →
/usr/lib/systemd/system/nmb.service.
```

4. 启动 Samba 服务

启动 Samba 服务并查看它的状态。

```
[root@master ~]# systemctl start smb.service
[root@master ~]# systemctl status smb.service
● smb.service - Samba SMB Daemon
  Loaded: loaded (/usr/lib/systemd/system/smb.service; enabled;…)
  Active: active (running) since Fri 2024-05-03 03:27:32 CST; 18s ago
    Docs: man:smbd(8)
          man:samba(7)
          man:smb.conf(5)
 Main PID: 18522 (smbd)
  Status: "smbd: ready to serve connections..."
   Tasks: 4 (limit: 11088)
  Memory: 20.8M
  CGroup: /system.slice/smb.service
```

```
            ├──18522 /usr/sbin/smbd --foreground --no-process-group
            ├──18524 /usr/sbin/smbd --foreground --no-process-group
            ├──18525 /usr/sbin/smbd --foreground --no-process-group
            └──18530 /usr/sbin/smbd --foreground --no-process-group
5月 03 03:27:30 master systemd[1]: Starting Samba SMB Daemon...
5月 03 03:27:32 master smbd[18522]: [2024/05/03 03:27:32.566269, 0]…
5月 03 03:27:32 master systemd[1]: Started Samba SMB Daemon.
5月 03 03:27:32 master smbd[18522]:  daemon_ready: daemon 'smbd' finished
starting…
[root@master ~]# systemctl start nmb.service
[root@master ~]# systemctl status nmb.service
● nmb.service - Samba NMB Daemon
   Loaded: loaded (/usr/lib/systemd/system/nmb.service; enabled;…)
   Active: active (running) since Fri 2024-05-03 03:36:49 CST; 19s ago
     Docs: man:nmbd(8)
           man:samba(7)
           man:smb.conf(5)
 Main PID: 18636 (nmbd)
   Status: "nmbd: ready to serve connections..."
    Tasks: 1 (limit: 11088)
   Memory: 2.8M
   CGroup: /system.slice/nmb.service
           └──18636 /usr/sbin/nmbd --foreground --no-process-group
5月 03 03:36:49 master systemd[1]: Starting Samba NMB Daemon...
5月 03 03:36:49 master nmbd[18636]: [2024/05/03 03:36:49.825614, 0] …
5月 03 03:36:49 master nmbd[18636]:  daemon_ready: daemon 'nmbd' finished
starting…
5月 03 03:36:49 master systemd[1]: Started Samba NMB Daemon.
```

5. 查看 Samba 服务进程

命令如下。

```
[root@master ~]# netstat -tunlp|grep -E 'smbd|nmbd'
tcp    0    0 0.0.0.0:139          0.0.0.0:*       LISTEN    17706/smbd
tcp    0    0 0.0.0.0:445          0.0.0.0:*       LISTEN    17706/smbd
tcp6   0    0 :::139               :::*            LISTEN    17706/smbd
tcp6   0    0 :::445               :::*            LISTEN    17706/smbd
udp    0    0 192.168.122.255:137  0.0.0.0:*                 17992/nmbd
udp    0    0 192.168.122.1:137    0.0.0.0:*                 17992/nmbd
udp    0    0 192.168.125.255:137  0.0.0.0:*                 17992/nmbd
udp    0    0 192.168.125.128:137  0.0.0.0:*                 17992/nmbd
udp    0    0 0.0.0.0:137          0.0.0.0:*                 17992/nmbd
udp    0    0 192.168.122.255:138  0.0.0.0:*                 17992/nmbd
```

udp	0	0 192.168.122.1:138	0.0.0.0:*	17992/nmbd
udp	0	0 192.168.125.255:138	0.0.0.0:*	17992/nmbd
udp	0	0 192.168.125.128:138	0.0.0.0:*	17992/nmbd
udp	0	0 0.0.0.0:138	0.0.0.0:*	17992/nmbd

6. 设置防火墙

设置防火墙，开启 UDP 的 137、138 端口和 TCP 的 139、445 端口。

```
[root@master ~]# firewall-cmd --permanent --add-port=137-138/udp
success
[root@master ~]# firewall-cmd --permanent --add-port=139/tcp
success
[root@master ~]# firewall-cmd --permanent --add-port=445/tcp
success
[root@master ~]# systemctl restart firewalld.service
[root@master ~]# firewall-cmd --list-all
public (active)
  target: default
  icmp-block-inversion: no
  interfaces: ens160
  sources:
  services: cockpit dhcpv6-client ftp ssh
  ports: 111/tcp 111/udp 2049/tcp 2049/udp 4001-4004/tcp 4001-4004/udp 21/tcp
137-138/udp 139/tcp 445/tcp
  protocols:
  forward: no
  masquerade: no
  forward-ports:
  source-ports:
  icmp-blocks:
  rich rules:
```

7. 修改配置文件

（1）备份配置文件。

```
[root@master ~]# cp -p /etc/samba/smb.conf /etc/samba/smb.conf.bak
```

（2）修改配置文件的内容。

```
[root@master ~]# vi /etc/samba/smb.conf
```

将配置文件的内容替换成以下内容：

```
[global]
# 设置与 Samba 服务整体运行环境有关，针对所有共享资源
# 定义工作组，也就是 Windows 中的工作组概念
workgroup = WORKGROUP
# 定义 Samba 服务器的简要说明
```

```
server string = Master samba Server Version %v
# 定义 Windows 中显示出来的计算机名称
netbios name = Master
# 定义 Samba 用户的日志文件，%m 代表客户端主机名
# Samba 服务器会在指定的目录中为每个登录主机建立不同的日志文件
log file = /var/log/samba/log.%m
# 共享级别，用户不需要账号和密码即可访问
security = user
map to guest = Bad User
[public]
# 设置针对的是个别的共享目录，只对当前的共享资源起作用
# 对共享目录的说明文件，自定义说明信息
comment = Public Stuff
# 用来指定共享的目录，必选项
path = /share
# 所有人可查看
public = yes
guest ok =yes
```

8. 建立共享目录

命令如下。

```
[root@master ~]# mkdir /share
[root@master ~]# echo "This is a share file" >/share/share.txt
[root@master ~]# ll /share/
总用量 4
-rw-r--r--. 1 root root 21 5月   3 04:10 share.txt
[root@master ~]# chown -R nobody:nobody /share/
[root@master ~]# chcon -t samba_share_t /share/ -R
[root@master ~]# chmod 777 /share/ -R
[root@master ~]# ll /share
总用量 4
-rwxrwxrwx. 1 nobody nobody 21 5月   3 04:10 share.txt
```

9. 测试/etc/samba/smb.conf 配置文件是否正确

命令如下。

```
[root@master ~]# testparm
Load smb config files from /etc/samba/smb.conf
Loaded services file OK.
Weak crypto is allowed
Server role: ROLE_STANDALONE
Press enter to see a dump of your service definitions
# Global parameters
```

```
[global]
    log file = /var/log/samba/log.%m
    map to guest = Bad User
    security = USER
    server string = Master samba Server Version %v
    idmap config * : backend = tdb
[public]
    comment = Public Stuff
    guest ok = Yes
    path = /share
```

10. 重启 SMB 服务

重启 SMB 服务并查看其状态。

```
[root@master ~]# systemctl restart smb.service
[root@master ~]# systemctl status smb.service
● smb.service - Samba SMB Daemon
   Loaded: loaded (/usr/lib/systemd/system/smb.service; enabled;…)
   Active: active (running) since Fri 2024-05-03 04:26:06 CST; 28s ago
     Docs: man:smbd(8)
           man:samba(7)
           man:smb.conf(5)
 Main PID: 19456 (smbd)
   Status: "smbd: ready to serve connections..."
    Tasks: 4 (limit: 11088)
   Memory: 7.1M
   CGroup: /system.slice/smb.service
           ├─19456 /usr/sbin/smbd --foreground --no-process-group
           ├─19458 /usr/sbin/smbd --foreground --no-process-group
           ├─19459 /usr/sbin/smbd --foreground --no-process-group
           └─19460 /usr/sbin/smbd --foreground --no-process-group
5月 03 04:26:06 master systemd[1]: Starting Samba SMB Daemon...
5月 03 04:26:06 master smbd[19456]: [2024/05/03 04:26:06.676259, 0] …
5月 03 04:26:06 master systemd[1]: Started Samba SMB Daemon.
```

11. 测试 Samba 服务

（1）在客户端（Linux 系统）访问 Samba 服务器的共享文件。

首次访问需要安装 Samba 客户端。

```
[root@slave ~]# dnf -y install samba-client
```

要求输入密码时，直接按 Enter 键。

```
[root@slave ~]# smbclient //192.168.125.128/public/
Enter samba\root's password:
Try "help" to get a list of possible commands.
```

```
smb: \> ls
  .                                  D        0  Fri May  3 04:10:38 2024
  ..                                 D        0  Fri May  3 04:08:49 2024
  share.txt                          N       21  Fri May  3 04:10:38 2024
          38741524 blocks of size 1024. 32716164 blocks available
```

（2）在客户端（Windows 系统）访问 Samba 服务器的共享文件。

在浏览器的地址栏中输入下面的地址，然后按 Enter 键。

```
\\192.168.125.128\public
```

可以得到图 8-3 所示的结果。

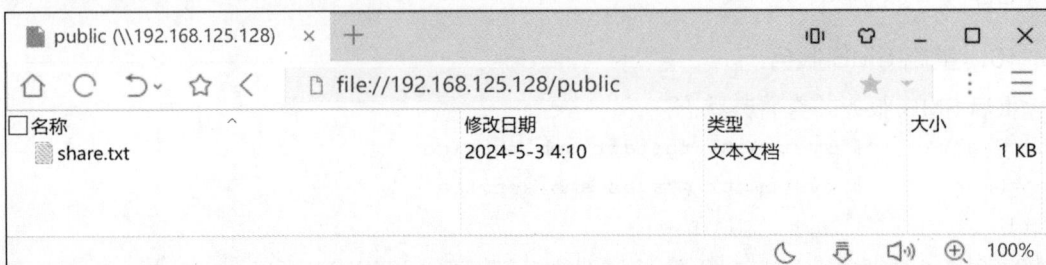

图 8-3　通过浏览器访问 Samba 服务器

8.2　网络服务

8.2.1　DHCP 服务

DHCP（Dynamic Host Configuration Protocol，动态主机配置协议）的主要作用是在大型局域网络环境中集中管理和分配 IP 地址，使网络中的主机能动态获取 IP 地址、网关地址、域名服务器地址等信息，并提高 IP 地址的使用率。

DHCP 采用 C/S（Client/Server，客户端/服务器）模式，当客户端需要 IP 地址时，向 DHCP 服务器发送请求，DHCP 服务器收到请求后向客户端发送 IP 地址信息，从而实现客户端 IP 地址的动态配置。

DHCP 服务配置

DHCP 有 3 种分配 IP 地址的方式。

（1）手动分配：客户端的 IP 地址由管理员指定，DHCP 服务器只是将指定的 IP 地址"告诉"客户端。

（2）自动分配：DHCP 服务器为客户端指定一个 IP 地址，客户端第一次从 DHCP 服务器租用到一个 IP 地址后，就可以永久性地使用该 IP 地址。

（3）动态分配：DHCP 服务器给客户端指定一个具有时间限制的 IP 地址，在时间到期或客户端明确表示放弃该地址时，该 IP 地址就可以被其他客户端使用。

在 3 种地址分配方式中，只有动态分配方式可以重复使用客户端不再需要的 IP 地址。

下面讲解 DHCP 服务的安装与配置。

1. 安装 DHCP 服务

先查询是否已安装了 DHCP 服务。查询后发现未安装，通过命令 dnf -y install dhcp-server

进行安装。

```
[root@master ~]# dnf -y install dhcp-server
上次元数据过期检查: 1:24:19 前, 执行于 2024 年 05 月 03 日 星期五 17 时 37 分 04 秒。
依赖关系解决。
......
已安装:
  bind-export-libs-32:9.11.26-6.el8.x86_64
dhcp-common-12:4.3.6-45.el8.noarch
dhcp-libs-12:4.3.6-45.el8.x86_64
dhcp-server-12:4.3.6-45.el8.x86_64
完毕!
```

2. 配置 DHCP 服务

编辑 DHCP 服务的配置文件/etc/dhcp/dhcpd.conf。

```
[root@master ~]# vi /etc/dhcp/dhcpd.conf
```

在此配置文件末尾添加以下内容:

```
# 设置 DHCP 服务器模式
ddns-update-style none;
# 禁止客户端更新
ignore client-updates;
# 声明 DHCP 作用域
subnet 192.168.125.0 netmask 255.255.255.0 {
# 地址池(IP 地址可分配范围)
range 192.168.125.130 192.168.125.254;
# DNS 服务器
option domain-name-servers 114.114.114.114, 8.8.8.8;
# 默认网关
option routers 192.168.125.1;
# 默认租约时间
default-lease-time 600;
# 最大租约时间
max-lease-time 7200;
}
# 地址绑定
host master {
# 绑定物理地址(客户端 MAC 地址)
hardware ethernet 00:0c:29:3c:a3:42;
# 绑定网络地址(指定客户端分配的 IP 地址)
fixed-address 192.168.125.128;
}
host slave {
hardware ethernet 00:0c:29:27:c7:92;
```

```
fixed-address 192.168.125.129;
}
```

3. 删除虚拟网卡 virbr0

删除虚拟网卡，否则可能会出现两个网卡具有相同 IP 地址的情况。

```
[root@master ~]# dnf -y install libvirt-client
上次元数据过期检查：1:38:01 前，执行于 2024 年 05 月 04 日 星期六 01 时 04 分 06 秒。
依赖关系解决。
......
已安装：
  autogen-libopts-5.18.12-8.el8.x86_64
  gnutls-dane-3.6.16-4.el8.x86_64
  gnutls-utils-3.6.16-4.el8.x86_64
  libvirt-bash-completion-6.0.0-37.module_el8.5.0+1002+36725df2.x86_64
  libvirt-client-6.0.0-37.module_el8.5.0+1002+36725df2.x86_64
完毕！
[root@master ~]# virsh net-list
 名称      状态     自动开始    持久
----------------------------------
 default    活动     是          是
[root@master ~]# virsh net-destroy default
网络 default 被删除
[root@master ~]# virsh net-undefine default
网络 default 已经被取消定义
[root@master ~]# virsh net-list
 名称    状态    自动开始    持久
------------------------------
```

4. 启动 DHCP 服务

启动 DHCP 服务并查看其状态。

```
[root@master ~]# systemctl start dhcpd.service
[root@master ~]# systemctl enable dhcpd.service
Created symlink from /etc/systemd/system/multi-user.target.wants/dhcpd.service to /usr/lib/systemd/system/dhcpd.service.
[root@master ~]# netstat -antupl | grep dhcp
udp      0    0 0.0.0.0:67        0.0.0.0:*          4671/dhcpd
```

若要重启 DHCP 服务，可以使用如下命令。

```
systemctl restart dhcpd.service
```

5. 测试

由于 VMware Workstation Pro 构建的虚拟网络默认提供 DHCP 功能，为了避免它对实验造成干扰，需要先关闭虚拟网络的 DHCP 功能。打开 VMware Workstation Pro 的"虚拟网络编辑器"对话框，选中"VMnet8"，取消勾选"使用本地 DHCP 服务将 IP 地址分配给虚拟机"

前面的复选框，将 VMnet8 虚拟网络的 DHCP 功能关闭，如图 8-4 所示。

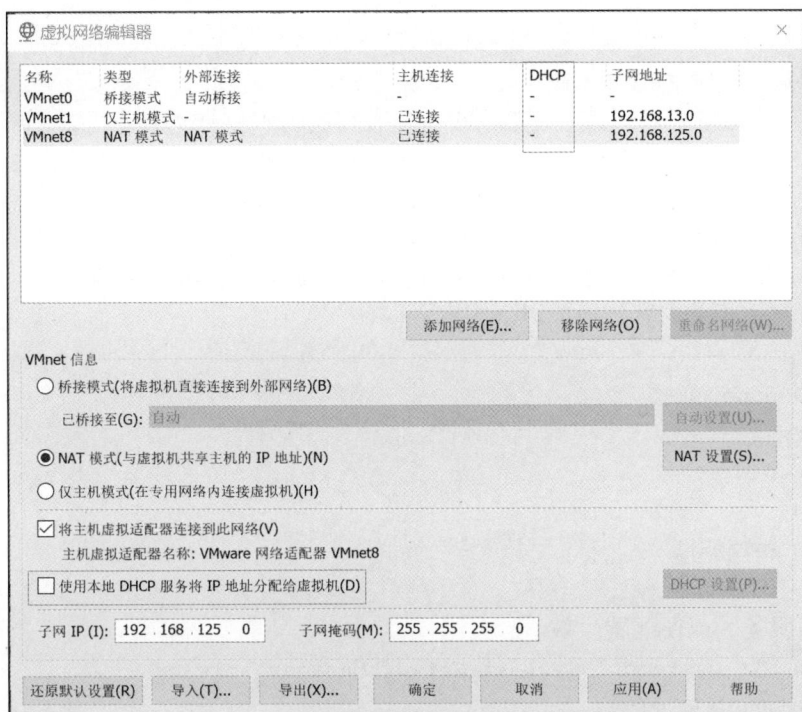

图 8-4 关闭 VMnet8 虚拟网络的 DHCP 功能

（1）在服务器上测试。

```
[root@master ~]# systemctl restart dhcpd
[root@master ~]# vi /etc/sysconfig/network-scripts/ifcfg-ens160
```

将此配置文件相关内容替换为以下内容：

```
TYPE=Ethernet
PROXY_METHOD=none
BROWSER_ONLY=no
BOOTPROTO=dhcp
DEFROUTE=yes
IPV4_FAILURE_FATAL=no
ONBOOT=yes
```

重启网络服务，以便配置生效。

```
[root@master ~]# systemctl restart NetworkManager.service
```

查看服务器的 IP 地址信息：

```
[root@master ~]# ifconfig ens160
ens160: flags=4163<UP,BROADCAST,RUNNING,MULTICAST>  mtu 1500
        inet   192.168.125.128  netmask 255.255.255.0  broadcast 192.168.125.255
        inet6 fe80::20c:29ff:fe3c:a342  prefixlen 64  scopeid 0x20<link>
        ether 00:0c:29:3c:a3:42  txqueuelen 1000  (Ethernet)
        RX packets 41141  bytes 6158890 (5.8 MiB)
```

```
        RX errors 0  dropped 0  overruns 0  frame 0
        TX packets 23576  bytes 2884961 (2.7 MiB)
        TX errors 0  dropped 0 overruns 0  carrier 0  collisions 0
[root@master ~]# ip route show
default via 192.168.125.2 dev ens160 proto dhcp metric 100
192.168.125.0/24 dev ens160 proto kernel scope link src 192.168.125.128 metric
100
```

（2）在客户端测试。

```
[root@slave ~]# vi /etc/sysconfig/network-scripts/ifcfg-ens160
```

将此配置文件相关内容替换成以下内容：

```
TYPE=Ethernet
PROXY_METHOD=none
BROWSER_ONLY=no
BOOTPROTO=dhcp
DEFROUTE=yes
IPV4_FAILURE_FATAL=no
ONBOOT=yes
```

重启网络服务，以便配置生效。

```
[root@slave ~]# systemctl restart NetworkManager.service
```

查看客户端的 IP 地址信息：

```
[root@slave ~]# ifconfig ens160
ens160: flags=4163<UP,BROADCAST,RUNNING,MULTICAST>  mtu 1500
        inet    192.168.125.129 netmask 255.255.255.0 broadcast 192.168.125.255
        inet6 fe80::20c:29ff:fe27:c792  prefixlen 64  scopeid 0x20<link>
        ether 00:0c:29:27:c7:92  txqueuelen 1000  (Ethernet)
        RX packets 21780  bytes 4716055 (4.4 MiB)
        RX errors 0  dropped 0  overruns 0  frame 0
        TX packets 32194  bytes 3302984 (3.1 MiB)
        TX errors 0  dropped 0 overruns 0  carrier 0  collisions 0
[root@slave ~]# ip route show
default via 192.168.125.1 dev ens160 proto dhcp metric 100
192.168.122.0/24 dev virbr0 proto kernel scope link src 192.168.122.1 linkdown
192.168.125.0/24 dev ens160 proto kernel scope link src 192.168.125.129 metric
100
```

8.2.2 DNS

DNS（Domain Name System，域名系统）是互联网上一个至关重要的分布式数据库系统，用于将域名转换为机器可读的 IP 地址，也可将 IP 地址转换为域名。这个转换过程对于互联网的通信至关重要，因为人们更容易记住有意义的域名，而不是一串难以记忆的由数字组成的 IP 地址。

DNS 的基本工作原理如下。

（1）查询

当用户在浏览器中输入一个域名时，浏览器会首先检查本地缓存（如浏览器缓存、操作系统缓存或本地 DNS 缓存）中是否已经有该域名的 IP 地址记录。如果没有，它会向配置的 DNS 服务器[通常是 ISP（Internet Service Provide，互联网服务提供商）提供的 DNS 服务器]发送一个查询请求。

（2）递归查询或迭代查询

递归查询：DNS 服务器会代替客户端向其他 DNS 服务器发起查询，直到找到正确的 IP 地址，并将结果返回给客户端。

迭代查询：DNS 服务器会告诉客户端下一个应该查询的 DNS 服务器的地址，客户端再向该服务器发起查询，这个过程可能重复多次，直到找到正确的 IP 地址。

（3）响应

一旦找到正确的 IP 地址，DNS 服务器会将这个信息返回给发起查询的客户端（直接返回或通过 DNS 服务器返回）。

（4）缓存

为了加快查询速度，DNS 服务器和客户端都会缓存查询结果一段时间。如果在这段时间内再次查询相同的域名，可以直接从缓存中获取结果，而无须再次进行网络查询。

DNS 使用层次结构的命名系统，层次结构类似于一棵倒置的树，这种结构使得 DNS 能够高效地组织和查询域名信息。从顶层到底层，可以分为以下几个层次。

● 根域（Root Domain）：DNS 结构的顶层，通常用一个点（.）表示，它包含所有顶级域的信息。

● 顶级域（Top-Level Domain，TLD）：位于根域之下，例如.com、.net 等，表示不同类型的组织或地区。

● 二级域（Second-Level Domain，SLD）：位于顶级域之下，代表具体的组织或实体，如 www.baidu.com 中的 baidu。

● 子域（Subdomain）：二级域下还可以有子域，用于进一步细分或组织。

域名由一个或多个字符串组成，字符串用点号隔开。有了它，就不用再死记硬背 IP 地址，只需记住相对直观、有意义的域名就可以了。通过域名得到其对应 IP 地址的过程叫作域名解析。

域名解析有以下两种类型。

● 正向解析：把域名解析为 IP 地址。

● 反向解析：把 IP 地址解析为域名。

由 DNS 构建起的域名与 IP 地址之间的对应关系称为"DNS 记录"。通过设置不同的 DNS 记录，可以实现对域名不同的解析效果，从而满足不同场景下的域名解析需求。常见的 DNS 记录，主要有以下几种类型。

● SOA（Start of Authority，起始授权）：在一个区域中是唯一的，定义一个区域的全局参数，负责进行整个区域的管理。

● NS（Name Server，名称服务器）：在一个区域中至少有一条，指定进行域名解析的 DNS 服务器。

● A（Address Record，地址记录）：记录了域名和 IP 地址的对应关系。

● CNAME（Canonical Name Record，别名记录）：用于隐藏内部网络的细节。

- PTR（Pointer Record，反向记录）：将 IP 地址映射到域名。
- MX（Mail Exchange，电子邮件交换）：指向一个电子邮件服务器，根据收件人的地址后缀指定电子邮件服务器。

下面讲解 DNS 的安装与配置。

1. 安装 DNS

BIND（Berkeley Internet Name Domain）是一款开放源码的 DNS 服务器软件，它由美国加州大学伯克利（Berkeley）分校开发和维护，是目前使用最为广泛的 DNS 服务器软件之一。

DNS 服务配置

先查询是否已安装了 BIND。查询后发现未安装，通过命令 dnf -y install bind 进行安装。

```
[root@master ~]# dnf -y install bind
上次元数据过期检查：3:10:36 前，执行于 2024 年 05 月 04 日 星期六 01 时 04 分 06 秒。
依赖关系解决。
……
已安装：
  bind-32:9.11.26-6.el8.x86_64
完毕！
```

2. 查询 BIND 的安装结果

命令如下。

```
[root@master ~]# rpm -qa | grep bind
bind-libs-9.11.26-6.el8.x86_64
bind-export-libs-9.11.26-6.el8.x86_64
rpcbind-1.2.5-8.el8.x86_64
keybinder3-0.3.2-4.el8.x86_64
bind-utils-9.11.26-6.el8.x86_64
bind-license-9.11.26-6.el8.noarch
bind-libs-lite-9.11.26-6.el8.x86_64
bind-9.11.26-6.el8.x86_64
python3-bind-9.11.26-6.el8.noarch
```

3. 修改 DNS 配置文件

编辑 DNS 的配置文件/etc/named.conf 进行初步配置。

```
[root@master ~]# vi /etc/named.conf
```

找到 "listen-on port 53 { 127.0.0.1; };" 这一行，将其改为：

```
listen-on port 53 { any; };
```

找到 "allow-query　　{ localhost; };" 这一行，将其改为：

```
allow-query　 { any; };
```

找到 "dnssec-validation yes;" 这一行，将其改为：

```
dnssec-validation no;
```

4. 对 DNS 配置文件进行语法检查

named-checkconf 命令用于检查 DNS 配置文件的语法和一致性。

```
[root@master ~]# named-checkconf /etc/named.conf
```

5. 启动 DNS

配置完成后重启 DNS，将其设为开机自启并查看其状态。

```
[root@master ~]# systemctl start named.service
[root@master ~]# systemctl enable named.service
Created symlink /etc/systemd/system/multi-user.target.wants/named.service →
/usr/lib/systemd/system/named.service.
[root@master ~]# systemctl status named.service
● named.service - Berkeley Internet Name Domain (DNS)
   Loaded: loaded (/usr/lib/systemd/system/named.service; enabled; …)
   Active: active (running) since Sat 2024-05-04 04:25:50 CST; 35s ago
 Main PID: 36839 (named)
    Tasks: 5 (limit: 11088)
   Memory: 57.9M
   CGroup: /system.slice/named.service
           └─36839 /usr/sbin/named -u named -c /etc/named.conf
……
```

6. 配置防火墙

配置防火墙，开启 DNS。

```
[root@master ~]# firewall-cmd --permanent --add-service=dns
success
[root@master ~]# firewall-cmd --reload
success
[root@master ~]# firewall-cmd --list-all
public (active)
  target: default
  icmp-block-inversion: no
  interfaces: ens160
  sources:
  services: cockpit dhcpv6-client dns ftp ssh
  ports: 111/tcp 111/udp 2049/tcp 2049/udp 4001-4004/tcp 4001-4004/udp 21/tcp
137-138/udp 139/tcp 445/tcp
  protocols:
  forward: no
  masquerade: no
  forward-ports:
  source-ports:
  icmp-blocks:
  rich rules:
```

7. 测试 DNS

dig 是一个用于查询 DNS 信息的命令，它执行 DNS 查询并显示返回的信息，主要用于从 DNS 服务器查询主机地址信息。

```
[root@master ~]# dig www.zidb.com @192.168.125.128

; <<>> DiG 9.11.26-RedHat-9.11.26-6.el8 <<>> www.zidb.com @192.168.125.128
;; global options: +cmd
;; Got answer:
;; ->>HEADER<<- opcode: QUERY, status: NOERROR, id: 29936
;; flags: qr rd ra; QUERY: 1, ANSWER: 1, AUTHORITY: 4, ADDITIONAL: 4

;; OPT PSEUDOSECTION:
; EDNS: version: 0, flags:; udp: 1232
; COOKIE: 2cab71bbc66133d677c08e236635595fcb052828d5b75ba0 (good)
;; QUESTION SECTION:
;www.zidb.com.          IN  A

;; ANSWER SECTION:
www.zidb.com.       120 IN  A   47.243.15.141

;; AUTHORITY SECTION:
zidb.com.       172800  IN  NS  ns5.cnmsn.net.
zidb.com.       172800  IN  NS  dns.cnmsn.net.
zidb.com.       172800  IN  NS  ns6.cnmsn.net.
zidb.com.       172800  IN  NS  dns.bizcn.com.

;; ADDITIONAL SECTION:
dns.bizcn.com.      172800  IN  A   61.240.129.114
dns.bizcn.com.      172800  IN  A   180.163.194.215
dns.bizcn.com.      172800  IN  AAAA    240c:4082:0:2503::4

;; Query time: 1238 msec
;; SERVER: 192.168.125.128#53(192.168.125.128)
;; WHEN: 六 5月 04 05:38:39 CST 2024
;; MSG SIZE  rcvd: 232
```

若返回信息无异常，则 DNS 初步配置完成。

8. 配置正向解析

（1）编辑扩展配置文件 named.rfc1912.zones。

```
[root@master ~]# vi /etc/named.rfc1912.zones
```

在此配置文件的末尾添加如下内容：

```
zone "vip.zidb"  IN {
      type master;
      file "data/master.vip.zidb.zone";
};
```

（2）添加区域配置文件 master.vip.zidb.zone。

```
[root@master ~]# cp -p /var/named/named.localhost /var/named/data/master.vip.
zidb.zone
[root@master ~]# vi /var/named/data/master.vip.zidb.zone
```

将此配置文件的内容替换成以下内容：

```
$TTL 1D
@    IN  SOA vip.zidb.  admin.vip.zidb. (
    0   ; serial
    1D  ; refresh
    1H  ; retry
    1W  ; expire
    3H ) ; minimum
@    IN   NS  192.168.125.128.
@    IN   MX  128 mail.vip.zidb.
mail IN  A   192.168.125.128
user IN  A   192.168.125.129
```

"@ IN NS 192.168.125.128." 最后的点不可省略，否则会报错。

MX 记录的格式如下：

```
@  IN  MX  128 mail.vip.zidb.
```

其中的 128 表示电子邮件主机所在的 IP 主机位。

SOA 记录是定义 DNS 区域信息的重要部分，通常位于 DNS 区域文件的开头，用于标识该区域的主要属性和管理信息，它有 7 个参数，各参数含义如下。

主服务器（Master DNS）：作为 DNS 主服务器的主机名（如 vip.zidb），是 DNS 区域数据管理和域名解析服务的核心，通过与其他类型的 DNS 服务器配合，保障了整个域名系统的正常运转。

管理员的电子邮件（Rname）：出现问题时可发邮件给管理员，但出于安全和隐私考虑，通常使用点.代替@符号，如 admin. vip.zidb。

序号（Serial）：代表数据库文件的新旧，序号越大文件越新。当从服务器要从主服务器下载数据库时，就以主服务器上的序号是否比从服务器上的序号大进行判断，如果大就进行下载。

刷新时间间隔(Refresh Interval)：从服务器多久检查一次主服务器上的 SOA 记录。时间单位可以是秒、分钟、小时、天或星期。

重试时间间隔（Retry Interval）：若某些因素导致从服务器在刷新间隔时间内未能从主服务器获取 SOA 记录，它将等待此时间间隔后再次尝试。时间单位可以是秒、分钟、小时、天或星期。

过期时间（Expire Time）：若从服务器在过期时间内都未能成功从主服务器获取更新，则它将停止提供该区域的解析服务。

最小生存时间（Minimum TTL）：用于指定从该区域返回的除 SOA 和 NS 记录之外的所有其他记录的最小缓存时间。

区域配置文件的格式如下：

`[名称] [TTL] [网络类型] 记录类型 数据`

其参数和选项说明如下。

名称：指定记录引用的对象名，可以是主机名或域名。对象名可以是相对名称，也可以是完整名称。完整名称必须以点号结尾。如果连续的几条记录都使用同一个对象名，则第一条记录后的记录可以省略对象名。相对名称相对于当前域名，如当前域名为 zidb.com，则表示 www 主机时，完整名称为 www.zidb.com，相对名称为 www。

TTL：指定记录存在于缓存的时间，单位为 s。如果省略该字段，则使用文件开始处的 TTL 定义的时间。

网络类型：常用的为 IN。

记录类型：常用的有 SOA、NS、A、CNAME、PTR、MX 等。在定义记录时，通常 SOA 记录为第一行，NS 记录为第二行，接着是 MX 记录，其他的记录位置可自定义。

区域配置文件中使用的符号及其含义如下。

- ; ：表示注释。
- () ：允许数据跨行，通常用于 SOA 记录。
- @ ：表示当前区域，来自主配置文件中 zone 所定义的区域。
- * ：用于名称字段的通配符。
- $ORIGIN：ORIGIN 后面跟的是字符串，即要补全的内容。

IP 地址的格式可以是如下几种。

- 单一主机：×.×.×.×，如 172.17.100.100。
- 指定网段： ×.×.×.或×.×.×.×/n，如 172.17.100.或 172.17.100.0/24。
- 指定多个地址：×.×.×.×;×.×.×.×，如 172.17.100.100;172.17.100.200。
- 使用!表示否定：如!172.17.100.100，即排除 172.17.100.100。
- 不匹配任何：none。
- 匹配所有：any。
- 本地主机（绑定本机）：localhost。
- 与绑定主机同网段的所有 IP 地址：localnet。

（3）测试正向解析。

① 在服务器重启 DNS 服务。

`[root@master ~]# systemctl restart named.service`

② 在客户端把 DNS 服务器 IP 地址改为 192.168.125.128。

`[root@slave ~]# vi /etc/sysconfig/network-scripts/ifcfg-ens160`

在此配置文件中，找到"BOOTPROTO=dhcp"这一行，将其改为：

`BOOTPROTO=none`

在此配置文件的末尾添加如下内容：

```
IPADDR=192.168.125.129
PREFIX=24
GATEWAY=192.168.125.128
DNS1=192.168.125.128
```

③ 重启网络服务。

```
[root@slave ~]# systemctl restart NetworkManager.service
```

④ 查看 IP 地址信息。

```
[root@slave ~]# ifconfig ens160
ens160: flags=4163<UP,BROADCAST,RUNNING,MULTICAST>  mtu 1500
        inet 192.168.125.129  netmask 255.255.255.0  broadcast
        192.168.125.255
        inet6 fe80::20c:29ff:fe27:c792  prefixlen 64  scopeid 0x20<link>
        ether 00:0c:29:27:c7:92  txqueuelen 1000  (Ethernet)
        RX packets 22353  bytes 4825478 (4.6 MiB)
        RX errors 0  dropped 0  overruns 0  frame 0
        TX packets 32480  bytes 3335176 (3.1 MiB)
        TX errors 0  dropped 0 overruns 0  carrier 0  collisions 0
```

⑤ 测试网络。

```
[root@slave ~]# ping mail.vip.zidb
PING mail.vip.zidb (192.168.125.128) 56(84) bytes of data.
64 bytes from master (192.168.125.128): icmp_seq=1 ttl=64 time=0.588 ms
64 bytes from master (192.168.125.128): icmp_seq=2 ttl=64 time=0.976 ms
64 bytes from master (192.168.125.128): icmp_seq=3 ttl=64 time=0.636 ms
......
```

⑥ 在客户端以 SSH 方式登录服务器。

```
[root@slave ~]# ssh mail.vip.zidb
The authenticity of host 'mail.vip.zidb (192.168.125.128)' can't be established.
ECDSA key fingerprint is
SHA256:8P+pwpW3wmDOWo7JCXYOo5IasQ4QRFikEhCqwxUBi/s.
Are you sure you want to continue connecting (yes/no/[fingerprint])? yes
Warning: Permanently added 'mail.vip.zidb,192.168.125.128' (ECDSA) to the list
of known hosts.
root@mail.vip.zidb's password: #此处输入服务器root用户密码
Activate the web console with: systemctl enable --now cockpit.socket
Last login: Thu May  2 04:10:46 2024
[root@master ~]# ll
总用量 1784
drwxr-xr-x. 2 root root       6 4月  30 18:17 公共
drwxr-xr-x. 2 root root       6 4月  30 18:17 模板
drwxr-xr-x. 2 root root       6 4月  30 18:17 视频
drwxr-xr-x. 2 root root       6 4月  30 18:17 图片
drwxr-xr-x. 2 root root       6 4月  30 18:17 文档
drwxr-xr-x. 2 root root       6 4月  30 18:17 下载
drwxr-xr-x. 2 root root       6 4月  30 18:17 音乐
drwxr-xr-x. 2 root root       6 4月  30 18:17 桌面
-rw-------. 1 root root    1377 4月  29 18:38 anaconda-ks.cfg
```

```
-rw-r--r--. 1 root root    1669 4月  29 18:57 initial-setup-ks.cfg
-rw-------. 1 root root 1818084 5月   1 07:59 ipscan-3.4.1-1.x86_64.rpm
[root@master ~]# exit
注销
Connection to mail.vip.zidb closed.
```

DNS 正向解析配置完成。

9. 配置反向解析

（1）编辑扩展配置文件 named.rfc1912.zones。

```
[root@master ~]# vi /etc/named.rfc1912.zones
```

在此配置文件的末尾添加如下内容：

```
zone "125.168.192.in-addr.arpa" IN {
        type master;
        file "data/named.129.zone";
        allow-update { none; };
};
```

注意   反向解析的 IP 地址需要反过来写，并且只写前 3 个部分。

（2）添加区域配置文件 named.129.zone。

```
[root@master ~]# cp -p /var/named/named.localhost /var/named/data/named.129.zone
[root@master ~]# vi /var/named/data/named.129.zone
```

将此配置文件的内容替换成以下内容：

```
$TTL 1D
@   IN  SOA vip.zidb.  admin.vip.zidb. (
      1; Serial
      1H; Refresh
      15M; Retry
      7D; Expire
      1H; TTL
      )
@   IN  NS   192.168.125.128.
@   IN  MX 128 mail.vip.zidb.
128 IN  PTR   mail.vip.zidb.
129 IN  PTR   user.vip.zidb.
```

（3）重启 named 服务。

```
[root@master ~]# systemctl restart named.service
```

（4）测试反向解析。

① 把 DNS 服务器的 IP 地址改为 192.168.125.128。

```
[root@master ~]# vi /etc/sysconfig/network-scripts/ifcfg-ens160
```

在此配置文件中，找到"BOOTPROTO=dhcp"这一行，将其改为：

```
BOOTPROTO=none
```

在此配置文件的末尾添加如下内容：

```
IPV6_PRIVACY=no
ZONE=public
IPADDR=192.168.125.128
PREFIX=24
GATEWAY=192.168.125.128
DNS1=192.168.125.128
```

② 重启网络服务。

```
[root@master ~]# systemctl restart network.service
```

③ 查看 IP 地址信息。

```
[root@master ~]# ifconfig ens160
ens160: flags=4163<UP,BROADCAST,RUNNING,MULTICAST>  mtu 1500
        inet 192.168.125.128  netmask 255.255.255.0  broadcast
        192.168.125.255
        inet6 fe80::20c:29ff:fe3c:a342  prefixlen 64  scopeid 0x20<link>
        ether 00:0c:29:3c:a3:42  txqueuelen 1000  (Ethernet)
        RX packets 42090  bytes 6318378 (6.0 MiB)
        RX errors 0  dropped 0  overruns 0  frame 0
        TX packets 24467  bytes 3028217 (2.8 MiB)
        TX errors 0  dropped 0 overruns 0  carrier 0  collisions 0
```

④ 反向查询。

```
[root@master ~]# nslookup 192.168.125.129
129.125.168.192.in-addr.arpa  name = user.vip.zidb.
[root@master ~]# dig -x 192.168.125.129
; <<>> DiG 9.11.26-RedHat-9.11.26-6.el8 <<>> -x 192.168.125.129
;; global options: +cmd
;; Got answer:
;; ->>HEADER<<- opcode: QUERY, status: NOERROR, id: 23708
;; flags: qr aa rd ra; QUERY: 1, ANSWER: 1, AUTHORITY: 1, ADDITIONAL: 1

;; OPT PSEUDOSECTION:
; EDNS: version: 0, flags:; udp: 1232
; COOKIE: 6f6564069566eb20ce8446ec66357101f62b3464fc7de807 (good)
;; QUESTION SECTION:
;129.125.168.192.in-addr.arpa. IN  PTR

;; ANSWER SECTION:
129.125.168.192.in-addr.arpa. 86400 IN PTR user.vip.zidb.
```

```
;; AUTHORITY SECTION:
125.168.192.in-addr.arpa. 86400    IN  NS  192.168.125.128.

;; Query time: 0 msec
;; SERVER: 192.168.125.128#53(192.168.125.128)
;; WHEN: 六 5月 04 07:19:29 CST 2024
;; MSG SIZE  rcvd: 141
```

8.2.3 电子邮件服务

电子邮件服务是指一种由寄件人将数字信息发送给一个人或多个人的信息交换方式，也是互联网应用最广的服务之一。电子邮件服务与传统的邮寄方式相比，它几乎不需要任何成本，如纸张、信封、邮票等，这为企业和个人节省了大量的时间和金钱。它提供了几乎即时的通信，使用户能够在全球范围内快速发送和接收信息。这大大加快了信息传递的速度，提高了工作效率。

下面讲解电子邮件服务的安装与配置。

1. 安装 Postfix 服务

Postfix 是由维茨·维内马（Wietse Venema）在 IBM 的 GPL 协议之下开发的 MTA（Mail Transfer Agent，邮件传送代理）软件。它的设计初衷是替代使用广泛的 sendmail（一款免费的邮件服务器软件），以实现更快、更容易管理、更安全的邮件传输服务，同时兼容 sendmail。本小节使用 Postfix 演示电子邮件服务的安装与配置。

先查询是否已安装了 Postfix 服务。查询后发现未安装，通过命令 dnf-y install postfix 进行安装。

```
[root@master ~]# dnf -y install postfix
上次元数据过期检查: 1:39:04 前，执行于 2024 年 05 月 04 日 星期六 07 时 37 分 57 秒。
依赖关系解决。
......
已安装:
  postfix-2:3.5.8-2.el8.x86_64

完毕!
[root@master ~]# rpm -qa | grep postfix
postfix-3.5.8-2.el8.x86_64
```

2. 配置防火墙

配置防火墙，开启 TCP 的 25、110 和 143 端口。

```
[root@master ~]# firewall-cmd --add-port=25/tcp --permanent
success
[root@master ~]# firewall-cmd --add-port=110/tcp --permanent
success
[root@master ~]# firewall-cmd --add-port=143/tcp --permanent
```

```
success
[root@master ~]# firewall-cmd --reload
success
[root@master ~]# firewall-cmd --list-all
public (active)
  target: default
  icmp-block-inversion: no
  interfaces: ens160
  sources:
  services: cockpit dhcpv6-client dns ftp ssh
  ports: 111/tcp 111/udp 2049/tcp 2049/udp 4001-4004/tcp 4001-4004/udp 21/tcp
137-138/udp 139/tcp 445/tcp 25/tcp 110/tcp 143/tcp
  protocols:
  forward: no
  masquerade: no
  forward-ports:
  source-ports:
  icmp-blocks:
  rich rules:
```

3. 修改区域配置文件 master.vip.zidb.zone（添加域名 mail.vip.zidb 的正向解析）

具体操作方法在上一小节讲过，此处省略。

4. 修改区域配置文件 named.129.zone（添加域名 mail.vip.zidb 的反向解析）

具体操作方法在上一小节讲过，此处省略。

5. 重启域名服务并查询域名解析是否正确

命令如下。

```
[root@master ~]# systemctl restart named.service
[root@master ~]# nslookup mail.vip.zidb
Server:    192.168.125.128
Address:   192.168.125.128#53


Name:  mail.vip.zidb
Address: 192.168.125.128
[root@master ~]# nslookup 192.168.125.128
128.125.168.192.in-addr.arpa  name = mail.vip.zidb.
```

6. 编辑 Postfix 的配置文件

编辑 Postfix 的配置文件/etc/postfix/main.cf，查找并修改对应配置项。

```
[root@mail ~]# vim /etc/postfix/main.cf
```

（1）在 94 行设置主机名，找到 myhostname 将其修改为：

```
myhostname = mail.vip.zidb
```

（2）在 102 行设置域名，找到 mydomain 将其修改为：

```
mydomain = vip.zidb
```

（3）在 118 行设置电子邮箱的后缀，找到 myorigin 将其修改为：

```
myorigin = $mydomain
```

（4）在 135 行指定 Postfix 服务监听的网络接口（inet_interfaces）。若注释该配置项或输入外网 IP 地址，服务器的 25 端口将对外网开放。inet_interfaces 的默认值为 all，即监听所有网络接口。若将其指定为 localhost，则只能发电子邮件，不能接收。这里将其修改为：

```
inet_interfaces = all
```

（5）在 138 行指定网络协议，找到 inet_protocols 将其修改为：

```
inet_protocols = ipv4
```

（6）在 183 行指定 Postfix 的收件人的域名，找到 mydestination 将其修改为：

```
mydestination = $myhostname,localhost.$mydomain,localhost,$mydomain
```

（7）在 283 行指定 Postfix 信任的网络地址（mynetworks），定义哪些 IP 地址或网络应该被视为"受信任的"或"本地的"。Postfix 会对为 mynetworks 设置的 IP 地址或网络放宽安全限制。可设置外网 IP 地址、内网 IP 地址、本地 IP 地址，根据情况选填，这里将其修改为：

```
mynetworks = 192.168.125.128,127.0.0.1
```

（8）在 438 行指定电子邮件目录，这里指定电子邮件在用户的主目录下：

```
home_mailbox = Maildir/
```

（9）在 591 行指定 MUA（Mail User Agent，邮件用户代理）通过 SMTP（Simple Mail Transfer Protocol，简单邮件传送协议）连接 Postfix 时返回的头信息，这里将其修改为：

```
smtpd_banner = $myhostname ESMTP
```

（10）将下面的内容添加到配置文件末尾：

```
# SMTP Config
# 规定邮件最大为10MB
message_size_limit = 10485760
# 规定收件箱最大容量为1GB
mailbox_size_limit = 1073741824
# SMTP 认证
smtpd_sasl_type = dovecot
smtpd_sasl_path = private/auth
smtpd_sasl_auth_enable = yes
smtpd_sasl_security_options = noanonymous
smtpd_sasl_local_domain = $myhostname
smtpd_recipient_restrictions = permit_mynetworks,permit_auth_destination,
permit_sasl_authenticated,reject
```

7. 检查配置文件是否有语法错误

postfix check 命令用于检查 Postfix 的配置文件（主要是 main.cf）和其他相关文件的语法和权限设置是否正确。

```
[root@master ~]# postfix check
```

8. 启动 Postfix 服务

配置完成后，重启服务以便配置生效。

```
[root@master ~]# systemctl start postfix
```

9. 将 Postfix 服务设置为开机自启

设置开机自启的目的是确保系统启动时 Postfix 服务自动启动。

```
[root@master ~]# systemctl enable postfix
Created symlink /etc/systemd/system/multi-user.target.wants/postfix.service →
/usr/lib/systemd/system/postfix.service.
[root@master ~]# systemctl status postfix
● postfix.service - Postfix Mail Transport Agent
  Loaded: loaded (/usr/lib/systemd/system/postfix.service; enabled; …)
  Active: active (running) since Sat 2024-05-04 10:19:19 CST; 1min 47s ago
 Main PID: 42819 (master)
   Tasks: 3 (limit: 11088)
  Memory: 4.5M
  CGroup: /system.slice/postfix.service
          ├─42819 /usr/libexec/postfix/master -w
          ├─42820 pickup -l -t unix -u
          └─42821 qmgr -l -t unix -u
5月 04 10:19:18 master systemd[1]: Starting Postfix Mail Transport Agent…
5月 04 10:19:19 master postfix/master[42819]: daemon started …
5月 04 10:19:19 master systemd[1]: Started Postfix Mail Transport Agent.
```

10. 修改 MTA

执行 alternatives --config mta 命令，它会列出系统管理的所有 MTA 程序，并询问管理员想要使用哪一个作为默认选项。

```
[root@master ~]# alternatives --config mta
共有 1 个提供 "mta" 的程序。

  选项    命令
-----------------------------------------------
*+ 1           /usr/sbin/sendmail.postfix
按 Enter 键保留当前选项[+]，或者输入选项编号： 1
[root@master ~]# alternatives --display mta
mta - 状态为手动。
 链接当前指向 /usr/sbin/sendmail.postfix
/usr/sbin/sendmail.postfix - 优先度 60
 从属 mta-mailq: /usr/bin/mailq.postfix
 从属 mta-newaliases: /usr/bin/newaliases.postfix
 从属 mta-pam: /etc/pam.d/smtp.postfix
 从属 mta-rmail: /usr/bin/rmail.postfix
 从属 mta-sendmail: /usr/lib/sendmail.postfix
```

```
从属 mta-mailqman: /usr/share/man/man1/mailq.postfix.1.gz
从属 mta-newaliasesman: /usr/share/man/man1/newaliases.postfix.1.gz
从属 mta-sendmailman: /usr/share/man/man1/sendmail.postfix.1.gz
从属 mta-aliasesman: /usr/share/man/man5/aliases.postfix.5.gz
从属 mta-smtpdman: /usr/share/man/man8/smtpd.postfix.8.gz
当前 "最佳" 版本是 /usr/sbin/sendmail.postfix。
```

11. 安装 Dovecot

Dovecot 是一个用于接收和存储电子邮件的服务器软件，支持 IMAP（Internet Mail Access Protocol，互联网邮件访问协议）和 POP3（Post Office Protocol - Version 3，邮局协议版本 3）。IMAP 允许用户从多个设备上访问和同步他们的邮件，而 POP3 则通常用于从邮件服务器下载邮件到本地主机。

下面将配合使用 Dovecot 与 Postfix，形成完整的邮件系统解决方案。

先查询是否已安装了 Dovecot 服务。查询后发现未安装，通过命令 dnf -y install dovecot 进行安装。

```
[root@master ~]# dnf -y install dovecot
上次元数据过期检查：2:58:42 前，执行于 2024 年 05 月 04 日 星期六 07 时 37 分 57 秒。
依赖关系解决。
……
已安装：
  clucene-core-2.3.3.4-31.20130812.e8e3d20git.el8.x86_64
  dovecot-1:2.3.8-9.el8.x86_64
完毕！
[root@master ~]# rpm -qa | grep dovecot
dovecot-2.3.8-9.el8.x86_64
```

12. 配置 Dovecot

（1）编辑文件 dovecot.conf。

```
[root@master ~]# vim /etc/dovecot/dovecot.conf
```

若不使用 IPv6，将文件第 30 行修改为：

```
listen = *
```

（2）编辑文件 10-auth.conf。

```
[root@master ~]# vim /etc/dovecot/conf.d/10-auth.conf
```

将此文件的第 10 行取消注释并修改为：

```
disable_plaintext_auth = no
```

将此文件的第 100 行修改为：

```
auth_mechanisms = plain login
```

（3）编辑文件 10-mail.conf。

```
[root@master ~]# vim /etc/dovecot/conf.d/10-mail.conf
```

设置电子邮件存放地址，~代表用户的根目录，将此文件的第 30 行修改为：

```
mail_location = maildir:~/Maildir
```

（4）编辑文件 10-master.conf。

```
[root@master ~]# vim /etc/dovecot/conf.d/10-master.conf
```

将此文件的第 100～104 行取消注释并修改为如下内容。

```
# Postfix SMTP 验证
unix_listener /var/spool/postfix/private/auth {
mode = 0666
user = postfix
group = postfix
}
```

（5）编辑文件 10-ssl.conf。

```
[root@master ~]# vim /etc/dovecot/conf.d/10-ssl.conf
```

将此文件的第 8 行修改为如下内容，将 ssl 设为 no，表示不使用 ssl：

```
ssl = no
```

（6）启动 Dovecot 并将其设为开机自启。

```
[root@master ~]# systemctl start dovecot
[root@master ~]# systemctl enable dovecot
Created symlink /etc/systemd/system/multi-user.target.wants/dovecot.service →
/usr/lib/systemd/system/dovecot.service.
[root@master ~]# systemctl status dovecot
● dovecot.service - Dovecot IMAP/POP3 email server
  Loaded: loaded (/usr/lib/systemd/system/dovecot.service; enabled;…)
  Active: active (running) since Sat 2024-05-04 11:47:56 CST; 40s ago
    Docs: man:dovecot(1)
          http://wiki2.dovecot.org/
 Main PID: 44384 (dovecot)
   Tasks: 4 (limit: 11088)
  Memory: 4.4M
  CGroup: /system.slice/dovecot.service
          ├──44384 /usr/sbin/dovecot -F
          ├──44392 dovecot/anvil
          ├──44393 dovecot/log
          └──44394 dovecot/config
5月 04 11:47:56 master systemd[1]: Starting Dovecot IMAP/POP3 email server...
5月 04 11:47:56 master systemd[1]: Started Dovecot IMAP/POP3 email server.
5月 04 11:47:56 master dovecot[44384]: master: Dovecot v2.3.8 …
```

13. 收发电子邮件测试

（1）添加电子邮件账号组。

```
[root@master ~]# groupadd mailusers
```

（2）创建用户 lxy 并修改其密码为 "ylkj1688"。

```
[root@master ~]# useradd -g mailusers -s /sbin/nologin lxy
[root@master ~]# passwd lxy
```

（3）创建用户 tql 并修改其密码为"ylkj1688"。

```
[root@master ~]# useradd -g mailusers -s /sbin/nologin tql
[root@master ~]# passwd tql
```

（4）安装远程登录服务。

```
[root@master ~]# dnf -y install telnet
```

上次元数据过期检查：0:41:18 前，执行于 2024 年 05 月 04 日 星期六 11 时 23 分 05 秒。

依赖关系解决。

......

已安装：

```
  telnet-1:0.17-76.el8.x86_64
```

完毕！

```
[root@master ~]# rpm -qa | grep telnet
telnet-0.17-76.el8.x86_64
```

（5）远程登录 25 端口，发送电子邮件。

```
[root@master ~]# telnet mail.vip.zidb 25
Trying 192.168.125.128...
Connected to mail.vip.zidb.
Escape character is '^]'.
220 mail.vip.zidb ESMTP
helo lxy
250 mail.vip.zidb
mail from:lxy
250 2.1.0 Ok
rcpt to:tql
250 2.1.5 Ok
data
354 End data with <CR><LF>.<CR><LF>
This is a testing message.
.
250 2.0.0 Ok: queued as 0FCF140FB12A
quit
221 2.0.0 Bye
Connection closed by foreign host.
```

（6）远程登录 110 端口，收取电子邮件。

```
[root@master ~]# telnet mail.vip.zidb 110
Trying 192.168.125.128...
Connected to mail.vip.zidb.
Escape character is '^]'.
+OK Dovecot ready.
user tql
+OK
pass ylkj1688
```

```
+OK Logged in.
list
+OK 1 messages:
1 382
.
retr 1
+OK 382 octets
Return-Path: <lxy@vip.zidb>
X-Original-To: tql
Delivered-To: tql@vip.zidb
Received: from lxy (master [192.168.125.128])
    by mail.vip.zidb (Postfix) with SMTP id 0FCF140FB12A
    for <tql>; Sat, 4 May 2024 12:10:29 +0800 (CST)
Message-Id: <20240504041058.0FCF140FB12A@mail.vip.zidb>
Date: Sat, 4 May 2024 12:10:29 +0800 (CST)
From: lxy@vip.zidb

This is a testing message.
.
quit
+OK Logging out.
Connection closed by foreign host.
```

8.3　数据库服务

8.3.1　MySQL 服务

MySQL 是一个关系数据库管理系统（Relational Database Management System，RDBMS），由瑞典 MySQL AB 公司开发，目前属于 Oracle 公司旗下的产品。MySQL 是最流行的关系数据库管理系统之一，在 Web 应用方面，MySQL 是非常好用的关系数据库管理系统应用软件。MySQL 使用的 SQL（Structure Query Language，结构查询语言）也是用于访问数据库的常用标准化语言。

从授权方式看，MySQL 分为社区版和商业版，其中社区版是免费的。

从发布方式看，MySQL 分为创新版（Innovation）和长期支持版（Long-Term Support，LTS）。创新版和长期支持版的质量都是生产级的。若想使用最新的功能，并与最新技术保持同步，那么 MySQL 创新版可能更合适。若追求系统稳定，那么使用长期支持版更合适，此版本仅包含必要的修复，因此可以减少数据库软件变更带来的风险。MySQL 8.1.0 是第一个创新版。截至本书完稿时，最新的创新版是 MySQL 9.1.0，于 2024 年 10 月 15 日发布。MySQL 第一个长期支持版是 MySQL 8.4.0 LTS，于 2024 年 4 月 30 日发布。

总的来说，MySQL 具有如下特点。

- MySQL 是开源的。
- MySQL 可以处理拥有上千万条记录的大型数据库。
- MySQL 使用标准的 SQL。
- MySQL 可以应用于多种系统，并且支持多种语言。
- MySQL 对流行的 Web 开发语言 PHP（Page Hypertext Preprocessor，页面超文本预处理器）有很好的支持。
- MySQL 是可定制的，采用 GPL 协议，开发人员可修改源码来开发自己的 MySQL 系统。

下面讲解 MySQL 的安装与配置。

1. 删除 CentOS 8 中已有的 MariaDB 和 MySQL

（1）删除 MariaDB。

查询系统中是否已安装了 MariaDB 服务。

```
[root@master ~]# dnf list installed | grep mariadb
mariadb-connector-c.x86_64          3.1.11-2.el8_3      @AppStream
mariadb-connector-c-config.noarch 3.1.11-2.el8_3       @AppStream
```

可见系统中虽然有 MariaDB 相关的包，但并没有安装 MariaDB 服务。若是安装了 MariaDB 服务，可以执行下面的命令将其删除。

```
[root@master ~]# dnf -y remove mariadb
```

（2）删除 MySQL。

```
[root@master ~]# dnf list installed | grep mysql
[root@master ~]# dnf -y remove mysql
```

（3）删除相关的依赖包。

```
[root@master ~]# rpm -qa | grep mariadb
mariadb-connector-c-config-3.1.11-2.el8_3.noarch
mariadb-connector-c-3.1.11-2.el8_3.x86_64
[root@master ~]# rpm -e --nodeps mariadb-connector-c-config-3.1.11-2.el8_3.noarch
[root@master ~]# rpm -e --nodeps mariadb-connector-c-3.1.11-2.el8_3.x86_64
[root@master ~]# rpm -qa | grep mariadb
[root@master ~]# rpm -qa | grep mysql
```

（4）删除 MariaDB 和 MySQL 的相关目录。

```
[root@master ~]# find / -name mariadb
```

若没有查询到名称为"mariadb"的目录，就不用删除。

```
[root@master ~]# find / -name mysql
/var/lib/selinux/targeted/active/modules/100/mysql
/usr/share/bash-completion/completions/mysql
/usr/share/selinux/targeted/default/active/modules/100/mysql
```

以上查找到的目录要全部删除。

```
[root@master ~]# rm -rf /var/lib/selinux/targeted/active/modules/100/mysql
[root@master ~]# rm -rf /usr/share/bash-completion/completions/mysql
```

```
[root@master ~]# rm -rf /usr/share/selinux/targeted/default/active/modules/
100/mysql
[root@master ~]# find / -name mysql
```

（5）创建 mysql 组。

```
[root@master ~]# groupadd mysql
```

（6）创建 mysql 用户并将其加入 mysql 组。

```
[root@master ~]# useradd -g mysql mysql
```

（7）给 mysql 用户设置密码。

```
[root@master ~]# passwd mysql
```
更改用户 mysql 的密码。
新的密码：#此处输入密码
重新输入新的密码：
passwd：所有的身份验证令牌已经成功更新。

2. 下载 MySQL 8.4.0 资源库

命令如下。

```
[root@master ~]# sudo dnf -y localinstall https://repo.mysql.com/mysql184-comm
unity-release-el8-1.noarch.rpm
```
上次元数据过期检查：0:28:17 前，执行于 2024 年 05 月 05 日 星期日 03 时 37 分 45 秒。
mysql84-community-release-el8-1.noarch.rpm   6.4 KB/s | 15 KB   00:02
依赖关系解决。
```
==============================================================================
```
| 软件包 | 架构 | 版本 | 仓库 | 大小 |
```
==============================================================================
```
安装：
mysql84-community-release   noarch   el8-1   @commandline   15 k
......
已安装：
  mysql84-community-release-el8-1.noarch
完毕！

3. 安装 MySQL 8.4.0 前的准备

命令如下。

```
[root@master ~]# sudo dnf config-manager --enable mysql-8.4-lts-community
[root@master ~]# sudo dnf config-manager --disable mysql80-community
[root@master ~]# dnf repolist all | grep mysql
```
mysql-8.4-lts-community   MySQL 8.4 LTS Community Server 启用
mysql-8.4-lts-community-debuginfo MySQL 8.4 LTS Community Server 禁用
mysql-8.4-lts-community-source   MySQL 8.4 LTS Community Server 禁用
mysql-cluster-8.0-community   MySQL Cluster 8.0 Community   禁用
......
```
[root@master ~]# sudo dnf module disable mysql
```

```
上次元数据过期检查：0:02:31 前，执行于 2024 年 05 月 05 日 星期日 04 时 19 分 29 秒。
依赖关系解决。
......
禁用模块：
 mysql
......
确定吗？[y/N]：y
完毕!
```

4. 安装 MySQL 8.4.0 长期支持版

命令如下。

```
[root@master ~]# sudo dnf -y install mysql-community-server
上次元数据过期检查：0:02:55 前，执行于 2024 年 05 月 05 日 星期日 04 时 19 分 29 秒。
依赖关系解决。
......
已安装：
 mysql-community-client-8.4.0-1.el8.x86_64
 mysql-community-client-plugins-8.4.0-1.el8.x86_64
 mysql-community-common-8.4.0-1.el8.x86_64
 mysql-community-icu-data-files-8.4.0-1.el8.x86_64
 mysql-community-libs-8.4.0-1.el8.x86_64
 mysql-community-server-8.4.0-1.el8.x86_64
完毕!
```

5. 编辑 MySQL 8.4.0 的配置文件

在/etc/my.cnf 配置文件中更改默认的身份认证方式，如下所示。

```
[root@master ~]# vi /etc/my.cnf
```

在此配置文件末尾添加如下内容：

```
# 使用旧有的密码认证方式
mysql_native_password=ON
```

6. 权限及防火墙设置

命令如下。

```
[root@master ~]# chown mysql:mysql /var/lib/mysql -R
[root@master ~]# firewall-cmd --add-port=3306/tcp --permanent
success
[root@master ~]# firewall-cmd --reload
success
[root@master ~]# firewall-cmd --query-port=3306/tcp
yes
```

7. 重启 MySQL 服务

修改完配置文件要重启 MySQL 服务才能使配置生效，重启服务并查看服务状态，如下所示。

```
[root@master ~]# systemctl start mysqld
[root@master ~]# systemctl enable mysqld
[root@master ~]# systemctl status mysqld
● mysqld.service - MySQL Server
   Loaded: loaded (/usr/lib/systemd/system/mysqld.service; enabled; …)
   Active: active (running) since Sun 2024-05-05 07:30:16 CST; 42s ago
     Docs: man:mysqld(8)
           http://dev.mysql.com/doc/refman/en/using-systemd.html
  Process: 8410 ExecStartPre=/usr/bin/mysqld_pre_systemd (code=exited, status=0/
SUCCESS…)
 Main PID: 8490 (mysqld)
   Status: "Server is operational"
    Tasks: 36 (limit: 11088)
   Memory: 469.7M
   CGroup: /system.slice/mysqld.service
           └─8490 /usr/sbin/mysqld
5月 05 07:29:38 master systemd[1]: Starting MySQL Server...
5月 05 07:30:16 master systemd[1]: Started MySQL Server.
[root@master ~]# mysql --version
mysql Ver 8.4.0 for Linux on x86_64 (MySQL Community Server - GPL)
```

若 MySQL 服务首次启动失败，可检查其配置文件/etc/my.cnf，然后将目录/var/lib/mysql 中的所有文件和目录删除，再启动 MySQL 服务。

8. 查询 root 的临时密码

若 MySQL 在安装或重置密码时生成了临时密码，可以查询 root 的临时密码并显示它。

```
[root@master ~]# sudo grep 'temporary password' /var/log/mysqld.log
2024-05-04T23:30:05.857003Z 6 [Note] [MY-010454] [Server] A temporary password
is generated for root@localhost: ls7pWzrY<R#o
```

9. 登录数据库并更改 root 密码

出于安全考虑，管理员应该尽快更改 root 密码。

```
[root@master ~]# mysql -u root -p
Enter password:
Welcome to the MySQL monitor.  Commands end with ; or \g.
Your MySQL connection id is 12
Server version: 8.4.0

Copyright (c) 2000, 2024, Oracle and/or its affiliates.

Oracle is a registered trademark of Oracle Corporation and/or its
affiliates. Other names may be trademarks of their respective
owners.
```

211

```
Type 'help;' or '\h' for help. Type '\c' to clear the current input statement.

mysql> ALTER USER 'root'@'localhost' IDENTIFIED WITH mysql_native_password BY
'LXYtql5.5';
Query OK, 0 rows affected (0.00 sec)

mysql> ALTER USER 'mysql.infoschema'@'localhost' IDENTIFIED WITH mysql_native_
password BY 'LXYtql5.5';
Query OK, 0 rows affected (0.00 sec)

mysql> ALTER USER 'mysql.session'@'localhost' IDENTIFIED WITH mysql_native_
password BY 'LXYtql5.5';
Query OK, 0 rows affected (0.01 sec)

mysql> ALTER USER 'mysql.sys'@'localhost' IDENTIFIED WITH mysql_native_password
BY 'LXYtql5.5';
Query OK, 0 rows affected (0.05 sec)

mysql> use mysql;
Reading table information for completion of table and column names
You can turn off this feature to get a quicker startup with -A

Database changed
mysql> select user,plugin,authentication_string,password_last_changed from user;
……
4 rows in set (0.00 sec)

mysql> flush privileges;
Query OK, 0 rows affected (0.04 sec)

mysql> quit;
Bye
```

至此，MySQL 8.4.0 安装并配置完成。

8.3.2 Redis 服务

Redis 是一个开源的日志型键值对数据库，它支持的值类型很多，包括字符串、链表、集合、有序集合和哈希值等，并且提供对相应数据结构的丰富操作，使得开发者可以更加灵活地处理数据。为了保证效率，数据都缓存在内存中，但 Redis 会周期性地把更新的数据写入硬盘或者把修改写入记录文件，并且在此基础上实现主从同步。数据可以从主服务器向任意数量的从服务器同步，从服务器可以是关联其他从服务器的主服务器。

Redis 的出现在很大程度上弥补了键值对存储的不足，在部分场合可以对关系数据库起到很好的补充作用。Redis 提供了使用 Java、C、C++、PHP、JavaScript 等的客户端，非常方便。Redis 服务器的默认端口是 6379。

下面讲解 Redis 的安装与配置。

（1）以 root 用户登录系统，创建并进入"/soft"目录，命令如下。

```
[root@master ~]# mkdir /soft
[root@master ~]# cd /soft
```

（2）下载 Redis 安装包，命令如下。

```
[root@master soft]# wget -c -O redis-7.2.4.tar.gz https://download.redis.io/r
eleases/redis-7.2.4.tar.gz
```

（3）解压 Redis 安装包并进入其目录，命令如下。

```
[root@master soft]# tar -zxvf redis-7.2.4.tar.gz
[root@master soft]# mv redis-7.2.4 redis
[root@master soft]# cd redis
[root@master redis]# ll
总用量 248
-rw-rw-r--. 1 root root  20938 1月   9 19:51 00-RELEASENOTES
-rw-rw-r--. 1 root root     51 1月   9 19:51 BUGS
-rw-rw-r--. 1 root root   5027 1月   9 19:51 CODE_OF_CONDUCT.md
-rw-rw-r--. 1 root root   2634 1月   9 19:51 CONTRIBUTING.md
-rw-rw-r--. 1 root root   1487 1月   9 19:51 COPYING
drwxrwxr-x. 8 root root    133 1月   9 19:51 deps
-rw-rw-r--. 1 root root     11 1月   9 19:51 INSTALL
-rw-rw-r--. 1 root root    151 1月   9 19:51 Makefile
-rw-rw-r--. 1 root root   6888 1月   9 19:51 MANIFESTO
-rw-rw-r--. 1 root root  22607 1月   9 19:51 README.md
-rw-rw-r--. 1 root root 107512 1月   9 19:51 redis.conf
-rwxrwxr-x. 1 root root    279 1月   9 19:51 runtest
-rwxrwxr-x. 1 root root    283 1月   9 19:51 runtest-cluster
-rwxrwxr-x. 1 root root   1772 1月   9 19:51 runtest-moduleapi
-rwxrwxr-x. 1 root root    285 1月   9 19:51 runtest-sentinel
-rw-rw-r--. 1 root root   1695 1月   9 19:51 SECURITY.md
-rw-rw-r--. 1 root root  14700 1月   9 19:51 sentinel.conf
drwxrwxr-x. 4 root root   8192 1月   9 19:51 src
drwxrwxr-x. 11 root root   199 1月   9 19:51 tests
-rw-rw-r--. 1 root root   3628 1月   9 19:51 TLS.md
drwxrwxr-x. 9 root root   4096 1月   9 19:51 utils
```

（4）编译源程序。先安装 gcc 依赖包再编译源程序。

```
[root@master redis]# dnf -y install gcc
......
已安装:
  gcc.x86_64 0:4.8.5-36.el7_6.1
作为依赖被安装:
```

```
glibc-devel.x86_64 0:2.17-260.el7_6.3  glibc-headers.x86_64 0:2.17-260.el7_6.3
作为依赖被升级:
  cpp.x86_64 0:4.8.5-36.el7_6.1  glibc.x86_64 0:2.17-260.el7_6.3
  glibc-common.x86_64 0:2.17-260.el7_6.3  libgcc.x86_64 0:4.8.5-36.el7_6.1
  libgomp.x86_64 0:4.8.5-36.el7_6.1
完毕!
[root@master redis]# make MALLOC=libc
cd src && make all
make[1]: 进入目录"/soft/redis/src"
……
Hint: It's a good idea to run 'make test' ;)
make[1]: 离开目录"/soft/redis/src"
[root@master redis]# make install PREFIX=/usr/local/redis
cd src && make install
make[1]: 进入目录"/soft/redis/src"
Hint: It's a good idea to run 'make test' ;)
    INSTALL redis-server
    INSTALL redis-benchmark
    INSTALL redis-cli
make[1]: 离开目录"/soft/redis/src"
```

（5）将配置文件移动到 redis 目录，命令如下。

```
[root@master redis]# mkdir /usr/local/redis/etc/
[root@master redis]# mv redis.conf /usr/local/redis/etc/
[root@master redis]# cd /usr/local/redis/etc/
[root@master etc]# ls
redis.conf
```

（6）启动 Redis。redis-server 命令用于启动 Redis 服务。

```
[root@master etc]# /usr/local/redis/bin/redis-server /usr/local/redis/etc/red
is.conf
```

Redis 服务启动成功后的界面如图 8-5 所示。

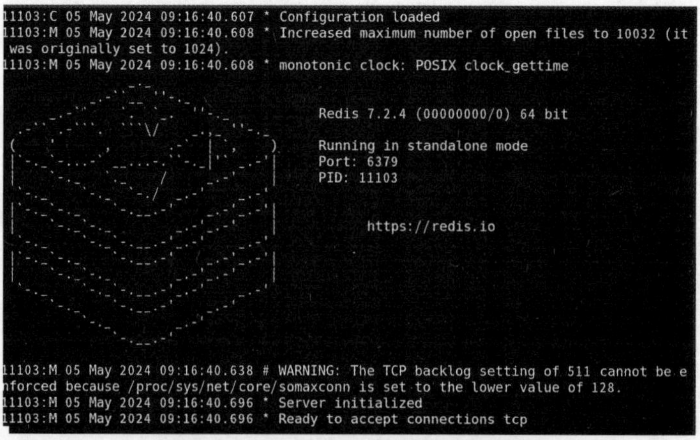

图 8-5　Redis 服务启动成功后的界面

（7）修改/usr/local/redis/etc/redis.conf 配置文件，让 Redis 在后台运行。

```
[root@master etc]# vi /usr/local/redis/etc/redis.conf
```

编辑此配置文件，找到 daemonize 将其值改为 yes。

```
# By default Redis does not run as a daemon. Use 'yes' if you need it.
# Note that Redis will write a pid file in ar/run/redis.pid when daemonized.
daemonize yes
```

启动 Redis 服务。

```
[root@master etc]# /usr/local/redis/bin/redis-server /usr/local/redis/etc/
redis.conf
11224:C 05 May 2024 09:27:37.465 # WARNING Memory overcommit must be enabled!
Without it, a background save or replication may fail under low memory condition.
To fix this issue add 'vm.overcommit_memory = 1' to /etc/sysctl.conf and then reboot
or run the command 'sysctl vm.overcommit_memory=1' for this to take effect.
```

（8）连接客户端。redis-cli 命令用于连接 Redis 命令行客户端，连接客户端后，用户可执行各种 Redis 命令与 Redis 服务器进行交互。

```
[root@master etc]# /usr/local/redis/bin/redis-cli
127.0.0.1:6379> help
redis-cli 7.2.4
To get help about Redis commands type:
      "help @<group>" to get a list of commands in <group>
      "help <command>" for help on <command>
      "help <tab>" to get a list of possible help topics
      "quit" to exit

To set redis-cli preferences:
      ":set hints" enable online hints
      ":set nohints" disable online hints
Set your preferences in ~/.redisclirc
127.0.0.1:6379> quit
```

（9）停止运行 Redis。使用以下命令之一即可停止运行 Redis。

```
[root@master etc]# /usr/local/redis/bin/redis-cli shutdown
[root@master etc]# pkill redis-server
```

（10）设置 Redis 开机自启。修改/etc/rc.local 配置文件，如下所示。

```
[root@master etc]# vi /etc/rc.local
```

在此配置文件末尾添加如下内容：

```
/usr/local/redis/bin/redis-server /usr/local/redis/etc/redis.conf
```

目录/usr/local/redis/bin 中有如下几个命令。

- redis-benchmark：Redis 性能测试命令。
- redis-check-aof：检查 AOF（Append Only File，只允许追加到文件）日志的命令。
- redis-check-dump：检查 RDB（Redis Database，Redis 数据库）日志的命令。
- redis-cli：用于连接 Redis 命令行客户端的命令。

- redis-server：用于启动 Redis 服务的命令。

Redis 的常用配置项如下。

- daemonize：若要 Redis 在后台运行，应把该项的值改为 yes。
- pidfile：把 PID 文件放在/var/run/redis.pid 目录中，若更改了默认的安装位置或要将 PID 文件保存在不同的位置，则可修改该项。
- bind：指定 Redis 只接收来自某 IP 地址的请求，如果不设置，Redis 将处理所有请求，在生产环境中最好设置此项。
- port：监听端口，默认为 6379。
- timeout：设置客户端连接的超时时间，单位为 s（秒）。
- loglevel：日志级别分为 4 级，即 debug、rebose、notice 和 warning。生产环境中一般使用 notice。
- logfile：配置日志文件地址，默认使用标准输出。
- database：设置数据库的个数，默认使用的数据库数量为 0。
- save：设置 Redis 进行数据库镜像备份的频率。
- dbfilename：镜像备份文件的名称。
- dir：数据库镜像备份文件的路径。
- slaveof：设置某数据库为其他数据库的从数据库。
- masterauth：连接主数据库需要密码验证的功能用此项设定。
- requirepass：设置客户端连接后进行任何其他操作前需要的密码。
- maxclients：限制同时连接的客户端数量。
- maxmemory：设置 Redis 能够使用的最大内存。
- appendonly：开启 appendonly 模式后，Redis 会把每一次接收到的写操作都追加到 appendonly.aof 文件中，当 Redis 重新启动时，会通过该文件恢复之前的状态。
- appendfsync：设置 appendonly.aof 文件进行同步的频率。
- vm_enabled：是否启用虚拟内存。
- vm_swap_file：设置虚拟内存的交换文件的路径。
- vm_max_memory：设置启用虚拟内存后，Redis 可使用的最大物理内存，默认为 0。
- vm_page_size：设置虚拟内存页的大小。

8.4 综合服务

LAMP 架构配置

8.4.1 LAMP

LAMP 是指一组通常一起使用来运行动态网站或网络应用的开源软件，这组软件包括 Linux 系统、Apache HTTP 服务器、MySQL 数据库管理系统以及 PHP 语言。

LAMP 因其开放源代码、免费、易于部署和配置以及广泛的社区支持而广受欢迎，它是许多网站（包括许多大型和流行的网站）和 Web 应用的基础架构。

本小节中的"LAMP"指的是以下系统或软件的组合。

- L（Linux）为 CentOS 8。
- A（Apache）为 Apache httpd 2.4.37。
- M（MySQL）为 MySQL 8.4.0。

- P（PHP）为 PHP 8.3.6。

CentOS 8 的安装参见本书第 1 章 1.2.2 小节，MySQL 8.4.0 的安装参见本章 8.3.1 小节。下面讲解 Apache 和 PHP 的安装与配置。

1．Apache 的安装

Apache 是 Apache HTTP Server 的简称，它是 Apache 软件基金会旗下的一个开源的 Web 服务器软件，可以运行在几乎所有的计算机平台上，并且可以快速、可靠地通过简单的 API 将 PHP 等解释器编译到服务器中。

Apache 源于美国 NCSA（National Center for Supercomputing Applications，国家超级计算应用中心）httpd 服务器，经过多次修改，已成为世界上最流行的 Web 服务器软件之一。它是自由软件，所以会不断有人来为它开发新的功能、新的特性，弥补原来的缺陷。Apache 的突出特点是简单、速度快、性能稳定，并可作为代理服务器使用。

下面讲解 Apache 服务的安装与配置过程。

（1）安装 Apache 服务。先查询是否已安装了 Apache 服务。查询后发现未安装，通过命令 dnf -y install httpd 进行安装。

```
[root@master ~]# dnf -y install httpd
上次元数据过期检查：2:23:14 前，执行于 2024 年 05 月 05 日 星期日 07 时 27 分 46 秒。
依赖关系解决。
……
已安装：

  apr-util-bdb-1.6.1-6.el8.x86_64
  apr-util-openssl-1.6.1-6.el8.x86_64
  centos-logos-httpd-85.8-2.el8.noarch
  httpd-2.4.37-41.module_el8.5.0+977+5653bbea.x86_64
  httpd-filesystem-2.4.37-41.module_el8.5.0+977+5653bbea.noarch
  httpd-tools-2.4.37-41.module_el8.5.0+977+5653bbea.x86_64
  mod_http2-1.15.7-3.module_el8.4.0+778+c970deab.x86_64
完毕!
```

（2）启动 Apache 服务，命令如下。

```
[root@master ~]# systemctl start httpd.service
```

（3）将 Apache 服务设置为开机自启并配置防火墙，命令如下。

```
[root@master ~]# systemctl enable httpd.service
Created symlink /etc/systemd/system/multi-user.target.wants/httpd.service →
/usr/lib/systemd/system/httpd.service.
[root@master ~]# systemctl status httpd
● httpd.service - The Apache HTTP Server
  Loaded: loaded (/usr/lib/systemd/system/httpd.service; enabled;…)
  Active: active (running) since Sun 2024-05-05 09:56:59 CST; 32s ago
    Docs: man:httpd.service(8)
Main PID: 12098 (httpd)
  Status: "Running, listening on: port 80"
```

```
   Tasks: 213 (limit: 11088)
 Memory: 26.8M
 CGroup: /system.slice/httpd.service
         ├─12098 /usr/sbin/httpd -DFOREGROUND
         ├─12105 /usr/sbin/httpd -DFOREGROUND
         ├─12106 /usr/sbin/httpd -DFOREGROUND
         ├─12125 /usr/sbin/httpd -DFOREGROUND
         └─12152 /usr/sbin/httpd -DFOREGROUND
5月 05 09:56:58 master systemd[1]: Starting The Apache HTTP Server...
5月 05 09:56:59 master httpd[12098]: AH00558: httpd: Could not reliably determine...
5月 05 09:56:59 master systemd[1]: Started The Apache HTTP Server.
[root@master ~]# firewall-cmd --add-port=80/tcp --permanent
success
[root@master ~]# firewall-cmd --reload
success
[root@master ~]# firewall-cmd --query-port=80/tcp
yes
```

（4）测试。

① 使用命令测试。

```
[root@master ~]# httpd -v
Server version: Apache/2.4.37 (centos)
Server built:   Nov  9 2021 18:58:03
```

② 使用浏览器测试。

启动浏览器（这里使用 Firefox）访问 Apache。

```
http://localhost
```

出现图 8-6 所示的 Apache 测试页面，说明 Apache 服务安装成功。

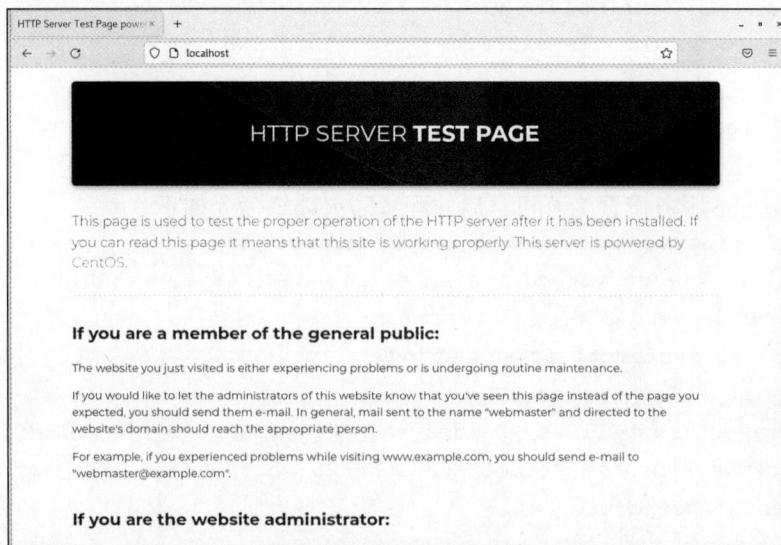

图 8-6　Apache 测试页面

2. PHP 的安装

PHP 8.3.6 于 2024 年 4 月 10 日发布。经过编者测试，用命令 dnf install 无法安装此版本，具体安装方法见以下步骤。

（1）卸载已安装的 PHP。

```
[root@master ~]# dnf -y remove php*
未找到匹配的参数：php*
没有软件包需要移除。
依赖关系解决。
无须任何处理。
完毕！
```

（2）下载 PHP 8.3.6 源代码压缩文件。

```
[root@master ~]# cd /soft/
[root@master soft]# wget -c -O php-8.3.6.tar.gz https://www.php.net/distributions/php-8.3.6.tar.gz
--2024-05-06 00:08:07-- https://www.php.net/distributions/php-8.3.6.tar.gz
正在解析主机 www.php.net (www.php.net)... 185.85.0.29, 2a02:cb40:200::1ad
正在连接 www.php.net (www.php.net)|185.85.0.29|:443... 已连接。
已发出 HTTP 请求，正在等待回应... 200 OK
长度：19771863 (19M) [application/octet-stream]
正在保存至："php-8.3.6.tar.gz"
php-8.3.6.tar.gz    100%[+++++++++++++++===>]  18.86M  501KB/s  用时 45s
2024-05-06 00:29:41 (501 KB/s) - 已保存 "php-8.3.6.tar.gz" [19771863/19771863])
```

（3）查看用户、用户组并解压 PHP 8.3.6 源代码压缩文件。

```
[root@master soft]# cut -d : -f 1 /etc/passwd | grep apache
apache
[root@master soft]# cut -d : -f 1 /etc/group | grep apache
apache
[root@master soft]# tar -zxvf php-8.3.6.tar.gz
[root@master soft]# mv php-8.3.6 php
[root@master ~]# cd
```

（4）安装依赖包。

将 DNF 源更换为阿里云，再执行下面的命令。

```
[root@master ~]# dnf install -y
https://mirrors.aliyun.com/epel/epel-release-latest-8.noarch.rpm
上次元数据过期检查：1:54:58 前，执行于 2024 年 05 月 05 日 星期日 23 时 19 分 25 秒。
epel-release-latest-8.noarch.rpm              31 KB/s | 25 KB    00:00
依赖关系解决。
......
已安装：
  epel-release-8-19.el8.noarch
完毕！
[root@master php]# sed -i
```

```
's|^#baseurl=https://download.example/pub|baseurl=https://mirrors.aliyun.com|'
/etc/yum.repos.d/epel*
[root@master ~]# sed -i 's|^metalink|#metalink|' /etc/yum.repos.d/epel*
[root@master ~]# dnf clean all
28 文件已删除
[root@master ~]# dnf makecache
BaseOS                                      50 MB/s | 2.6 MB     00:00
AppStream                                   16 MB/s | 7.5 MB     00:00
Extra Packages for Enterprise Linux 8 - x86_64 252 KB/s | 16 MB   01:06
MySQL 8.4 LTS Community Server              72 KB/s | 215 KB    00:02
MySQL Connectors Community                  52 KB/s | 128 KB    00:02
MySQL Tools 8.4 LTS Community               46 KB/s | 97 KB     00:02
元数据缓存已建立。
[root@master ~]# dnf -y install epel-release
上次元数据过期检查: 0:00:41 前，执行于 2024 年 05 月 06 日 星期一 01 时 26 分 51 秒。
软件包 epel-release-8-19.el8.noarch 已安装。
依赖关系解决。
无须任何处理。
完毕!
[root@master ~]# dnf -y update
上次元数据过期检查: 0:02:42 前，执行于 2024 年 05 月 06 日 星期一 01 时 26 分 51 秒。
依赖关系解决。
......
安装   3 软件包
升级   99 软件包
......
完毕!
```

若以上命令执行时提示软件包 containerd.io 与 runc 冲突，则执行 dnf remove -y runc 命令，然后继续执行出错的命令即可。

继续安装 gcc、gcc-c++、libxm12-devel、httpd-devel、openssl-devel、curl-devel 等依赖包，安装时间较长，请耐心等候。

```
[root@master ~]# dnf -y install gcc gcc-c++ libxml2-devel httpd-devel openssl-devel curl-devel libcurl-devel libjpeg-devel libpng-devel libzip-devel freetype-devel bzip2-devel libXpm-devel gmp-devel libicu-devel libmcrypt-devel pcre-devel postgresql-devel sqlite-devel libxslt-devel valgrind-devel
......
安装  49 软件包
总计: 39.3 M
安装大小: 119.6 M
完毕!
[root@master ~]# dnf config-manager --set-enabled PowerTools
[root@master ~]# dnf -y install oniguruma oniguruma-devel
```

```
CentOS-8.5.2111 - Base - mirrors.aliyun.com      30 KB/s | 3.9 KB      00:00
CentOS-8.5.2111 - Extras - mirrors.aliyun.com    18 KB/s | 1.5 KB      00:00
CentOS-8.5.2111 - PowerTools - mirrors.aliyun.  298 KB/s | 2.3 MB      00:07
CentOS-8.5.2111 - AppStream - mirrors.aliyun.c   14 KB/s | 4.3 KB      00:00
```
软件包 oniguruma-6.8.2-2.el8.x86_64 已安装。
依赖关系解决。

......
已安装:
  oniguruma-devel-6.8.2-2.el8.x86_64
完毕!
```
[root@master ~]# vim /etc/profile.d/libzip.sh
[root@master ~]# cat /etc/profile.d/libzip.sh
export LIBZIP_INCLUDE_DIR=/usr/include
export LIBZIP_LIBRARY_DIR=/usr/lib64
export C_INCLUDE_PATH=$LIBZIP_INCLUDE_DIR:$C_INCLUDE_PATH
export LD_LIBRARY_PATH=$LIBZIP_LIBRARY_DIR:$LD_LIBRARY_PATH
export PKG_CONFIG_PATH=/usr/lib64/pkgconfig:$PKG_CONFIG_PATH
[root@master ~]# source /etc/profile
```
　　将搜索路径添加到文件/etc/ld.so.conf，此文件记录了编译时使用的动态链接库的路径。
```
[root@master ~]# echo '/usr/local/lib64
/usr/local/lib
/usr/lib
/usr/lib64'>>/etc/ld.so.conf
```
　　更新动态链接库。
```
[root@master ~]# ldconfig -v
```
　　（5）配置编译参数。
```
[root@master ~]# cd /soft/php
[root@master php]# ./configure --prefix=/usr/local/php8 --exec-prefix=/usr/local/
php8 --bindir=/usr/local/php8/bin --sbindir=/usr/local/php8/sbin --includedir
=/usr/local/php8/include --libdir=/usr/local/php8/lib/php --mandir=/usr/local/
php8/php/man --with-config-file-path=/usr/local/php8/etc --with-mhash --with-
openssl --with-mysqli=mysqlnd --with-pdo-mysql=mysqlnd --enable-mysqlnd --
enable-gd --with-iconv --with-zlib --with-zip --disable-debug --disable-rpath
--enable-shared --enable-xml --enable-bcmath --enable-shmop --enable-sysvsem
--enable-mbregex --enable-mbstring --enable-ftp --enable-pcntl --enable-sockets
--enable-soap --without-pear --with-gettext --enable-session --with-curl --with
-jpeg --with-freetype --enable-opcache --enable-fpm --with-fpm-user=apache --
with-fpm-group=apache --without-gdbm --disable-fileinfo --with-apxs2=/usr/bin/
apxs | tee /tmp/php8_install.log
......
creating main/internal_functions.c
creating main/internal_functions_cli.c
```

```
config.status: creating main/build-defs.h
config.status: creating scripts/phpize
config.status: creating scripts/man1/phpize.1
config.status: creating scripts/php-config
config.status: creating scripts/man1/php-config.1
config.status: creating sapi/cli/php.1
config.status: creating sapi/fpm/php-fpm.conf
config.status: creating sapi/fpm/www.conf
config.status: creating sapi/fpm/init.d.php-fpm
config.status: creating sapi/fpm/php-fpm.service
config.status: creating sapi/fpm/php-fpm.8
config.status: creating sapi/fpm/status.html
config.status: creating sapi/phpdbg/phpdbg.1
……
Thank you for using PHP.
```

编辑源代码目录下的文件 Makefile：

```
[root@master php]# vim Makefile
```

在此文件中，找到以下两行：

```
CC = cc
BUILD_CC = cc
```

将其改成：

```
CC = cc -fPIE -pie
BUILD_CC = cc -fPIE -pie
```

（6）编译安装 PHP 8.3.6。

```
[root@master php]# make clean && make && make install
……
Build complete.
Don't forget to run 'make test'.

[activating module 'php' in /etc/httpd/conf/httpd.conf]
Installing shared extensions:
/usr/local/php8/lib/php/extensions/no-debug-zts-20230831/
Installing PHP CLI binary:        /usr/local/php8/bin/
Installing PHP CLI man page:       /usr/local/php8/php/man/man1/
Installing PHP FPM binary:         /usr/local/php8/sbin/
Installing PHP FPM defconfig:      /usr/local/php8/etc/
Installing PHP FPM man page:       /usr/local/php8/php/man/man8/
Installing PHP FPM status page:    /usr/local/php8/php/php/fpm/
Installing phpdbg binary:          /usr/local/php8/bin/
Installing phpdbg man page:        /usr/local/php8/php/man/man1/
Installing PHP CGI binary:         /usr/local/php8/bin/
Installing header files:           /usr/local/php8/include/php/
```

```
Installing helper programs:          /usr/local/php8/bin/
  program: phpize
  program: php-config
Installing man pages:                /usr/local/php8/php/man/man1/
  page: phpize.1
  page: php-config.1
Installing PDO headers:              /usr/local/php8/include/php/ext/pdo/
```

（7）执行 make test 命令进行测试。

```
[root@master php]# chmod 755 /usr/lib64/httpd/modules/libphp.so
[root@master php]# make test
......
```

（8）查看编译成功后的 PHP 8.3.6 安装目录。

```
[root@slave php]# find / -name "*no-debug-zts*"
/usr/local/php8/lib/php/extensions/no-debug-zts-20230831
[root@master php]# ls -lrt /usr/local/php8/lib/php/extensions/no-debug-zts-20230831/
总用量 6668
-rwxr-xr-x. 1 root root 6825624 5月   6 14:31 opcache.so
```

（9）配置 PHP 8.3.6。

① 创建配置文件 php.ini、php-fpm、php-fpm.conf 和 www.conf。

```
[root@master php]# cp php.ini-production /usr/local/php8/etc/php.ini
[root@master php]# cp ./sapi/fpm/init.d.php-fpm /etc/init.d/php-fpm
[root@master php]# cp /usr/local/php8/etc/php-fpm.conf.default /usr/local/php8/etc/php-fpm.conf
[root@master php]# cp /usr/local/php8/etc/php-fpm.d/www.conf.default /usr/local/php8/etc/php-fpm.d/www.conf
```

② 编辑配置文件 php.ini。

```
[root@master php]# grep 'mysql.sock' /etc/my.cnf
socket=/var/lib/mysql/mysql.sock
[root@master ~]# find / -name "*no-debug-zts*"
/usr/local/php8/lib/php/extensions/no-debug-zts-20230831
[root@master php]# vim /usr/local/php8/etc/php.ini
```

将该文件按照以下内容进行修改或添加：

```
extension_dir ="/usr/local/php8/lib/php/extensions/no-debug-zts-20230831/"
sys_temp_dir = "/var/lib/php/session/"
session.save_path = "/var/lib/php/session/"
pcre.jit=0
mysqli.default_socket = "/var/lib/mysql/mysql.sock"
pdo_mysql.default_socket="/var/lib/mysql/mysql.sock"
```

③ 添加 PHP 的环境变量。

```
[root@master php]# echo -e '\nexport PATH=/usr/local/php8/bin:/usr/local/php8/sbin:$PATH\n' >> /etc/profile && source /etc/profile
```

④ 设置 PHP 的日志目录和 php-fpm 配置文件（php-fpm.sock）目录。

```
[root@master php]# groupadd -r apache && useradd -r -g apache -s /bin/false -M apache
groupadd: "apache"组已存在
[root@master php]# mkdir -p /var/log/php-fpm/ && mkdir -p /var/run/php-fpm && cd /var/run/ && chown -R apache:apache php-fpm
```

⑤ 修改 session 的目录配置。

```
[root@master run]# mkdir -p /var/lib/php/session
[root@master run]# chown -R apache:apache /var/lib/php
```

⑥ 设置 PHP 开机自启。

```
[root@master run]# chmod +x /etc/init.d/php-fpm
[root@master run]# chkconfig --add php-fpm
[root@master run]# chkconfig php-fpm on
```

⑦ 测试 PHP 的配置文件是否正确。

```
[root@master run]# php-fpm -t
[06-May-2024 16:20:33] NOTICE: configuration file /usr/local/php8/etc/php-fpm.conf test is successful
```

（10）启动 PHP 8.3.6。

① 使用以下命令启动 PHP 8.3.6。

```
[root@master run]# service php-fpm start
Starting php-fpm  done
```

② 查看 PHP 8.3.6 是否成功启动。

```
[root@master run]# ps -aux|grep php
root   962043 0.0 0.4 132192 8940 ?      Ss 16:22   0:00 php-fpm: master process
(/usr/local/php8/etc/php-fpm.conf)
apache 962044 0.0 0.5 159624 9744 ?       S  16:22   0:00 php-fpm: pool www
apache 962045 0.0 0.5 159624 9744 ?       S  16:22   0:00 php-fpm: pool www
root   962067 0.0 0.1 12348 2268 pts/0 S+ 16:23   0:00 grep --color=auto php
[root@master run]# php -version
PHP 8.3.6 (cli) (built: May  6 2024 14:30:25) (ZTS)
Copyright (c) The PHP Group
Zend Engine v4.3.6, Copyright (c) Zend Technologies
[root@master run]# php -v
PHP 8.3.6 (cli) (built: May  6 2024 14:30:25) (ZTS)
Copyright (c) The PHP Group
```

（11）配置 Apache。

① 编辑配置文件/etc/httpd/conf/httpd.conf。

```
[root@master run]# vim /etc/httpd/conf/httpd.conf
```

在 LoadModule 下面添加以下内容：

```
LoadModule php_module /usr/lib64/httpd/modules/libphp.so
```

添加对.php 扩展名的处理：

```
AddType application/x-httpd-php .php
```
添加默认首页 index.php：
```
DirectoryIndex index.php index.html
```
② 在 Apache 根目录下建立默认首页 index.php。
```
[root@master run]# vim /var/www/html/index.php
```
将此文件的内容替换成以下内容：
```
<?php
phpinfo();
?>
```
③ 重新启动 Apache。
```
[root@master run]# systemctl restart httpd
```
④ 访问默认首页 index.php。打开浏览器输入以下地址后按 Enter 键，若 PHP 运行成功，则出现图 8-7 所示的页面。
```
http://localhost/
```

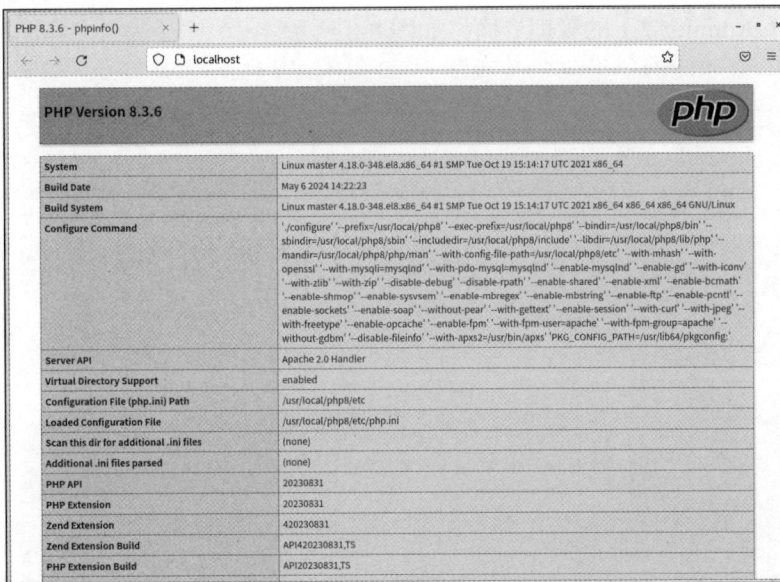

图 8-7　PHP 运行成功页面

⑤ 下载并安装 phpMyAdmin 5.2.1。

phpMyAdmin 是一个流行的开源软件，用于管理 MySQL 和 MariaDB 数据库。它用 PHP 编写，提供了一个基于 Web 的图形界面，让用户可以轻松地执行数据库管理任务，而无须使用命令行或编写复杂的 SQL 代码。
```
[root@master run]# cd /var/www/html/
[root@master html]# wget -c -O phpMyAdmin-5.2.1-all-languages.zip https://
files.phpmyadmin.net/phpMyAdmin/5.2.1/phpMyAdmin-5.2.1-all-languages.zip
--2024-05-06 17:17:53--
https://files.phpmyadmin.net/phpMyAdmin/5.2.1/phpMyAdmin-5.2.1-all-languages.
zip
```

```
正在解析主机 files.phpmyadmin.net (files.phpmyadmin.net)... 143.244.51.249,
89.187.187.12, 143.244.51.9, ...
正在连接 files.phpmyadmin.net (files.phpmyadmin.net)|143.244.51.249|:443... 已连接。
已发出 HTTP 请求，正在等待回应... 200 OK
正在保存至："phpMyAdmin-5.2.1-all-languages.zip"
phpMyAdmin-5.2.1-al 100%[====================>] 14.40M 5.69MB/s 用时 2.5s
2024-05-06 17:17:57 (5.69 MB/s) - 已保存 "phpMyAdmin-5.2.1-all-languages.zip"
[15096155/15096155])
[root@master html]# unzip phpMyAdmin-5.2.1-all-languages.zip
[root@master html]# mv phpMyAdmin-5.2.1-all-languages phpMyAdmin
[root@master html]# cd phpMyAdmin
[root@master phpMyAdmin]# cp config.sample.inc.php config.inc.php
[root@master phpMyAdmin]# vim config.inc.php
```

将 config.inc.php 文件中的$cfg['blowfish_secret']的值设置为任意一个字符串，保存后退出。

在浏览器中输入如下地址后按 Enter 键，在登录页面中输入在 8.3.1 节设置的用户名与密码，进入 phpMyAdmin 5.2.1 的管理界面，如图 8-8 所示。

```
http://localhost/phpMyAdmin/
```

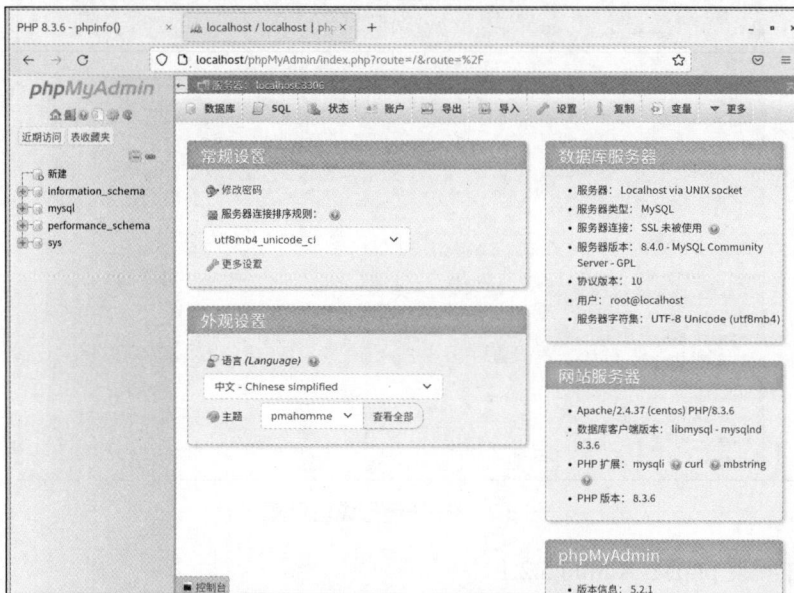

图 8-8　phpMyAdmin 5.2.1 的管理界面

至此，PHP 8.3.6 安装配置完成。

8.4.2　Docker

Docker 是一个开源的应用容器引擎，可以让开发者打包应用以及依赖包到一个可移植的容器中，然后发布到任何 Linux 系统或 Windows 系统，也可以实现虚拟化。容器使用沙箱机制（Sandboxing，一种计算机安全领域常用的技术，旨在隔离和限制程序运行时对权限和资源的访问，以确保系统的安全性和稳定性），相互之间不会有任何接口。

完整的 Docker 有以下几个部分。

- Docker Client 客户端。
- Docker Daemon 守护进程。
- Docker Image 镜像。
- Docker Container 容器。

Docker 的主要目标是 "Build, Ship and Run Any App, Anywhere"，即随时随地构建、交付和运行任何应用程序。Docker 通过对应用组件的封装（Packaging）、分发（Distribution）、部署（Deployment）、运行（Runtime）等生命周期的管理，达到应用组件级别的"一次封装，到处运行"的效果。这里的应用组件既可以是 Web 应用，也可以是数据库服务，甚至可以是操作系统或编译器。

Docker 基于 Linux 系统多项开源技术提供高效、敏捷和轻量级的容器方案，并且支持在多种主流云平台 PaaS（Platform as a Service，平台即服务，它提供计算平台与解决方案，并将其作为服务提供给开发人员）和本地系统上部署，为应用的开发和部署提供了一站式解决方案。

Docker 通常用于如下场景。

- Web 应用的自动化打包和发布。
- 自动化测试和持续集成、发布。
- 在服务型环境中部署和调整数据库或其他的后台应用。
- 从头编译或扩展现有的 OpenShift 或 Cloud Foundry 平台来搭建自己的 PaaS 环境。

Docker 从 17.03 版本之后分为 CE（Community Edition，社区版）和 EE（Enterprise Edition，企业版）。相比社区版，企业版更强调安全性，但需付费使用。本小节使用社区版来演示。

下面讲解 Docker 的安装与配置。

（1）将 DNF 源更换为阿里云并且添加 EPEL 源。

将 DNF 源更换为阿里云并且添加 EPEL 源，具体方法参见 6.2 节和 8.4.1 小节。下面演示相关依赖包的安装以及 Docker CE 源的添加。

```
[root@master ~]# dnf install -y dnf-utils
上次元数据过期检查：0:33:08 前，执行于 2024 年 05 月 07 日 星期二 03 时 13 分 19 秒。
依赖关系解决。
……
已安装：
  yum-utils-4.0.21-3.el8.noarch
完毕！
[root@master ~]# sudo dnf-config-manager --add-repo
https://mirrors.aliyun.com/docker-ce/linux/centos/docker-ce.repo
添加仓库自：https://mirrors.aliyun.com/docker-ce/linux/centos/docker-ce.repo
[root@master ~]# dnf clean all
50 文件已删除
[root@master ~]# dnf makecache
CentOS-8.5.2111 - Base - mirrors.aliyun.com    138 KB/s | 4.6 MB    00:33
CentOS-8.5.2111 - Extras - mirrors.aliyun.com   25 KB/s | 10 KB    00:00
```

```
CentOS-8.5.2111 - PowerTools - mirrors.aliyun.  86 KB/s | 2.3 MB     00:27
CentOS-8.5.2111 - AppStream - mirrors.aliyun.c  90 KB/s | 8.4 MB     01:35
Docker CE Stable - x86_64                       65 KB/s |  64 KB     00:00
Extra Packages for Enterprise Linux 8 - x86_64  90 KB/s |  16 MB     03:05
MySQL 8.4 LTS Community Server                   89 KB/s | 215 KB     00:02
MySQL Connectors Community                       71 KB/s | 128 KB     00:01
MySQL Tools 8.4 LTS Community                    45 KB/s |  97 KB     00:02
元数据缓存已建立。
```

　　EPEL（Extra Packages for Enterprise Linux，企业版 Linux 的额外软件包）由 Fedora 社区打造，为 RHEL 及其衍生发行版如 CentOS、Scientific Linux 等提供高质量软件包，相当于一个第三方源。为什么需要 EPEL 呢？因为 CentOS 官方源包含的大多数库都是比较旧的，并且很多流行的库未包含。

　　（2）安装 Docker Engine-Community 和 containerd。

```
[root@master ~]# sudo dnf install -y docker-ce docker-ce-cli containerd.io
--allowerasing
上次元数据过期检查：0:09:14 前，执行于 2024 年 05 月 07 日 星期二 04 时 25 分 12 秒。
依赖关系解决。
......
安装  7 软件包
移除  5 软件包
总下载：102 M
......
已安装：
  containerd.io-1.6.31-3.1.el8.x86_64
  docker-buildx-plugin-0.14.0-1.el8.x86_64
  docker-ce-3:26.1.1-1.el8.x86_64
  docker-ce-cli-1:26.1.1-1.el8.x86_64
  docker-ce-rootless-extras-26.1.1-1.el8.x86_64
  docker-compose-plugin-2.27.0-1.el8.x86_64
  libcgroup-0.41-19.el8.x86_64
已移除：
  buildah-1.22.3-2.module_el8.5.0+911+f19012f9.x86_64
  cockpit-podman-33-1.module_el8.5.0+890+6b136101.noarch
  containers-common-2:1-2.module_el8.5.0+890+6b136101.noarch
  podman-3.3.1-9.module_el8.5.0+988+b1f0b741.x86_64
  podman-catatonit-3.3.1-9.module_el8.5.0+988+b1f0b741.x86_64
完毕！
```

　　（3）启动 Docker，运行 hello-world 镜像来验证 Docker 是否成功安装和启动。

```
[root@master ~]# sudo systemctl start docker
[root@master ~]# sudo systemctl enable docker
Created symlink /etc/systemd/system/multi-user.target.wants/docker.service →
```

```
/usr/lib/systemd/system/docker.service.
[root@master ~]# systemctl status docker
● docker.service - Docker Application Container Engine
   Loaded: loaded (/usr/lib/systemd/system/docker.service; enabled;…)
   Active: active (running) since Tue 2024-05-07 05:37:41 CST; 15min ago
     Docs: https://docs.docker.com
 Main PID: 18265 (dockerd)
    Tasks: 10
   Memory: 127.5M
   CGroup: /system.slice/docker.service
           └─18265 /usr/bin/dockerd -H fd:// --containerd=/run/……
5月 07 05:36:56 master dockerd[18265]: time="2024-05-07T05:36:56.000323966…
……
[root@master ~]# sudo docker pull hello-world
Using default tag: latest
latest: Pulling from library/hello-world
c1ec31eb5944: Pull complete
Digest:
sha256:a26bff933ddc26d5cdf7faa98b4ae1e3ec20c4985e6f87ac0973052224d24302
Status: Downloaded newer image for hello-world:latest
docker.io/library/hello-world:latest
[root@master ~]# sudo docker run hello-world
Hello from Docker!
This message shows that your installation appears to be working correctly.
To generate this message, Docker took the following steps:
 1. The Docker client contacted the Docker daemon.
 2. The Docker daemon pulled the "hello-world" image from the Docker Hub.
    (amd64)
 3. The Docker daemon created a new container from that image which runs the
    executable that produces the output you are currently reading.
 4. The Docker daemon streamed that output to the Docker client, which sent
    it to your terminal.
To try something more ambitious, you can run an Ubuntu container with:
 $ docker run -it ubuntu bash
Share images, automate workflows, and more with a free Docker ID:
 https://hub.docker.com/
For more examples and ideas, visit:
 https://docs.docker.com/get-started/
```

　　看到"Hello from Docker!"这样的信息，则表示 Docker 安装和启动成功。

　　除了启动 Docker 的命令外，还有一些其他相关的命令如下。

　　例：查询 Docker 的版本。

```
[root@master ~]# docker --version
```

```
Docker version 26.1.1, build 4cf5afa
```
例：查询 Docker 所有组件的版本信息。
```
[root@master ~]# docker version
```
例：重启守护进程。
```
[root@master ~]#systemctl daemon-reload
```
例：重启 Docker。
```
[root@master ~]#systemctl restart docker
```
（4）卸载 Docker。

例：卸载安装包。
```
[root@master ~]#dnf remove docker-ce
```
例：删除镜像、容器和配置文件等。
```
[root@master ~]#rm -rf /var/lib/docker
```
（5）Docker 的常用操作命令如下。

搜索仓库镜像：
```
[root@master ~]#docker search 镜像名
```
拉取镜像：
```
[root@master ~]#docker pull 镜像名
```
查看正在运行的容器：
```
[root@master ~]#docker ps
```
查看所有容器：
```
[root@master ~]#docker ps -a
```
删除容器：
```
[root@master ~]#docker rm container_id
```
查看镜像：
```
[root@master ~]#docker images
```
删除镜像：
```
[root@master ~]#docker rmi image_id
```
启动（停止的）容器：
```
[root@master ~]#docker start 容器ID
```
停止容器：
```
[root@master ~]#docker stop  容器ID
```
重启容器：
```
[root@master ~]#docker restart 容器ID
```
启动（新）容器：
```
[root@master ~]#docker run -it ubuntu /bin/bash
```
进入容器：
```
[root@master ~]#docker attach 容器ID
[root@master ~]#docker exec -it 容器ID /bin/bash
```
更多命令可以通过 docker help 命令来查看。

8.5　习题

一、填空题

1. NFS（Network File System，＿＿＿＿＿＿＿）可以通过网络让不同的机器、不同的操作系统彼此共享文件。

2. ＿＿＿＿＿＿＿＿是非常安全的 FTP 服务，是 Linux 发行版中主流的、免费的、开源的 FTP 服务器程序。

3. Samba 可以用于＿＿＿＿＿＿＿系统之间直接的文件共享和打印共享。

4. ＿＿＿＿＿＿＿的主要作用是在大型局域网络环境集中管理和分配 IP 地址，使网络中的主机能动态获取 IP 地址、网关地址、域名服务器地址等，并能提高地址的使用率。

5. ＿＿＿＿＿＿＿是互联网的核心应用服务，可以通过 IP 地址查询域名。

6. ＿＿＿＿＿＿＿是指一种由寄件人将数字信息发送给一个人或多个人的信息交换方式。

7. 在 Web 应用方面，＿＿＿＿＿＿＿＿是非常好用的关系数据库管理系统应用软件。

8. Redis 是一个开源的＿＿＿＿＿＿＿，它支持的值类型很多，包括字符串、链表、集合、有序集合和哈希值等。

9. LAMP 是＿＿＿＿＿＿＿＿＿＿＿＿＿＿＿＿＿＿＿＿＿的缩写。

10. Docker 是一个开源的＿＿＿＿＿＿＿，可以让开发者打包他们的应用以及依赖包到一个可移植的容器中，然后发布到任何 Linux 系统或 Windows 系统上，也可以实现虚拟化。

二、操作题

1. 某公司有 5 个部门：人事行政部、财务部、技术支持部、项目部和客服部。该公司对各部门用户访问公司服务器上的 Samba 服务提出如下需求。

● 各部门都有一个管理员，管理本部门目录（具有完全控制权限）和一个普通用户（只能创建和查看文件或目录）。部门目录只允许本部门的用户访问，非本部门用户不能访问。各部门之间共享的文件放在公用目录中，公用目录包括部门间共享目录和工具目录。

● 对于公用目录中的部门间共享目录，部门管理员具有完全控制权限，普通用户可以在该目录中创建文件及目录，并且对于新建的文件及目录有完全控制权限。对于管理员创建及上传的文件和目录，部门管理员和普通用户只能访问，不能更改和删除。

● 本部门用户在访问其他部门的共享目录时，只能查看。对于公用目录中的工具目录，只有管理员有完全控制权限，其他用户只能查看。

根据该公司提出的需求，对公司服务器进行如下规划。

（1）单独创建一个 Company 分区，在该分区下创建 HR、FM、TS、PRO、CS 和 Share 目录。在 Share 目录中创建 HR、FM、TS、PRO、CS 和 Tools 目录。

（2）各部门对应的目录由各部门自己管理，Tools 目录由管理员维护。

（3）各部门用户设置如下。

　　HR 管理员：hradmin。HR 普通用户：hruser。

　　FM 管理员：fmadmin。FM 普通用户：fmuser。

　　TS 管理员：tsadmin。TS 普通用户：tsuser。

　　PRO 管理员：proadmin。PRO 普通用户：prouser。

CS 管理员：csadmin。CS 普通用户：csuser。

Tools 管理员：admin。

现公司服务器已安装并启动 Samba 服务，请完成如下操作。

（1）使用 useradd 命令创建符合上述规划的用户。

示例代码：

```
useradd -s /sbin/nologin hradmin
useradd -g hradmin -s /sbin/nologin hruser
```

（2）使用 smbpasswd 命令创建与上述规划用户对应的 SMB 账号。

示例代码：

```
smbpasswd -a hradmin
```

（3）在 Company 分区上创建符合上述规划的目录。

（4）使用 chown 命令更改上述规划目录的属主和属组。

示例代码：

```
chown hradmin.hradmin /Company/HR
chown hradmin.hradmin /Company/Share/HR
```

（5）使用 chmod 命令设置用户对符合上述规划的目录的访问权限。

示例代码：

```
chmod 1770 /Company/HR
chmod -R 0775 /Company/Share
chmod 1775 /Company/Share/HR
```

（6）根据上述规划，修改 Samba 的主配置文件 smb.conf。

提示：针对某个目录，可以进行如下设置。

```
[HR]
comment = HR 专用目录
path = /Company/HR/
public = no
admin users = hradmin
valid users = @hradmin
writable = yes
create mask = 0750
directory mask = 0750
```

2. 在 MySQL 官网下载最新版本的 RPM 包，在自己的计算机上离线安装 MySQL。

3. 在自己的计算机上安装 Apache 2.4.37。

4. 在自己的计算机上安装 PHP 8.3.6 和 phpMyAdmin 5.2.1。

5. 在自己的计算机上安装 Docker 26.1.1。

第 9 章 常用集群配置

本章导读

集群是指将多台单独的服务器通过技术集合起来构成一个工作组或者一台大型的服务器。简而言之，集群就是将多台服务器组合成一台服务器使用。这些服务器之间可以彼此通信，协同向用户提供应用程序、系统资源和数据，并以单一系统的模式加以管理。当用户使用集群时，集群对用户来说就像一个独立的服务器，而实际上用户使用的是一组服务器。

知识目标

- 了解 MySQL Replication 的工作原理。
- 了解 LVS 的工作原理。
- 了解 HAProxy 的工作原理。
- 了解 Keepalived 的工作原理。

能力目标

- 能够完成 MySQL Replication 的搭建。
- 能够完成 LVS 的搭建。
- 能够完成 HAProxy 的搭建。
- 能够完成 Keepalived 的搭建。

素质目标

具有遵守法律或约定俗成的社会规则的意识。

9.1 MySQL Replication

9.1.1 MySQL Replication 简介

MySQL Replication（MySQL 复制，也称为主从复制）是一种数据备份和恢复技术，同时也是一种数据分发和负载均衡的解决方案。它允许 MySQL 数据库的数据从一个 MySQL

服务器（称为主服务器或主节点）自动地复制到另一个或其他多个 MySQL 服务器（称为从服务器或从节点）。

MySQL Replication 的主要特点如下。

● 数据冗余和故障恢复：通过复制数据到多个从服务器，提高了数据的冗余性和可靠性，如果主服务器发生故障，可以迅速将某个从服务器提升为主服务器，从而恢复服务。

● 负载均衡：可以将读操作分散到多个从服务器，从而提高查询的效率和可扩展性。写操作通常在主服务器上进行。

● 数据分析：可以在从服务器上进行复杂的查询和分析操作，而不影响主服务器的性能。

● 地理分布：可以将从服务器部署在不同的地理位置，以支持跨地域的数据访问和备份。

MySQL Replication 根据配置可复制 MySQL 中的所有数据库或选定数据库或选定的表，通常情况下，只复制选定的数据库。简单来说，就是从服务器到主服务器获取同步二进制日志，再根据日志文件将相关的 SQL 语句在从服务器上重新执行，从而达到数据同步的目的并确保数据的一致性。

MySQL Replication 的复制模式分为两种——异步和半同步，同时提供了 3 种复制格式：基于语句的复制（Statement-Based Replication，SBR），用于复制整个 SQL 语句；基于行的复制（Row-Based Replication，RBR），用于仅复制已更改的行；基于混合的复制（Mixed-Based Replication，MBR）。默认采用基于语句的复制，一旦发现基于语句的复制无法精确复制，就采用基于行的复制。

MySQL Replication 基本工作原理如下。

● 二进制日志（Binary Log）：主服务器上所有修改数据的操作（如 INSERT、UPDATE、DELETE 等）都会被记录到二进制日志中。

● I/O 线程：从服务器上的 I/O 线程连接到主服务器，并请求主服务器的二进制日志中从特定位置（二进制日志位置点的标记）开始的日志内容。当接收到这些二进制日志事件后，将这些事件存储在从服务器的中继日志（Relay Log）中。

● SQL 线程：从服务器上的 SQL 线程读取中继日志中的事件，并在从服务器的数据库中重新执行这些事件，从而实现数据的复制。

MySQL Replication 主从模式如下。

● 一主一从：一台 MySQL 服务器作为主节点，一台 MySQL 服务器作为从节点。

● 一主多从：一台 MySQL 服务器作为主节点，多台 MySQL 服务器作为从节点。

● 双主互备：两台 MySQL 服务器均作为主节点，同时它们也互为从节点。

● 双主多从：即在双主互备的基础上加多个从节点。

● 环型主从：也称多主多从，多台 MySQL 服务器（一般不少于 3 台）组成一个闭环。

9.1.2 MySQL Replication 主从模式搭建实例

本小节将演示如何搭建 MySQL Replication 主从模式。演示中会使用到两台服务器（一主一从），就是本书第 8 章所建的最小 Linux 集群。演示使用的 MySQL 版本为 8.4.0。主节点的 MySQL 数据库已经安装好，从节点的 MySQL 数据库安装参见本书第 8 章 8.3.1 小节。
演示所使用的服务器信息如表 9-1 所示。

表 9-1　演示所使用的服务器信息

主机名	IP 地址	作用
master	192.168.125.128	MySQL 主节点
slave	192.168.125.129	MySQL 从节点

MySQL Replication 架构如图 9-1 所示。

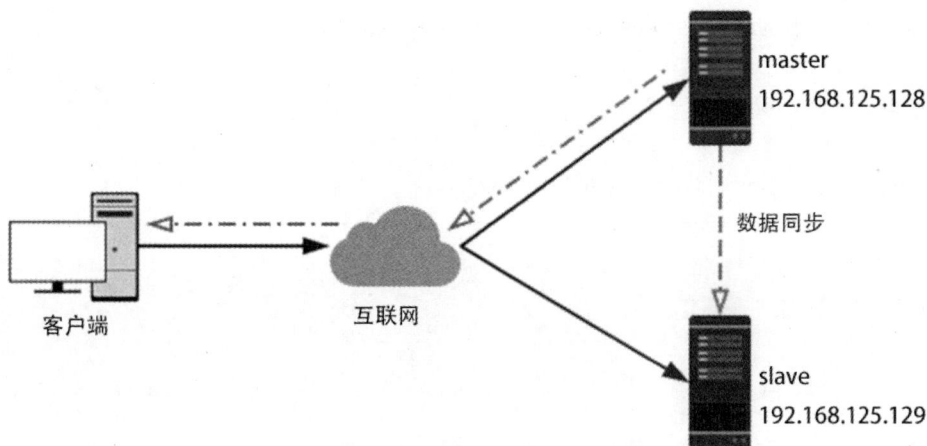

图 9-1　MySQL Replication 架构

1.　配置主节点

MySQL 主节点，主机名为 master，IP 地址为 192.168.125.128，MySQL 版本为 8.4.0，已
安装好并已设置为开机自启。下面讲解主节点的配置。

（1）修改 MySQL 的配置文件。

```
[root@master ~]# vim /etc/my.cnf
```

在此文件的末尾添加以下内容：

```
server-id=1
log-bin=mysql-bin
binlog-format=row
```

server-id：服务 ID，全局唯一，即在所有节点的 server-id 值都是唯一的。

log-bin：二进制日志。

binlog-format：定义二进制日志（binlog）记录数据变更的方式。

（2）重启 MySQL 服务。

```
[root@master ~]# systemctl restart httpd
```

（3）复制用户并授权，查看二进制日志，记录日志文件名以及偏移量。

```
[root@master ~]# mysql -u root -p
Enter password:
Welcome to the MySQL monitor.  Commands end with ; or \g.
```

```
Your MySQL connection id is 95
Server version: 8.4.0 MySQL Community Server - GPL
Copyright (c) 2000, 2024, Oracle and/or its affiliates.
Oracle is a registered trademark of Oracle Corporation and/or its
affiliates. Other names may be trademarks of their respective
owners.
Type 'help;' or '\h' for help. Type '\c' to clear the current input statement.
mysql> CREATE USER 'replica'@'%' IDENTIFIED WITH mysql_native_password BY
'LXYtql5.9';
Query OK, 0 rows affected (11.12 sec)
mysql> GRANT REPLICATION SLAVE ON *.* TO 'replica'@'%';
Query OK, 0 rows affected (0.56 sec)
mysql> flush privileges;
Query OK, 0 rows affected (1.00 sec)
mysql> select user,host from mysql.user;
+-------------------+-----------+
| user              | host      |
+-------------------+-----------+
| replica           | %         |
| root              | localhost |
| mysql.infoschema  | localhost |
| mysql.session     | localhost |
| mysql.sys         | localhost |
+-------------------+-----------+
5 rows in set (0.07 sec)
mysql> SHOW BINARY LOG STATUS\G
*************************** 1. row ***************************
          File: binlog.000004
      Position: 4080
   Binlog_Do_DB:
 Binlog_Ignore_DB:
Executed_Gtid_Set:
1 row in set (0.01 sec)
```

至此，主节点配置完成，接下来只需要配置好从节点并启动同步即可。

2. 配置从节点

MySQL 从节点，主机名为 slave，IP 地址为 192.168.125.129，MySQL 版本为 8.4.0，已安装好并已设置为开机自启。下面讲解从节点的配置。

（1）修改 MySQL 配置文件。

```
[root@slave ~]# vim /etc/my.cnf
```

在此文件的末尾添加以下内容：

```
server-id=21
```

```
relay-log=mysql-relay-bin
```

（2）重启 MySQL 服务。

```
[root@slave ~]# systemctl restart mysqld
```

（3）配置主从复制。

```
[root@slave ~]# mysql -u root -p
Enter password:
Welcome to the MySQL monitor.  Commands end with ; or \g.
Your MySQL connection id is 10
Server version: 8.4.0 MySQL Community Server - GPL
Copyright (c) 2000, 2024, Oracle and/or its affiliates.
Oracle is a registered trademark of Oracle Corporation and/or its
affiliates. Other names may be trademarks of their respective
owners.
Type 'help;' or '\h' for help. Type '\c' to clear the current input statement.
mysql> STOP REPLICA;
Query OK, 0 rows affected (0.01 sec)
mysql> CHANGE REPLICATION SOURCE TO SOURCE_HOST='192.168.125.128', SOURCE_USER=
'replica', SOURCE_PASSWORD='LXYtql5.9',
SOURCE_LOG_FILE='binlog.000004', SOURCE_LOG_POS=4080;
Query OK, 0 rows affected, 2 warnings (0.04 sec)
mysql> reset REPLICA;
Query OK, 0 rows affected (0.09 sec)
mysql> START REPLICA;
Query OK, 0 rows affected (0.00 sec)
mysql> SHOW REPLICA STATUS\G
*************************** 1. row ***************************
             Replica_IO_State: Waiting for source to send event
                  Source_Host: 192.168.125.128
                  Source_User: replica
                  Source_Port: 3306
                Connect_Retry: 60
              Source_Log_File: binlog.000004
          Read_Source_Log_Pos: 4080
               Relay_Log_File: mysql-relay-bin.000006
                Relay_Log_Pos: 4291
        Relay_Source_Log_File: binlog.000004
           Replica_IO_Running: Yes
          Replica_SQL_Running: Yes
              Replicate_Do_DB:
          Replicate_Ignore_DB:
           Replicate_Do_Table:
       Replicate_Ignore_Table:
```

```
            Replicate_Wild_Do_Table:
         Replicate_Wild_Ignore_Table:
                      Last_Errno: 0
                      Last_Error:
                    Skip_Counter: 0
             Exec_Source_Log_Pos: 4080
                 Relay_Log_Space: 4713
                 Until_Condition: None
                  Until_Log_File:
                   Until_Log_Pos: 0
               Source_SSL_Allowed: No
              Source_SSL_CA_File:
              Source_SSL_CA_Path:
                 Source_SSL_Cert:
               Source_SSL_Cipher:
                  Source_SSL_Key:
            Seconds_Behind_Source: 0
  Source_SSL_Verify_Server_Cert: No
                   Last_IO_Errno: 0
                   Last_IO_Error:
                  Last_SQL_Errno: 0
                  Last_SQL_Error:
       Replicate_Ignore_Server_Ids:
                 Source_Server_Id: 1
                     Source_UUID: 2ff2c6cf-0a6e-11ef-a59c-000c293ca342
                Source_Info_File: mysql.slave_master_info
                       SQL_Delay: 0
             SQL_Remaining_Delay: NULL
        Replica_SQL_Running_State: Replica has read all relay log; waiting for more
updates
               Source_Retry_Count: 10
                     Source_Bind:
        Last_IO_Error_Timestamp:
       Last_SQL_Error_Timestamp:
                  Source_SSL_Crl:
              Source_SSL_Crlpath:
              Retrieved_Gtid_Set:
               Executed_Gtid_Set:
                   Auto_Position: 0
              Replicate_Rewrite_DB:
                    Channel_Name:
              Source_TLS_Version:
```

```
        Source_public_key_path:
     Get_Source_public_key: 0
         Network_Namespace:
1 row in set (0.00 sec)
```

使用 SHOW REPLICA STATUS\G 命令查看从节点状态。若结果中 Slave_IO_ Running 与 Slave_SQL_Running 的值均为 Yes，则表示从节点启动成功。若 Slave_IO_Running 与 Slave_SQL_Running 的值出现其他情况，均表示从节点启动失败，此时 Last_IO_Error 或 Last_SQL_Error 会给出错误提示。如出现如下情况：

```
            Last_IO_Errno: 2061
            Last_IO_Error: Error connecting to source
'replica@192.168.125.128:3306'. This was attempt 6/10, with a delay of 60 seconds
between attempts. Message: Authentication plugin 'caching_sha2_password' reported
error: Authentication requires secure connection.
```

则表示用户的密码验证插件与系统设置不一致，更改用户的密码验证插件即可。

至此，主节点和从节点均配置完成。

3. 测试 MySQL Replication

（1）在 MySQL 主节点添加数据。

```
mysql> CREATE DATABASE `repdata` DEFAULT CHARACTER SET utf8mb4 COLLATE
utf8mb4_0900_ai_ci;
1 rows in set (0.01 sec)


mysql> show databases;
+--------------------+
| Database           |
+--------------------+
| information_schema |
| mysql              |
| performance_schema |
| repdata            |
| sys                |
+--------------------+
5 rows in set (0.21 sec)


mysql> use repdata;
mysql> CREATE TABLE `user` (`id` int NOT NULL AUTO_INCREMENT PRIMARY KEY,`name`
varchar(30) NOT NULL,`age` int(3) NOT NULL,`datetime` datetime DEFAULT
CURRENT_TIMESTAMP) ENGINE=InnoDB DEFAULT CHARSET=utf8mb4
COLLATE=utf8mb4_0900_ai_ci;
Query OK, 0 rows affected, 1 warning (3.23 sec)


mysql> INSERT INTO `user` (`id`, `name`, `age`, `datetime`) VALUES (1, '张三', '23',
```

```
'2024-05-09 08:58:37'),(2, '李四', '25', '2024-05-09 08:58:39');
Query OK, 2 rows affected (1.18 sec)
Records: 2  Duplicates: 0  Warnings: 0

mysql> show tables;
+-------------------+
| Tables_in_repdata |
+-------------------+
| user              |
+-------------------+
1 row in set (0.00 sec)

mysql> select * from user;
+----+--------+-----+---------------------+
| id | name   | age | datetime            |
+----+--------+-----+---------------------+
|  1 | 张三   |  23 | 2024-05-09 08:58:37 |
|  2 | 李四   |  25 | 2024-05-09 08:58:39 |
+----+--------+-----+---------------------+
2 rows in set (0.00 sec)
```

（2）在 MySQL 从节点查询数据。

```
mysql> show databases;
+--------------------+
| Database           |
+--------------------+
| information_schema |
| mysql              |
| performance_schema |
| repdata            |
| sys                |
+--------------------+
6 rows in set (1.84 sec)

mysql> use repdata;
Reading table information for completion of table and column names
You can turn off this feature to get a quicker startup with -A

Database changed
mysql> show tables;
+-------------------+
| Tables_in_repdata |
+-------------------+
```

```
| user              |
+-------------------+
1 row in set (0.11 sec)

mysql> select * from user;
+----+--------+-----+---------------------+
| id | name   | age | datetime            |
+----+--------+-----+---------------------+
|  1 | 张三   |  23 | 2024-05-09 08:58:37 |
|  2 | 李四   |  25 | 2024-05-09 08:58:39 |
+----+--------+-----+---------------------+
2 rows in set (0.00 sec)
```

通过查询发现主节点添加的数据在从节点都能看到，说明数据同步正常，主从复制配置成功。

9.2　LVS

LVS 配置

9.2.1　LVS 简介

LVS（Linux Virtual Server，Linux 虚拟服务器）是虚拟的服务器集群系统，是章文嵩博士在 1998 年成立的开源项目，也是国内最早的自由软件项目之一，目前属于 Linux 标准内核的一部分。

LVS 的核心作用是通过负载均衡技术将客户端的请求分发到不同的服务器上进行处理，从而提高整体的服务能力和资源的利用效率。其工作原理是 VS（Virtual Server，虚拟服务器）根据客户端请求报文的目标 IP 地址和目标协议以端口的方式将其调度转发至某 RS（Real Server，真实服务器），根据调度算法来选择合适的 RS，把单台服务器无法承受的大规模并发访问或数据流量分摊到多台服务器上分别处理，减少用户等待响应的时间，提升用户体验。

LVS 框架包含 IP 虚拟服务器（IP Virtual Server，IPVS）、基于内容请求分发的内核 TCP 虚拟服务器(Kernel TCP Virtual Server，KTCPVS)、集群管理（Cluster Management）软件、通用网络服务（General Network Services）以及支持庞大用户数的电子商务（E-Commerce）应用，如图 9-2 所示。

LVS 的主要特点如下。

● LVS 拥有实现了 3 种 IP 负载均衡技术和多种调度算法的 IPVS。IPVS 的内部实现采用高效的哈希函数和垃圾回收机制，能正确处理与所调度报文相关的 ICMP 消息。

● LVS 对虚拟服务数量无限制且支持持久的虚拟服务，并能提供较为详细的统计数据。

● LVS 的应用范围较广。后端真实服务器可运行任何支持 TCP/IP 的操作系统；前端负载均衡器能支持绝大多数的 TCP 和 UDP，无须对客户端和服务器做任何修改。

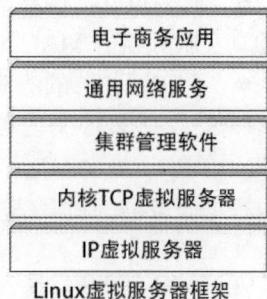

图 9-2　LVS 框架

- LVS 具有良好的伸缩性，可支持百万级的并发连接。若使用百兆网卡，可采用 VS/TUN（Virtral Server via IP Tunneling，IP 隧道实现虚拟服务器）或 VS/DR（Virtral Server via Direct Routing，直接路由实现虚拟服务器）模式，则集群系统的最大吞吐量可接近 1Gbit/s；若使用千兆网卡，则集群系统的最大吞吐量可接近 10Gbit/s。
- LVS 可靠、稳定、抗负载能力强。LVS 只是分发请求，它不提供任何服务，自身不会产生流量且流量不会由它传输出去，其对内存和 CPU 资源的消耗较低。LVS 具备完整的双机热备方案及防卫策略保证其能稳定工作。
- LVS 配置简单易懂，能大大降低出错概率。

LVS 主要由以下两部分组成。

- IPVS：运行在 LVS 中提供负载均衡技术，其工作于内核空间，主要用于使用户定义的策略生效。
- ipvsadm：用于管理集群服务的命令行工具，其工作于用户空间，主要用于定义用户和管理集群服务等。

LVS 中由 IPVS 实现的 IP 负载均衡技术主要有以下 3 种。

（1）NAT（Network Address Translation，网络地址转换）实现虚拟服务器

- 在客户端发起请求时，前端负载均衡器（调度器）根据预先设定好的调度算法从一组真实服务器中选出一台服务器。
- 前端负载均衡器将请求报文中的目标地址及端口重写为选定的服务器地址和端口，并将请求分发给选定的服务器。
- 前端负载均衡器在连接哈希表中记录报文请求连接，方便下一个报文的处理。
- 真实服务器的响应报文通过负载均衡器时，负载均衡器将报文的源地址和端口修改为虚拟 IP 地址和相应的端口，再发回客户端。

（2）IP 隧道实现虚拟服务器

- 在客户端发起请求时，前端负载均衡器从一组真实服务器中动态地选择一台服务器。
- 前端负载均衡器在原报文的基础上再封装一层，然后将数据报文转发到选定的服务器。
- 真实服务器的响应报文直接返回给客户端。

（3）直接路由实现虚拟服务器

- 在客户端发起请求时，前端负载均衡器从一组真实服务器中动态地选择一台服务器。
- 前端负载均衡器不修改报文也不封装报文，而是直接将数据帧的 MAC 地址改为选定的真实服务器的 MAC 地址，再将修改后的数据帧分发给选定的服务器。
- 真实服务器的响应报文直接返回给客户端。

LVS 支持多种调度算法，如轮询（Round Robin，RR）、加权轮询（Weighted Round Robin,WRR）、最少连接（Least Connections，LC）等，用于决定请求的转发方式。这些算法可以根据服务器的负载情况、性能等因素选择，以实现最优的负载均衡效果。

9.2.2 LVS 管理工具

ipvsadm 是 Linux 内核中的一个 IP 负载均衡管理工具，专门用于配置和管理 IPVS，允许

管理员通过命令行接口来设置、查看和维护 Linux 内核中的虚拟服务表，支持多种调度算法，如轮询、加权轮询、最少连接等。

ipvsadm 管理工具可实现的主要功能如下。

● 集群服务管理：ipvsadm 可添加、删除、修改虚拟服务，包括指定虚拟服务的协议（TCP 或 UDP）、IP 地址和端口号等。

● 集群服务的 RS 管理：管理员可以添加、删除、修改处理实际请求的真实服务器，并为它们指定权重、数据转发模式等。

● 查看配置：通过 ipvsadm 命令，管理员可以列出所有配置的虚拟服务、真实服务器以及当前的连接状态等信息。

ipvsadm 管理工具的主要命令和选项如下。

添加虚拟服务，其语法格式如下：

```
ipvsadm -A -t <VIP>:<Port> -s <scheduler>
```

说明如下。

<VIP>：虚拟 IP 地址。

<Port>：虚拟端口。

<scheduler>：调度算法，如 RR（轮询）、WRR（加权轮询）、LC（最少连接）等。

添加真实服务器，其语法格式如下：

```
ipvsadm -a -t <VIP>:<Port> -r <RealServerIP>:<Port> -<forward-method>
```

说明如下。

<RealServerIP>：真实服务器的 IP 地址。

<Port>：真实服务器的端口号。

<forward-method>：数据转发模式，如-g（DR 模式）、-i（TUN 模式）、-m（NAT 模式）。

查看配置，其语法格式如下：

```
ipvsadm -L [-n] [-t] [-u]
```

说明如下。

-n：以数字形式输出 IP 地址和端口号，不进行域名解析。

-t：只显示 TCP 的虚拟服务和真实服务器。

-u：只显示 UDP 的虚拟服务和真实服务器。

要删除虚拟服务或真实服务器，使用-D 选项和相应的地址、端口号即可。

9.2.3　基于 LVS-DR 模式的搭建实例

本小节以 LVS-DR 模式为例，演示如何搭建一个简单的 LVS 集群。在第 8 章中的最小 Linux 集群中，已有主机 master 和 slave，这里用主机 slave 再克隆两台主机，一台将主机名设置为 manage、IP 地址设为 192.168.125.130；另一台将主机名设置为 admin、IP 地址设为 192.168.125.131。

LVS 集群的搭建主要分为两个部分：后端的真实服务器搭建和前端的负载均衡器搭建，演示所需的服务器信息如表 9-2 所示。

表 9-2　演示所需的服务器信息

主机名	IP 地址	作用
manage	VIP: 192.168.125.200 DIP: 192.168.125.130	前端负载均衡器， 管理节点
master	VIP: 192.168.125.200 RIP: 192.168.125.128	真实服务器 1， 提供 Web 服务
slave	VIP: 192.168.125.200 RIP: 192.168.125.129	真实服务器 2， 提供 Web 服务

LVS-DR 模式架构如图 9-3 所示。

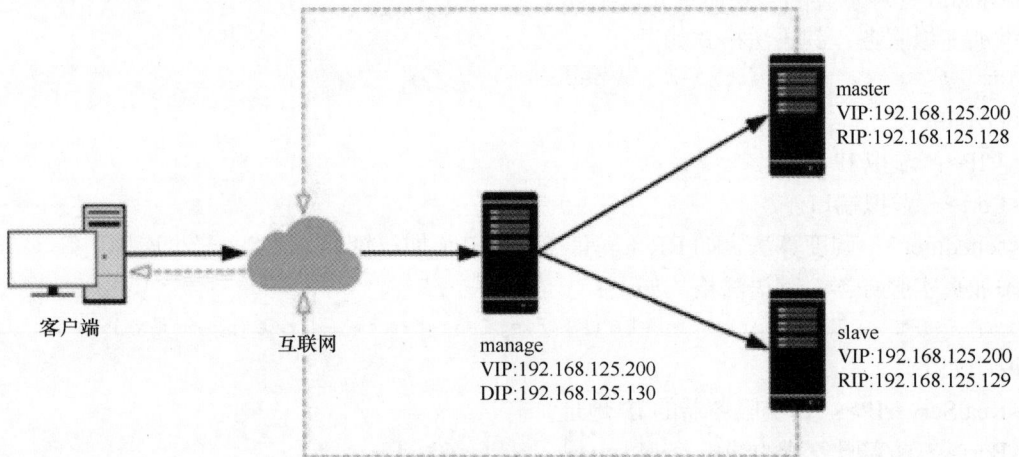

图 9-3　LVS-DR 模式架构

LVS 相关术语如下。

VIP：Virtual IP，前端负载均衡器对外提供访问的 IP 地址，一般前端负载均衡器 IP 地址会通过 Virtual IP 实现高可用。

DIP：Director IP，前端负载均衡器与后端服务器通信的 IP 地址。

RIP：Real Server IP，负载均衡器后端的真实服务器 IP 地址。

CIP：Client IP，客户端 IP 地址。

DS：Director Server，前端负载均衡器。

RS：Real Server，后端真实服务器。

CMAC：客户端 MAC 地址，LVS 连接的路由器的 MAC 地址。

VMAC：负载均衡 LVS 的 VIP 对应的 MAC 地址。

DMAC：负载均衡 LVS 的 DIP 对应的 MAC 地址。

RMAC：后端真实服务器的 RIP 对应的 MAC 地址。

1. 配置后端真实服务器

这里后端真实服务器采用的是主机 master 和 slave。

（1）配置 master 服务器。

① 修改默认页面，以便能快速识别出访问到的服务器。

```
[root@master ~]# vim /var/www/html/index.php
[root@master ~]# cat /var/www/html/index.php
<?php
echo "Master 192.168.125.128 PHP".PHP_VERSION." + MySQL8.4.0\n";
?>
```

通过浏览器访问 master 服务器，若出现图 9-4 所示页面，则表示默认页面修改成功。

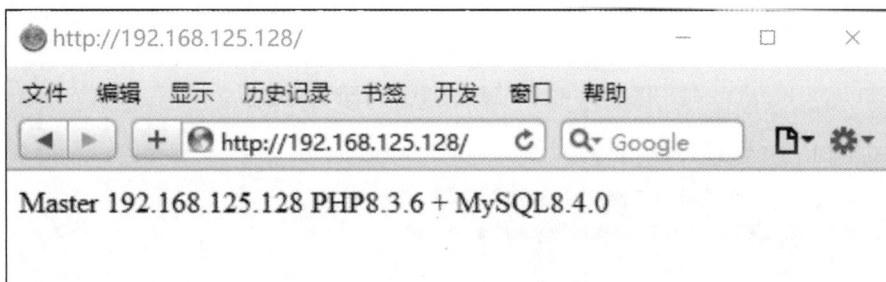

图 9-4　master 服务器默认页面修改成功

② 添加虚拟 IP 地址及路由规则。

```
[root@master ~]# vim /etc/sysctl.conf
[root@master ~]# tail -n 1 /etc/sysctl.conf
net.ipv4.ip_forward = 1
[root@master ~]# sysctl -p
net.ipv4.ip_forward = 1
[root@master ~]# ifconfig lo:0 192.168.125.200 broadcast 192.168.125.200 netmask
255.255.255.255 up
[root@master ~]# route add -host 192.168.125.200 dev lo:0
[root@master ~]# ifconfig lo:0
lo:0: flags=73<UP,LOOPBACK,RUNNING>  mtu 65536
        inet 192.168.125.200  netmask 255.255.255.255
        loop  txqueuelen 1000  (Local Loopback)
```

③ 禁止网络接口响应 ARP 请求。

```
[root@master ~]# echo "1" > /proc/sys/net/ipv4/conf/lo/arp_ignore
[root@master ~]# echo "2" > /proc/sys/net/ipv4/conf/lo/arp_announce
[root@master ~]# echo "1" > /proc/sys/net/ipv4/conf/all/arp_ignore
[root@master ~]# echo "2" > /proc/sys/net/ipv4/conf/all/arp_announce
```

（2）配置 slave 服务器。

① 修改默认页面，以便能快速识别出访问到的服务器。

```
[root@slave ~]# vim /var/www/html/index.php
[root@slave ~]# cat /var/www/html/index.php
<?php
echo "Slave 192.168.125.129 PHP".PHP_VERSION." + MySQL8.4.0\n";
?>
```

通过浏览器访问 slave 服务器，若出现图 9-5 所示页面，则表示默认页面修改成功。

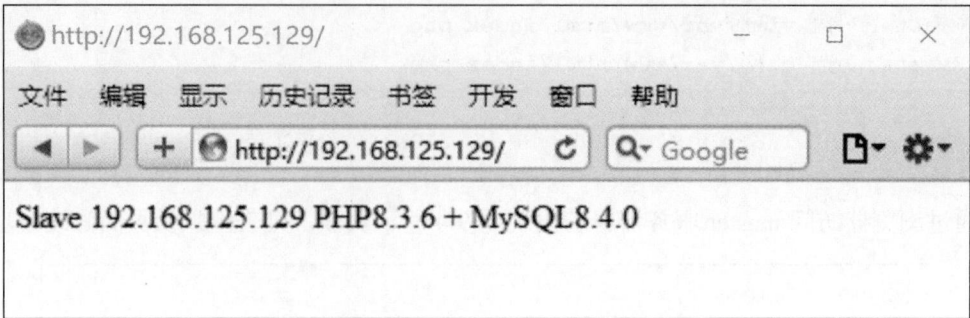

图 9-5   slave 服务器默认页面修改成功

② 添加虚拟 IP 地址及路由规则。

```
[root@slave ~]# vim /etc/sysctl.conf
[root@slave ~]# tail -n 1 /etc/sysctl.conf
net.ipv4.ip_forward = 1
[root@slave ~]# sysctl -p
net.ipv4.ip_forward = 1
[root@slave ~]# ifconfig lo:0 192.168.125.200 broadcast 192.168.125.200 netmask
255.255.255.255 up
[root@slave ~]# route add -host 192.168.125.200 dev lo:0
[root@slave ~]# ifconfig lo:0
lo:0: flags=73<UP,LOOPBACK,RUNNING>  mtu 65536
        inet 192.168.125.200  netmask 255.255.255.255
        loop  txqueuelen 1000  (Local Loopback)
```

③ 禁止网络接口响应 ARP 请求。

```
[root@slave ~]# echo "1" > /proc/sys/net/ipv4/conf/lo/arp_ignore
[root@slave ~]# echo "2" > /proc/sys/net/ipv4/conf/lo/arp_announce
[root@slave ~]# echo "1" > /proc/sys/net/ipv4/conf/all/arp_ignore
[root@slave ~]# echo "2" > /proc/sys/net/ipv4/conf/all/arp_announce
```

2. 配置前端负载均衡器

（1）登录 manage，安装 ipvsadm 管理工具。

```
[root@manage ~]# dnf install -y ipvsadm
上次元数据过期检查：2:50:19 前，执行于 2024 年 05 月 11 日 星期六 06 时 11 分 19 秒。
依赖关系解决。
……
已安装：
  ipvsadm-1.31-1.el8.x86_64
完毕！
[root@manage ~]# ipvsadm -L -n
IP Virtual Server version 1.2.1 (size=4096)
Prot LocalAddress:Port Scheduler Flags
  -> RemoteAddress:Port          Forward Weight ActiveConn InActConn
```

（2）配置虚拟 IP 地址及路由规则。

```
[root@manage ~]# ifconfig lo:0 192.168.125.200 broadcast 192.168.125.200 netmask
255.255.255.255 up
[root@manage ~]# route add -host 192.168.125.200 dev lo:0
[root@manage ~]# ifconfig lo:0
lo:0: flags=73<UP,LOOPBACK,RUNNING>  mtu 65536
        inet 192.168.125.200  netmask 255.255.255.255
        loop  txqueuelen 1000  (Local Loopback)
```

（3）配置 IPVS 规则，将配置好的两台真实服务器加入管理域中。

```
[root@manage ~]# ipvsadm -A -t 192.168.125.200:80 -s rr
[root@manage ~]# ipvsadm -a -t 192.168.125.200:80 -r 192.168.125.128:80 -g
[root@manage ~]# ipvsadm -a -t 192.168.125.200:80 -r 192.168.125.129:80 -g
[root@manage ~]# ipvsadm -L -n
IP Virtual Server version 1.2.1 (size=4096)
Prot LocalAddress:Port Scheduler Flags
  -> RemoteAddress:Port           Forward Weight ActiveConn InActConn
TCP  192.168.125.200:80 rr
  -> 192.168.125.128:80           Route   1      0          0
  -> 192.168.125.129:80           Route   1      0          0
```

（4）配置永久生效的防火墙规则。默认情况下，80 端口是不对外开放的，同时也没有安装 Web 服务，但是此处需要使用虚拟 IP 地址通过 80 端口来访问后端的 Web 服务，所以需要将 80 端口加入防火墙规则中，以便持续对外提供服务。

```
[root@manage ~]# firewall-cmd --permanent --add-port=80/tcp
success
[root@manage ~]# firewall-cmd --reload
success
[root@manage ~]# firewall-cmd --list-all
public (active)
  target: default
  icmp-block-inversion: no
  interfaces: ens160
  sources:
  services: cockpit dhcpv6-client ssh
  ports: 80/tcp
  protocols:
  forward: no
  masquerade: no
  forward-ports:
  source-ports:
  icmp-blocks:
  rich rules:
```

3. 客户端测试

（1）浏览器测试

访问浏览器，会发现页面在刷新之后会显示不同的内容，如图 9-6 所示。注意，若页面内容没有变化，可多次刷新。有些浏览器可能需要设置禁用浏览器缓存才能正常访问。

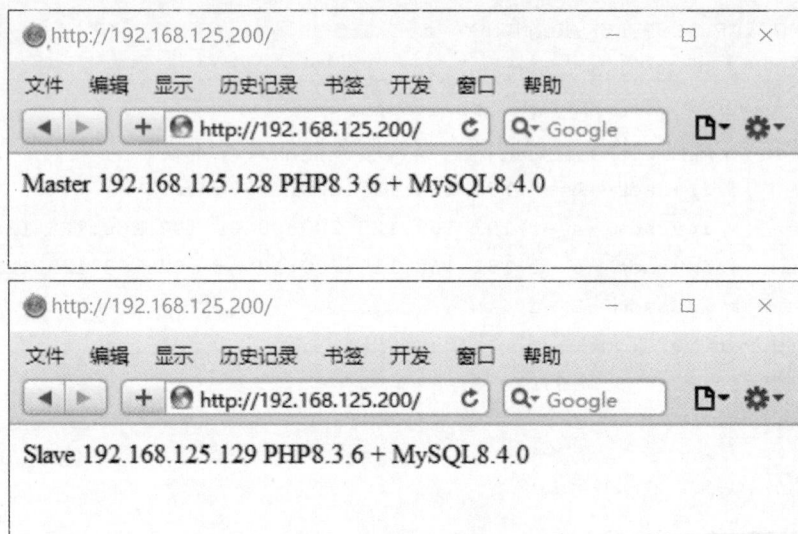

图 9-6 浏览器访问

（2）命令行测试

① 使用 Windows 系统的命令行工具来测试。

```
Microsoft Windows [版本 10.0.19045.4355]
(c) Microsoft Corporation。保留所有权利。

C:\Users\lixianyun>curl 192.168.125.200
Master 192.168.125.128 PHP8.3.6 + MySQL8.4.0

C:\Users\lixianyun>curl 192.168.125.200
Slave 192.168.125.129 PHP8.3.6 + MySQL8.4.0
```

② 使用 Linux 客户端（admin 主机）来测试。

```
[root@localhost ~]# curl 192.168.125.200
Master 192.168.125.128 PHP8.3.6 + MySQL8.4.0
[root@localhost ~]# curl 192.168.125.200
Slave 192.168.125.129 PHP8.3.6 + MySQL8.4.0
```

9.3 HAProxy

9.3.1 HAProxy 简介

HAProxy 配置

HAProxy 是一款可靠的高性能负载均衡软件，也是一种免费、快速且

可靠的负载均衡解决方案，可为基于 TCP 和 HTTP 的应用程序提供负载均衡和代理，特别适用于流量非常高的网站。

　　HAProxy 工作于 OSI 参考模型的第 4 层（传输层）和第 7 层（应用层）。下面简单介绍第 4 层与第 7 层负载均衡器的区别。

　　● 第 4 层负载均衡器通过分析 IP 层及 TCP/UDP 层的流量实现基于"IP 地址 + 端口"的负载均衡，主要通过报文的目标地址和端口配合调度算法选择后端真实服务器，确定是否需要对报文进行修改（根据需求，可能修改目标地址、源地址、MAC 地址等），并将数据转发至选择的后端真实服务器。

　　● 第 7 层负载均衡器基于应用层信息（如 URL、Cookies 等）实现负载均衡，主要依据报文的内容配合调度算法选择后端真实服务器，然后分发请求到真实服务器进行处理，故第 7 层负载均衡器也称"内容交换器"。客户端与负载均衡器、负载均衡器与后端真实服务器之间会分别建立 TCP 连接。

　　HAProxy 以尽可能快、尽可能少的移动数据操作为设计原则。因此，它实现了一个分层模型并为每个级别提供 bypass（旁路）机制，确保在非必要的情况下数据不会传到更高的级别。HAProxy 大多数处理都是在内核中进行的，它尽最大努力通过提供一些提示或者通过避免某些操作来尽可能快地帮助内核快速完成工作。

　　HAProxy 只需要可执行程序和配置文件即可运行。对于日志记录，建议使用正确配置的 syslog 守护进程并记录日志轮换。HAProxy 在启动前会对配置文件进行解析，然后尝试绑定所有监听到的 Socket，并在有任何失败情况时拒绝启动。HAProxy 启动成功后将一直有效，直到它停止工作。

　　HAProxy 一旦启动，会做 3 件事情。

　　● 处理客户端传入的连接请求。

　　● 周期性地检查后端服务器的状态（称为健康检查）。

　　● 与其他 HAProxy 节点交换信息。

9.3.2　HAProxy 配置文件简介

　　HAProxy 的配置文件/etc/haproxy/haproxy.cfg 主要包括全局部分和代理部分，有些部分是可选项，可根据实际情况进行选择。下面将简单介绍此配置文件主要部分常用的参数及功能。

1. global 部分

global 部分的参数是进程级的，通常与操作系统有关，只需设置一次。

其常用的参数及功能说明如下。

log：日志配置，可设置 rsyslog 服务地址、日志设备、日志级别等。

chroot：HAProxy 的工作目录。

pidfile：PID 文件路径。

maxconn：每个进程可接受的最大并发连接数。

user：运行 HAProxy 的用户，可设置用户名或 UID。

group：运行 HAProxy 的组，可设置组名或 GID。

nbproc：启动 HAProxy 时创建的进程数，默认只创建一个进程。

daemon：以后台形式运行 HAProxy，默认启用。

2．defaults 部分

defaults 部分配置的参数属于公共配置，会被 frontend、backend、listen 部分自动引用。若 frontend、backend、listen 部分存在相同的参数，则 defaults 部分对应参数的值会被自动覆盖。其常用的参数及功能说明如下。

mode：设置实例的运行模式，可以是 tcp、http、health，默认为 http。

log：设置启用的日志配置，默认为 global。

option：可重复出现，定义时以"option"关键字开始且另起一行。其常用参数如下。

● httplog：启用日志记录 HTTP 请求。

● dontlognull：不记录健康检查的日志信息。

● forwardfor：启用 X-Forwarded-For，将客户端的真实 IP 地址写入其中。

● redispatch：在连接失败的情况下启用或禁用会话重新分发，默认值为 1。

retries：设置连接后端服务器时失败重试的次数，默认值为 3。

timeout：超时时间，单位为 ms，可重复出现，定义时以"timeout"关键字开始且另起一行。

其常用的参数如下。

● http-request：HTTP 请求的超时时间。

● queue：队列的超时时间。

● connect：成功连接后端服务器的超时时间。

● client：客户端发送数据的超时时间。

● server：后端服务器响应数据的超时时间。

● http-keep-alive：持久连接的超时时间。

● check：对当前服务器做健康状态检测。

maxconn：最大并发连接数。

3．frontend 部分

frontend 部分主要用于配置接收客户端请求的虚拟节点（配置实体 frontend），监听本地的 Socket，接收传入的连接，可根据 ACL 规则直接指定需要使用的后端服务器。frontend 部分在配置文件中可以重复出现，定义时以"frontend"关键字开始且另起一行。

其常用的参数及功能说明如下。

acl：定义 ACL 规则。

use_backend：指定直接使用的后端服务器（需要先在 backend 部分定义），一般与 acl 配合使用。

default_backend：指定默认后端服务器（需要先在 backend 部分定义），在 use_backend 不匹配时使用。

4．backend 部分

backend 部分主要用于配置后端服务器集群，即后端真实服务器，用来处理前端传来的请求，同样支持 ACL 规则。backend 部分在配置文件中也可以重复出现，定义时以"backend"

关键字开始且另起一行。

其常用的参数及功能说明如下。

balance：指定调度算法，可以是 roundrobin、static-rr、leastconn、first、source、uri、url_param、hdr(\<name\>)、random、rdp-cookie、rdp-cookie(\<name\>)。

server：定义后端真实服务器，可重复出现，定义时以"server"关键字开始且另起一行。

5．listen 部分

listen 部分主要用于状态页面监控以及后端 server 检查等，是 frontend 和 backend 的集合体。在 HAProxy 1.3 之前，HAProxy 的所有配置选项都在这个部分来设置，为了实现向上兼容，HAProxy 新版本仍然保留了 listen 的配置方式。

9.3.3　HAProxy ACL

HAProxy 能够从请求、响应、客户端或服务器、表、环境等提取数据，这种提取数据的操作被称为获取样本。这些样本用途广泛，常见的是将它们与预定义的称为模式的数据进行对比。

ACL 访问控制列表提供了灵活的解决方案来执行内容切换，或者基于从请求、响应、任何环境中提取出来的数据做出决策。执行的操作通常包括阻塞请求、选择后端服务器或添加 HTTP 头部。ACL 工作过程如下。

- 从数据流、表或环境中提取数据样本。
- 对提取的样本可选的应用格式进行转换。
- 将一种或多种模式匹配应用到样本。
- 当模式与样本匹配时，执行操作。

ACL 可用于 frontend、backend 或 listen 部分，但主要用于 frontend 部分。

其语法格式如下：

```
acl <aclname> <criterion> [flags] [operator] [<value>] ...
```

常用的选项如下。

acl：ACL 关键字，定义 ACL 规则。

aclname：规则名，严格区分字母大小写，只能使用大写字母、小写字母、数字、-（短横线）、_（下画线）、.（点号）和:（冒号）。

criterion：获取样本的方法的名称，常见的有 hdr_beg(host)、hdr_dom(host)、hdr(host)、path_beg、path_end、url、url_sub、url_dir、url_beg、url_end、url_len 等。

flags：参数，如-i、-f filename 等。

operator：操作符，并不是所有的 criterion 都支持操作符。

value：通常指匹配的路径或文件等，若存在多个，则使用空格分隔。

9.3.4　HAProxy 搭建实例

HAProxy 的搭建主要分为两部分：后端真实服务器搭建和前端负载均衡器搭建。此外，HAProxy 还自带一个基于 Web 的监控平台，可查看集群中所有后端服务器的运行状态、配置分组等信息，也可以对后端真实服务器进行部分管理操作，在节点升级、故障维护方面非常有用。

下面将演示如何配置 HAProxy。使用前一小节中的 3 台服务器 master、slave 和 manage。演示中使用到的域名为：www.vip.zidb 和 bbs.vip.zidb。

演示所需的服务器信息如表 9-3 所示。

表 9-3　演示所需的服务器信息

主机名	IP 地址	作用
manage	RIP: 192.168.125.130	负载均衡器
master	RIP: 192.168.125.128	Web 服务
slave	RIP: 192.168.125.129	Web 服务

HAProxy 架构如图 9-7 所示。

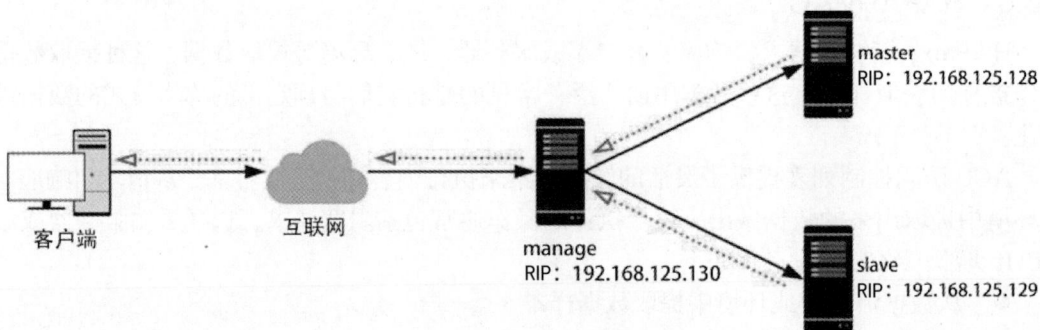

图 9-7　HAProxy 架构

1. 配置后端真实服务器

这里后端真实服务器采用的是主机 master 和 slave。

（1）配置 master 服务器

① 新建站点目录并设置权限。

```
[root@master ~]# mkdir /var/www/html/wwwvipzidb
[root@master ~]# chown -R apache:apache /var/www/html/wwwvipzidb
```

② 在站点目录中新建一个页面。

```
[root@master ~]# vim /var/www/html/wwwvipzidb/index.php
[root@master ~]# cat /var/www/html/wwwvipzidb/index.php
<?php
echo "Master 192.168.125.128 PHP".PHP_VERSION." + MySQL8.4.0\n";
?>
```

③ 新建站点配置文件（文件名没有限制，只要符合命名规则即可，扩展名必须为.conf）。

```
[root@master ~]# vim /etc/httpd/conf.d/wwwvipzidb.conf
[root@master ~]# cat /etc/httpd/conf.d/wwwvipzidb.conf
<VirtualHost *:80>
    ServerName www.vip.zidb
    ServerAlias vip.zidb
    DocumentRoot "/var/www/html/wwwvipzidb"
</VirtualHost>
```

④ 重启 Web 服务使新添加的站点配置生效。

```
[root@master ~]# systemctl restart httpd
```

⑤ 测试站点。

在 master 主机上将域名 www.vip.zidb 的解析临时指向 192.168.125.128，再通过浏览器访问 www.vip.zidb，若出现图 9-8 所示的页面，则说明新的站点已经生效。

图 9-8　master 添加新站点生效

（2）配置 slave 服务器

① 新建站点目录并设置权限。

```
[root@slave ~]# mkdir /var/www/html/wwwvipzidb
[root@slave ~]# mkdir /var/www/html/bbsvipzidb
[root@slave ~]# chown -R apache:apache /var/www/html/wwwvipzidb
[root@slave ~]# chown -R apache:apache /var/www/html/bbsvipzidb
```

② 在站点目录中新建页面。

```
[root@slave ~]# vim /var/www/html/wwwvipzidb/index.php
[root@slave ~]# cat /var/www/html/wwwvipzidb/index.php
<?php
echo "Slave 192.168.125.129 PHP".PHP_VERSION." + MySQL8.4.0\n";
?>
[root@slave ~]# vim /var/www/html/bbsvipzidb/index.php
[root@slave ~]# cat /var/www/html/bbsvipzidb/index.php
<?php
echo "Slave bbs 192.168.125.129 PHP".PHP_VERSION." + MySQL8.4.0\n";
?>
```

③ 新建站点配置文件（文件名没有限制，只要符合文件命名规则即可，扩展名必须为.conf）。

```
[root@slave ~]# vim /etc/httpd/conf.d/wwwvipzidb.conf
[root@slave ~]# cat /etc/httpd/conf.d/wwwvipzidb.conf
<VirtualHost *:80>
    ServerName www.vip.zidb
    ServerAlias vip.zidb
    DocumentRoot "/var/www/html/wwwvipzidb"
</VirtualHost>
[root@slave ~]# vim /etc/httpd/conf.d/bbsvipzidb.conf
[root@slave ~]# cat /etc/httpd/conf.d/bbsvipzidb.conf
```

```
<VirtualHost *:80>
    ServerName bbs.vip.zidb
    DocumentRoot "/var/www/html/bbsvipzidb"
</VirtualHost>
```

④ 重启 Web 服务使新添加的站点配置生效。

```
[root@slave ~]# systemctl restart httpd
```

⑤ 测试站点。

在 slave 主机上将域名 www.vip.zidbs 和 bbs.vip.zidb 的解析临时指向 192.168.125.129，再通过浏览器访问 www.vip.zidbs 和 bbs.vip.zidb，若出现图 9-9 所示的页面，则说明新的站点已经生效。

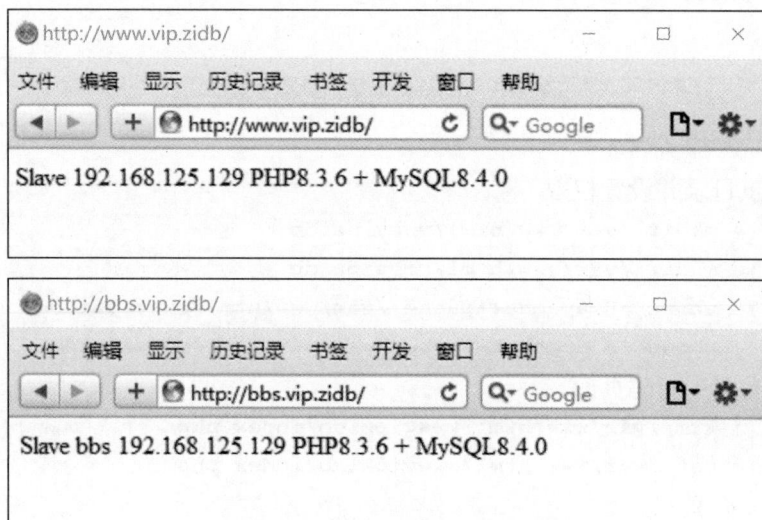

图 9-9　slave 添加新站点生效

2. 配置负载均衡器

（1）登录 manage，安装并启动 HAProxy 服务。

```
[root@manage ~]# dnf install -y haproxy
上次元数据过期检查: 1:52:51 前，执行于 2024 年 05 月 11 日 星期六 21 时 47 分 47 秒。
依赖关系解决。
......
已安装:
  haproxy-1.8.27-2.el8.x86_64
完毕!
[root@manage ~]# haproxy -v
HA-Proxy version 1.8.27-493ce0b 2020/11/06
Copyright 2000-2020 Willy Tarreau <willy@haproxy.org>
[root@manage ~]# systemctl start haproxy
[root@manage ~]# systemctl enable haproxy
Created symlink /etc/systemd/system/multi-user.target.wants/haproxy.service →
```

```
/usr/lib/systemd/system/haproxy.service.
[root@manage ~]# systemctl status haproxy
● haproxy.service - HAProxy Load Balancer
   Loaded: loaded (/usr/lib/systemd/system/haproxy.service; enabled; …)
   Active: active (running) since Sun 2024-05-12 05:44:42 CST; 2min 27s ago
 Main PID: 46235 (haproxy)
    Tasks: 2 (limit: 4636)
   Memory: 1.9M
   CGroup: /system.slice/haproxy.service
           ├─46235 /usr/sbin/haproxy -Ws -f /etc/haproxy/haproxy.cfg …
           └─46237 /usr/sbin/haproxy -Ws -f /etc/haproxy/haproxy.cfg …
5月 12 05:44:42 manage systemd[1]: Starting HAProxy Load Balancer...
5月 12 05:44:42 manage systemd[1]: Started HAProxy Load Balancer.
```

（2）修改 HAProxy 的配置文件/etc/haproxy/haproxy.cfg，将 frontend 与 backend 部分的内容替换为以下内容。

```
frontend main
    bind *:80
    acl url_static       path_beg       -i /static /images /javascript /stylesheets
    acl url_static       path_end       -i .jpg .gif .png .css .js


    use_backend static       if url_static
    default_backend          app


#---------------------------------------------------------------------
# static backend for serving up images, stylesheets and such
#---------------------------------------------------------------------
backend static
    balance      roundrobin
    server       master 192.168.125.128:80 check
    server       slave 192.168.125.129:80 check


#---------------------------------------------------------------------
# round robin balancing between the various backends
#---------------------------------------------------------------------
backend app
    balance      roundrobin
    server  slave 192.168.125.129:80 check
```

（3）重启 HAProxy 服务使之前的配置生效。

```
[root@manage ~]# systemctl restart haproxy
```

（4）测试站点。

通过浏览器访问 www.vip.zidb 和 bbs.vip.zidb（将域名 www.vip.zidb 和 bbs.vip.zidb 的解析同时指向 192.168.125.130），若出现图 9-10 所示的页面，则表示负载均衡器已经生效。

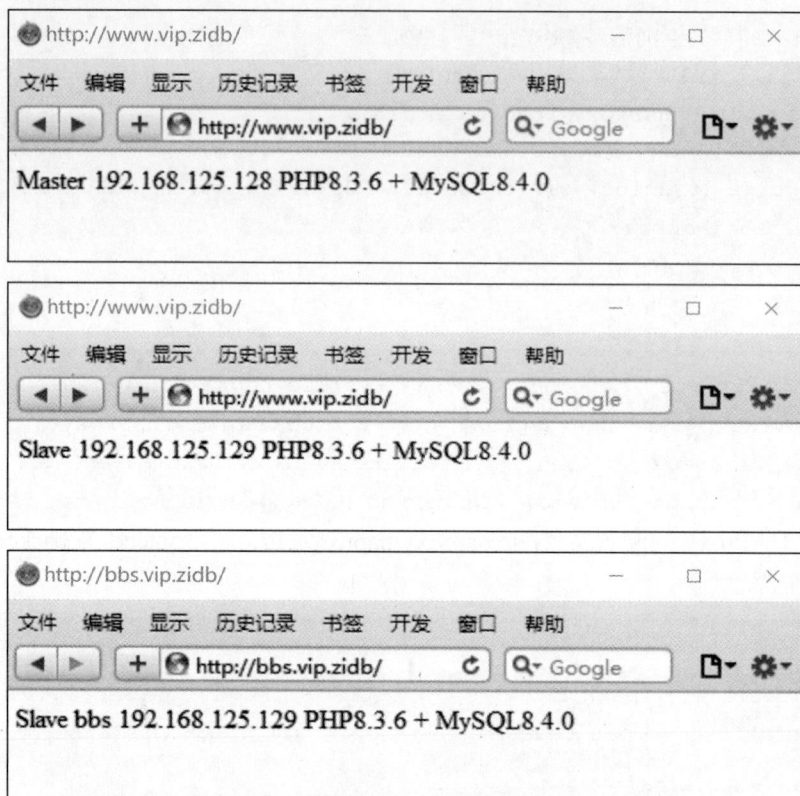

图 9-10　HAProxy 负载均衡器生效

9.3.5　使用 Web 监控平台

HAProxy 自带的 Web 监控平台在节点升级、故障维护方面非常有用。开启 HAProxy 自带的 Web 监控平台，进行如下配置（以下操作均在主机 manage 上完成）。

（1）修改配置文件/etc/haproxy/haproxy.cfg，在该文件末尾添加以下内容。

```
listen admin_stats
      stats    enable
      bind     *:8080 #监听的端口号
      stats    refresh 30s    #统计页面自动刷新时间
      stats    uri /admin     #访问的 uri    ip:8080/admin
      stats    realm haproxy
      stats    auth admin:LXYtql512    #认证用户名和密码
      stats    hide-version    #隐藏 HAProxy 的版本号
      stats    admin if TRUE   #管理界面，如果认证成功了，可通过 webui 管理节点
```

（2）配置防火墙，重启 HAProxy 服务。

```
[root@manage ~]# firewall-cmd --permanent --add-port=8080/tcp
success
[root@manage ~]# firewall-cmd --reload
success
```

```
[root@manage ~]# systemctl restart haproxy
```

（3）测试 Web 监控平台。

通过浏览器访问 http://192.168.122.14:8080/admin，用户登录成功后若出现图 9-11 所示的页面，则表示 HAProxy 的 Web 监控平台启用成功。

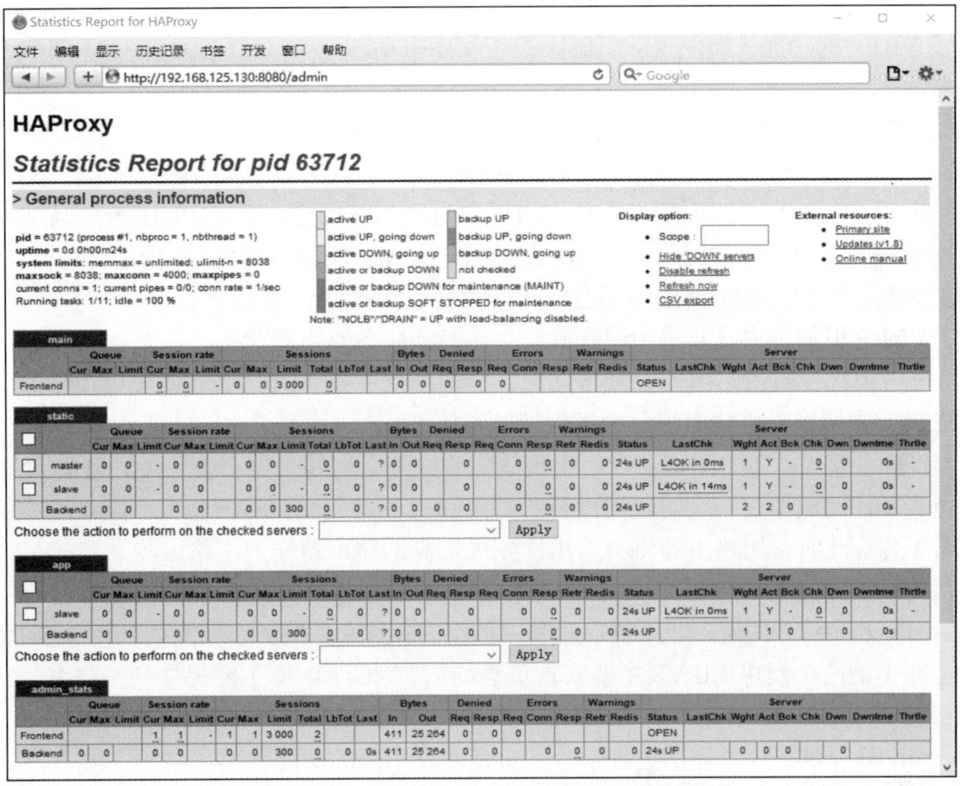

图 9-11　HAProxy 的 Web 监控平台启用成功

9.4　Keepalived

Keepalived 配置

9.4.1　Keepalived 简介

　　Keepalived 是一个免费的、轻量级的高可用集群解决方案。高可用集群是指在集群中任意一个服务器出现故障的情况下，该服务器上的所有任务会自动转移到其他正常的服务器上，此过程并不影响整个集群的运行。Keepalived 是一个由 C 语言编写的路由软件，主要目标是为 Linux 系统和基于 Linux 系统的基础架构提供简单而强大的负载均衡和高可用设施，其中的负载均衡框架依赖于 Linux 虚拟服务器（IPVS）内核模块，提供 4 层负载均衡。Keepalived 可以单独使用，也可以与其他软件一起使用。

　　Keepalived 最初是为 LVS 设计的，主要用来监控集群中各个服务器的运行状态。如在一个由多台服务器组成的集群中，如果其中一台服务器死机或出现故障，Keepalived 将自动检测到这台服务器，然后将这台有故障的服务器从集群中剔除，当这台服务器正常工作后，Keepalived 又自动将这台服务器加入集群中，这些工作全部由 Keepalived 自动完成，不需要人工干涉。

257

VRRP（Virtual Router Redundancy Protocol，虚拟路由器冗余协议）通过将几台路由设备联合组成一台虚拟路由设备，将虚拟路由设备的 IP 地址作为用户的默认网关，实现与外部网络通信。当网关设备发生故障时，VRRP 能够选取新的网关来接替数据流量，保障网络的可靠通信。

Keepalived 是 VRRP 在 Linux 系统中的一个具体实现，它利用 VRRP 的功能，可以在主服务器出现故障时，将服务自动切换到备份服务器上，确保服务的连续性。此外，Keepalived 还扩展了 VRRP 的功能，提供了一组健康检查程序来动态地、自适应地维护和管理负载均衡的服务器池。

依据 VRRP 组成的虚拟路由设备，由一个或多个 VIP 对外提供服务，其内部则是多个路由器协同工作，同一时间只有一台路由器对外提供服务，它称为主路由器。其工作过程如下。

（1）启用 VRRP 后，路由器根据优先级确定自己在虚拟路由设备中的角色，优先级最高的为主路由器，其他的为备用路由器。主路由器定期向备用路由器发送 VRRP 报文，以通告自己的工作状态正常，备用路由器则会定时接收。

（2）VRRP 根据抢占或非抢占模式确定是否替换主备路由器状态。

● 抢占模式：备用路由器收到报文后，会对比优先级，若自己的优先级大于通告报文中的优先级，则切换为主路由器，否则保持状态不变。

● 非抢占模式：若主路由器没有出现故障，则与备用路由器一直保持原有的状态。

（3）若备用路由器在一定时间内没有收到主路由器发送的 VRRP 报文，则认为主路由器无法正常工作，此时备用路由器将会选出优先级最高的路由器作为主路由器并发送 VRRP 报文，替代原有主路由器继续工作。

Keepalived 大致分两层，即用户空间和内核空间。其大多数核心功能均在用户空间实现，而内核空间中的两个模块：IPVS 主要实现负载均衡，NETLINK 主要提供高级路由及其他相关网络功能。

Keepalived 提供了 3 个守护进程，分别负责实现不同的功能。

● 父进程：负责 fork 子进程并对其进行监控。

● VRRP 子进程：负责实现 VRRP 框架。

● 健康检查子进程：负责健康检查。

Keepalived 依赖 VRRP 实现高可用，同时还实现基于 TCP/IP 栈的多层健康检查机制，能够提供节点（运行 Keepalived 进程的独立主机）检查及故障隔离功能。其运行机制大致如下。

● 网络层：主要通过 ICMP 向节点发送 ICMP 数据包（以类似 ping 命令的方式），若无响应，则判定该节点出现故障并将其从集群中移除。

● 传输层：主要通过 TCP 向节点发起 TCP 连接请求（通常需要指定端口），若无响应，则判定该节点出现故障并将其从集群中移除。

● 应用层：主要根据用户的一些设定来判断节点是否正常（常使用脚本进行检测），若不正常，则判定该节点出现故障并将其从集群中移除。

Keepalived 一般会同时运行在两个或多个节点上，节点提供服务且有主从之分。提供服务的是主节点，其工作原理与 VRRP 的类似。Keepalived 会根据配置文件中定义的优先级或节点的主从标记确定哪一台服务器可以成为主节点，并使用 VIP 对外提供服务，其他的则成为从节点。若 Keepalived 的主节点出现故障或死机，将其移除并在从节点中选出优先级最高的节点作为新的主节点，由其接管 VIP 继续提供服务，保证服务不间断运行。待故障节点恢复后，再将其加入集群并考虑是否切换主从关系。

9.4.2　Keepalived 配置文件简介

Keepalived 的配置文件/etc/keepalived/keepalived.conf 主要分为 7 个部分，由于此文件参数较多且限于篇幅，下面只介绍其常用的参数及功能。

1．global_defs

global_defs 用来定义全局设置，包括定义故障时接收的邮件地址、邮件发送地址、SMTP 服务器地址、SMTP 连接超时时间、主机识别标志等。

其常用的参数及功能说明如下。

notification_email：当 Keepalived 出现故障时，发送邮件给哪些用户。

notification_email_from：电子邮件发送地址。

smtp_server：SMTP 服务器地址。

smtp_connect_timeout：SMTP 连接超时时间。

router_id：主机识别标志，出现故障需要发送电子邮件时使用它。

vrrp_skip_check_adv_addr：跳过报文检查，当收到的报文与上一个报文来自同一个路由器时有效。

vrrp_strict：VRRP 严格模式，严格遵守 VRRP。

vrrp_garp_interval：网卡上 ARP 消息之间的延迟时间。

vrrp_gna_interval：网卡上发送的两个免费 ARP 之间的延迟，可精确到毫秒级，默认为 0。

2．static_ipaddress 和 static_routes

static_ipaddress 和 static_routes 用来定义静态 IP 地址和路由。如果服务器上已经定义静态 IP 地址和路由且这些服务器之间具有网络连接，则不需要它们。

3．vrrp_sync_group

vrrp_sync_group 是非常重要的配置部分，它允许把多个不同网段的 VRRP 实例放进一个同步组进行监控和管理，当任何一个网段出现问题，都能够触发备份（BACKUP）和主（MASTER）的切换，从而避免不在同一个网段中导致的切换失败问题。

其常用的参数及功能说明如下。

group：vrrp_instance 实例名，可以有多个，每行一个。

notify_master：指定 VRRP 实例状态切换为 MASTER 时执行的脚本。

notify_backup：指定 VRRP 实例状态切换为 BACKUP 时执行的脚本。

notify_fault：指定 VRRP 实例状态为 FAULT（失败）时执行的脚本。

notify：指定 VRRP 实例出现状态转换时执行的脚本，它在 notify_*指定的脚本之后执行。

smtp_alert：指定 VRRP 实例状态发生转换时触发电子邮件发送。

global_tracking：所有 VRRP 共享相同的跟踪配置。

4．vrrp_instance

每个 VRRP 实例代表一个虚拟路由器，可以在多个物理路由器（或服务器）之间提供冗余。vrrp_instance 用于配置一个具体的 VRRP 实例，包括其实例名称、绑定的网络接口、虚拟 IP 地址、优先级等。

其常用的参数及功能说明如下。

state：节点的状态，可以为 MASTER、BACKUP。若只有一个节点，此节点默认为 MASTER；若有多个节点，则选出优先级最高的节点成为 MASTER。

interface：发送 VRRP 报文的网卡。

virtual_router_id：虚拟路由器标识，全局唯一且其取值为 0~255 的整数。同一个实例中，主从节点的此值必须一致。

priority：优先级，该值越大，优先级越高。若某节点状态为 MASTER，建议将该节点的 priority 值设置得比其他节点至少大 50。

advert_int：VRRP 心跳检测间隔（以 s 为单位），默认为 1s。

authentication：设置认证信息。

virtual_ipaddress：用于配置虚拟 IP 地址，它允许多个节点共享同一个 IP 地址，以实现高可用性和故障切换。

5. vrrp_script

vrrp_script 是 Keepalived 中一个非常重要的部分，它允许 Keepalived 通过调用外部的辅助脚本来监控集群中的服务资源。根据监控的结果，Keepalived 能够动态调整节点的优先级，从而实现虚拟 IP（VIP）地址的自动切换，保障服务的高可用性。

其常用的参数及功能说明如下。

script：指定要执行的脚本或命令。

interval：每两次调用脚本的间隔时间，默认为 1s。

timeout：脚本执行的超时时间。

weight：脚本执行失败时，从节点权重减去的值（负数）或增加的值（正数），默认为 0。

6. virtual_server_group

virtual_server_group 用来定义虚拟服务器组，真实服务器作为虚拟服务器组的成员，每行一个。成员格式为：IP 地址或范围和端口号，以空格分隔，例：virtual_server_group 192.168.1.2 80。

7. virtual_server

virtual_server 用来定义用于负载均衡的虚拟服务器，该虚拟服务器由多个真实服务器组成，后接虚拟 IP 地址和端口号，以空格分隔，例：virtual_server 192.168.1.2 80。

其常用的参数及功能说明如下。

delay_loop：轮询的延迟时间。

lb_algo：LVS 调度算法，可选项有 RR、WRR、LC、WLC、LBLC、SH、DH。

lb_kind：LVS 数据转发模式，可选项有 NAT、DR、TUN。

persistence_timeout：LVS 会话超时时间，默认为 6min。

protocol：配置 OSI 参考模型第 4 层（传输层）的虚拟服务时使用的协议，默认为 TCP，可选项有 TCP、UDP、SCTP。

real_server：定义 LVS 真实服务器，有多少个真实服务器，就需要多少段。

weight：real_server 中使用的权重值，默认为 1。

inhibit_on_failure：在 real_server 中使用，当健康检查失败时，权重值会被重置为 0。

notify_up：当健康检查认为服务为 UP 状态时执行的脚本，在 real_server 中使用。

notify_down：当健康检查认为服务为 DOWN 状态时执行的脚本，在 real_server 中使用。

9.4.3　Keepalived 非抢占模式搭建实例

Keepalived 在运行过程中，可以配置为抢占和非抢占模式。两者的区别如下。

● 抢占模式：在 Keepalived 集群中同时存在主节点和从节点，且主节点的优先级比从节点高；当主节点出现故障时，在从节点中选出优先级最高的节点作为新的主节点继续提供服务并抢占 VIP，当原来的主节点恢复后，又会将 VIP 抢回。

● 非抢占模式：在 Keepalived 集群中只存在从节点，需要选出其中优先级最高的成为主节点提供服务；当作为主节点的服务器故障时，在其他从节点中选出优先级最高的节点作为新的主节点继续提供服务并抢占 VIP，但当原来主节点的服务器恢复后，不会抢回 VIP，而是作为一个从节点加入集群中。

本小节将演示如何搭建非抢占模式的 Keepalived，涉及 LVS 的相关内容。可通过两种方式设置非抢占模式，一种是在优先级高的节点的配置文件中添加 nopreempt 参数，另一种则是将所有从节点的优先级设置为相同的值。演示使用主机 master、slave、manage 以及备用的 admin，共 4 台服务器，其中 manage 和 admin 作为 Keepalived 及 ipvsadm 节点，master 和 slave 作为后端真实服务器。

ipvsadm 在演示中主要用于查看 LVS 集群信息，而具体的配置则是通过 Keepalived 配置文件实现的。即实际演示内容是 Keepalived+LVS 的集群，关于 LVS 后端真实服务器的配置，由于 9.2.3 小节中已有介绍，这里不再演示。同时所有服务器已完成了一些初始设置，如设置主机名、绑定 IP、测试域名解析等。

Keepalived+LVS 的集群搭建主要分为两个部分：后端真实服务器和前端负载均衡器。演示所需的服务器信息如表 9-4 所示。

表 9-4　演示所需的服务器信息

主机名	IP 地址	作用
manage	VIP: 192.168.125.200 DIP: 192.168.125.130	高可用软件 虚拟服务管理
admin	VIP: 192.168.125.200 RIP: 192.168.125.131	高可用软件 虚拟服务管理
master	VIP: 192.168.125.200 RIP: 192.168.125.128	网页服务
slave	VIP: 192.168.125.200 RIP: 192.168.125.129	网页服务

Keepalived+LVS 集群架构如图 9-12 所示。

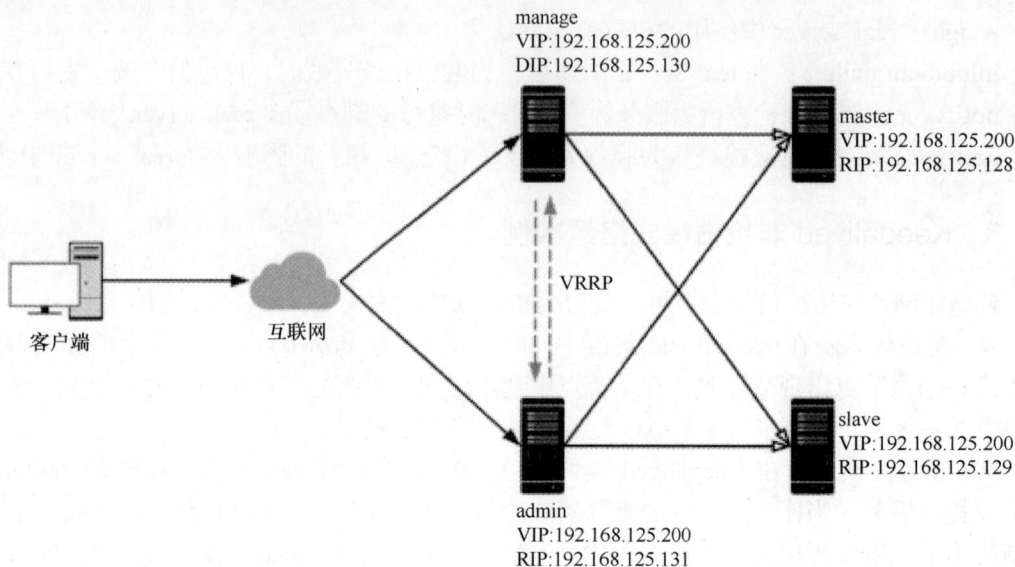

图 9-12　Keepalived+LVS 集群架构

1. 配置后端真实服务器

（1）配置 master 服务器

master 服务器在前面已配置过。为了避免干扰，需要做如下处理（根据情况选做）。

① 清理。

```
[root@master ~]# mv /etc/httpd/conf.d/wwwvipzidb.conf /etc/httpd/conf.d/
wwwvipzidb.conf.bakup
[root@master ~]# systemctl restart httpd
```

② 重新设置。

```
[root@master ~]# ifconfig lo:0 192.168.125.200 broadcast 192.168.125.200 netmask
255.255.255.255 up
[root@master ~]# route add -host 192.168.125.200 dev lo:0
[root@master ~]# ifconfig lo:0
lo:0: flags=73<UP,LOOPBACK,RUNNING>  mtu 65536
       inet 192.168.125.200  netmask 255.255.255.255
       loop  txqueuelen 1000  (Local Loopback)

[root@master ~]# echo "1" > /proc/sys/net/ipv4/conf/lo/arp_ignore
[root@master ~]# echo "2" > /proc/sys/net/ipv4/conf/lo/arp_announce
[root@master ~]# echo "1" > /proc/sys/net/ipv4/conf/all/arp_ignore
[root@master ~]# echo "2" > /proc/sys/net/ipv4/conf/all/arp_announce
```

上述设置在系统重启后就会失效，要让其永久生效可编写脚本让其在系统重启后自动执行。

```
[root@master ~]# vim /etc/rc.d/init.d/realserver
[root@master ~]# cat /etc/rc.d/init.d/realserver
#!/bin/bash
```

```
#chkconfig:345 61 61
#description: 添加虚拟 IP 地址及路由规则、抑制 ARP
SNS_VIP=192.168.125.200 #SNS_VIP 定义为指定的 vip
case "$1" in
start)
     ifconfig lo:0 $SNS_VIP netmask 255.255.255.255 broadcast $SNS_VIP
     /sbin/route add -host $SNS_VIP dev lo:0
     # 下面 4 行是防止本机 vip 和 LVS 的 VIP 冲突
     echo "1" > /proc/sys/net/ipv4/conf/lo/arp_ignore
     echo "2" > /proc/sys/net/ipv4/conf/lo/arp_announce
     echo "1" > /proc/sys/net/ipv4/conf/all/arp_ignore
     echo "2" > /proc/sys/net/ipv4/conf/all/arp_announce
     sysctl -p >/dev/null 2>&1
     echo "RealServer Start OK"
     ;;
stop)
     ifconfig lo:0 down
     route del $SNS_VIP >/dev/null 2>&1
     echo "0" > /proc/sys/net/ipv4/conf/lo/arp_ignore
     echo "0" > /proc/sys/net/ipv4/conf/lo/arp_announce
     echo "0" > /proc/sys/net/ipv4/conf/all/arp_ignore
     echo "0" > /proc/sys/net/ipv4/conf/all/arp_announce
     echo "RealServer Stoped"
     ;;
*)
     echo "Usage: $0 {start|stop}"
     exit 1
esac
exit 0
[root@master ~]# chmod +x /etc/rc.d/init.d/realserver
[root@master ~]# vim /etc/systemd/system/realserver.service
[root@master ~]# cat /etc/systemd/system/realserver.service
[Unit]
Description=添加虚拟 IP 地址及路由规则、抑制 ARP
After=network.target

[Service]
Type=simple
ExecStart=/etc/rc.d/init.d/realserver start

[Install]
WantedBy=multi-user.target
```

```
[root@master ~]# sudo chkconfig --add /etc/init.d/realserver
[root@master ~]# systemctl enable realserver.service
Synchronizing state of realserver.service with SysV service script with /usr/
lib/systemd/systemd-sysv-install.
Executing: /usr/lib/systemd/systemd-sysv-install enable realserver
Created symlink
/etc/systemd/system/multi-user.target.wants/realserver.service → /etc/systemd/
system/realserver.service.
[root@master ~]# systemctl start realserver.service
```

（2）配置 slave 服务器

slave 服务器已经在前面配置过。为了避免干扰，需要做如下处理（根据情况选做）。

① 清理。

```
[root@slave ~]# mv /etc/httpd/conf.d/wwwvipzidb.conf /etc/httpd/conf.d/
wwwvipzidb.conf.bakup
[root@slave ~]# mv /etc/httpd/conf.d/bbsvipzidb.conf /etc/httpd/conf.d/
bbsvipzidb.conf.bakup
[root@slave ~]# systemctl restart httpd
```

② 重新设置。

```
[root@slave ~]# ifconfig lo:0 192.168.125.200 broadcast 192.168.125.200 netmask
255.255.255.255 up
[root@slave ~]# route add -host 192.168.125.200 dev lo:0
[root@slave ~]# ifconfig lo:0
lo:0: flags=73<UP,LOOPBACK,RUNNING>  mtu 65536
        inet 192.168.125.200  netmask 255.255.255.255
        loop  txqueuelen 1000  (Local Loopback)

[root@slave ~]# echo "1" > /proc/sys/net/ipv4/conf/lo/arp_ignore
[root@slave ~]# echo "2" > /proc/sys/net/ipv4/conf/lo/arp_announce
[root@slave ~]# echo "1" > /proc/sys/net/ipv4/conf/all/arp_ignore
[root@slave ~]# echo "2" > /proc/sys/net/ipv4/conf/all/arp_announce
```

上述设置在系统重启后就会失效，要让其永久生效可编写脚本让其在系统重启后自动执行。参见前面的 master 服务器配置。

2. 配置负载均衡器

（1）配置 manage 服务器

① 先清理 ipvsadm 相关的设置，再安装 Keepalived。

```
[root@manage ~]# ipvsadm -C
[root@manage ~]# ipvsadm -L -n
IP Virtual Server version 1.2.1 (size=4096)
Prot LocalAddress:Port Scheduler Flags
  -> RemoteAddress:Port          Forward Weight ActiveConn InActConn
[root@manage ~]# systemctl disable ipvsadm
```

```
[root@manage ~]# systemctl stop ipvsadm
[root@manage ~]# systemctl disable haproxy
Removed /etc/systemd/system/multi-user.target.wants/haproxy.service.
[root@manage ~]# systemctl stop haproxy
[root@manage ~]# dnf install -y keepalived
```
上次元数据过期检查：1:07:18 前，执行于 2024 年 05 月 13 日 星期一 00 时 54 分 37 秒。

依赖关系解决。

......

已安装：
```
  keepalived-2.1.5-6.el8.x86_64
```
完毕！
```
[root@manage ~]# systemctl enable keepalived
Created symlink
/etc/systemd/system/multi-user.target.wants/keepalived.service →
/usr/lib/systemd/system/keepalived.service.
[root@manage ~]# systemctl start keepalived
[root@manage ~]# keepalived -v
Keepalived v2.1.5 (07/13,2020)
Copyright(C) 2001-2020 Alexandre Cassen, <acassen@gmail.com>
Built with kernel headers for Linux 4.18.0
Running on Linux 4.18.0-348.el8.x86_64 #1 SMP Tue Oct 19 15:14:17 UTC 2021
......
[root@manage ~]# ipvsadm -L -n
IP Virtual Server version 1.2.1 (size=4096)
Prot LocalAddress:Port Scheduler Flags
  -> RemoteAddress:Port          Forward Weight ActiveConn InActConn
```

② 修改 Keepalived 的配置文件。

```
[root@manage ~]# vim /etc/keepalived/keepalived.conf
[root@manage ~]# cat /etc/keepalived/keepalived.conf
! Configuration File for keepalived

global_defs {
  notification_email {
    lxy@zidb.vip
  }
  notification_email_from admin@zidb.vip
  smtp_server 127.0.0.1
  smtp_connect_timeout 30
  router_id LVS_DEVEL
  vrrp_skip_check_adv_addr
  vrrp_strict
  vrrp_garp_interval 0.001 #若为 0，会有警告信息
```

```
    vrrp_gna_interval 0.000001 #若为 0，会有警告信息
}

vrrp_instance VI_1 {
    state BACKUP
    interface ens160
    virtual_router_id 51
    priority 100
    nopreempt
    advert_int 1
    authentication {
        auth_type PASS
        auth_pass 51305161
    }
    virtual_ipaddress {
        192.168.125.200
    }
}

virtual_server 192.168.125.200 80 {
    delay_loop 6
    lb_algo rr
    lb_kind DR
    persistence_timeout 0
    protocol TCP

    real_server 192.168.125.128 80 {
        weight 1
        HTTP_GET {
            url {
              path /
            }
            connect_timeout 3
            retry 3
            delay_before_retry 3
        }
    }

    real_server 192.168.125.129 80 {
        weight 1
        HTTP_GET {
            url {
```

```
            path /
        }
        connect_timeout 3
        retry 3
        delay_before_retry 3
    }
  }
}
```

③ 配置防火墙。

```
[root@manage ~]# sudo firewall-cmd --permanent --add-rich-rule='rule protocol
value=112 family="ipv4" accept'
success
[root@manage ~]# firewall-cmd --permanent --add-port=80/tcp
success
[root@manage ~]# firewall-cmd --reload
success
[root@manage ~]# firewall-cmd --list-all
public (active)
  target: default
  icmp-block-inversion: no
  interfaces: ens160
  sources:
  services: cockpit dhcpv6-client ssh
  ports: 80/tcp
  protocols:
  forward: no
  masquerade: no
  forward-ports:
  source-ports:
  icmp-blocks:
  rich rules:
    rule family="ipv4" protocol value="112" accept
```

④ 重启 Keepalived 服务（注意顺序，防止出错）。

```
[root@manage ~]# ipvsadm -C
[root@manage ~]# systemctl start keepalived
[root@manage ~]# systemctl stop keepalived
[root@manage ~]# systemctl restart keepalived
[root@manage ~]# systemctl status keepalived
● keepalived.service - LVS and VRRP High Availability Monitor
  Loaded: loaded (/usr/lib/systemd/system/keepalived.service;…)
  Active: active (running) since Tue 2024-05-14 04:58:27 CST; 13s ago
  Process: 91218 ExecStart=/usr/sbin/keepalived …
```

```
Main PID: 91219 (keepalived)
   Tasks: 3 (limit: 4636)
  Memory: 3.0M
  CGroup: /system.slice/keepalived.service
          ├─91219 /usr/sbin/keepalived -D
          ├─91220 /usr/sbin/keepalived -D
          └─91221 /usr/sbin/keepalived -D
......
[root@manage ~]# ipvsadm -L -n
IP Virtual Server version 1.2.1 (size=4096)
Prot LocalAddress:Port Scheduler Flags
  -> RemoteAddress:Port           Forward Weight ActiveConn InActConn
TCP 192.168.125.200:80 rr
  -> 192.168.125.128:80           Route   1       0          0
  -> 192.168.125.129:80           Route   1       0          0
```

（2）配置 admin 服务器

① 安装 Keepalived 和 ipvsadm，启动 Keepalived。

```
[root@admin ~]# dnf install -y keepalived ipvsadm
上次元数据过期检查：12:10:56 前，执行于 2024 年 05 月 12 日 星期日 17 时 59 分 07 秒。
依赖关系解决。
......
已安装：
  ipvsadm-1.31-1.el8.x86_64            keepalived-2.1.5-6.el8.x86_64
完毕！
[root@admin ~]# systemctl enable keepalived
Created symlink
/etc/systemd/system/multi-user.target.wants/keepalived.service →
/usr/lib/systemd/system/keepalived.service.
[root@admin ~]# ipvsadm -C
[root@admin ~]# systemctl start keepalived
[root@admin ~]# keepalived -v
Keepalived v2.1.5 (07/13,2020)

Copyright(C) 2001-2020 Alexandre Cassen, <acassen@gmail.com>

Built with kernel headers for Linux 4.18.0
Running on Linux 4.18.0-348.el8.x86_64 #1 SMP Tue Oct 19 15:14:17 UTC 2021
......
[root@admin ~]# ipvsadm -L -n
IP Virtual Server version 1.2.1 (size=4096)
Prot LocalAddress:Port Scheduler Flags
  -> RemoteAddress:Port           Forward Weight ActiveConn InActConn
```

② 修改 Keepalived 的配置文件。

```
[root@admin ~]# vim /etc/keepalived/keepalived.conf
[root@admin ~]# cat /etc/keepalived/keepalived.conf
......#文件内容与 manage 服务器的配置文件一致即可
```

③ 配置防火墙。

```
[root@admin ~]# sudo firewall-cmd --permanent --add-rich-rule='rule protocol
value=112 family="ipv4" accept'
success
[root@admin ~]# firewall-cmd --permanent --add-port=80/tcp
success
[root@admin ~]# firewall-cmd --reload
success
[root@admin ~]# firewall-cmd --list-all
public (active)
  target: default
  icmp-block-inversion: no
  interfaces: ens160
  sources:
  services: cockpit dhcpv6-client ssh
  ports: 80/tcp
  protocols:
  forward: no
  masquerade: no
  forward-ports:
  source-ports:
  icmp-blocks:
  rich rules:
      rule family="ipv4" protocol value="112" accept
```

④ 重启 Keepalived 服务（注意顺序，防止出错）。

```
[root@admin ~]# ipvsadm -C
[root@admin ~]# systemctl start keepalived
[root@admin ~]# systemctl stop keepalived
[root@admin ~]# systemctl restart keepalived
[root@admin ~]# systemctl status keepalived
● keepalived.service - LVS and VRRP High Availability Monitor
   Loaded: loaded (/usr/lib/systemd/system/keepalived.service;…)
   Active: active (running) since Tue 2024-05-14 05:45:49 CST; 19s ago
  Process: 47392 ExecStart=/usr/sbin/keepalived …
 Main PID: 47393 (keepalived)
    Tasks: 3 (limit: 4636)
   Memory: 2.1M
   CGroup: /system.slice/keepalived.service
           ├─47393 /usr/sbin/keepalived -D
```

```
        ├──47394 /usr/sbin/keepalived -D
        └──47395 /usr/sbin/keepalived -D
……
[root@admin ~]# ipvsadm -Ln
IP Virtual Server version 1.2.1 (size=4096)
Prot LocalAddress:Port Scheduler Flags
 -> RemoteAddress:Port          Forward Weight ActiveConn InActConn
TCP 192.168.125.200:80 rr
 -> 192.168.125.128:80          Route   1       0          0
 -> 192.168.125.129:80          Route   1       0          0
```

至此，Keepalived+LVS 集群配置完成。

3．测试站点

（1）浏览器测试

通过浏览器访问 http://192.168.125.200，发现页面在刷新之后显示不同的内容，如图 9-13 所示。若页面内容没有变化，可多次刷新。有些浏览器可能需要设置禁用浏览器缓存才可正常访问。

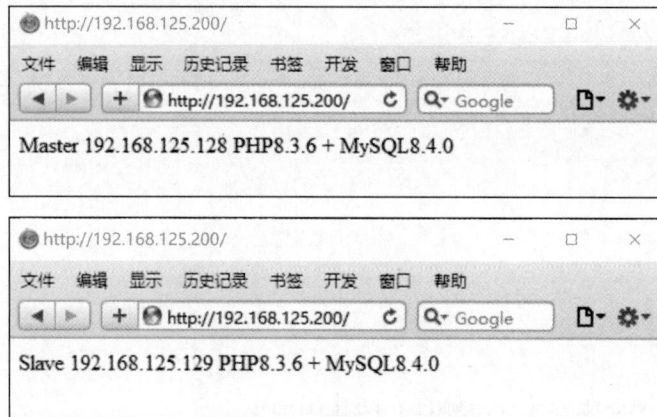

图 9-13　浏览器访问 Web

（2）命令行测试

① 使用 Windows 系统的命令行工具来测试。

```
Microsoft Windows [版本 10.0.19045.4355]
(c) Microsoft Corporation。保留所有权利。

C:\Users\lixianyun>curl 192.168.125.200
Master 192.168.125.128 PHP8.3.6 + MySQL8.4.0

C:\Users\lixianyun>curl 192.168.125.200
Slave 192.168.125.129 PHP8.3.6 + MySQL8.4.0
```

② 使用 Linux 客户端（使用 admin 主机）来测试。

```
[root@localhost ~]# curl 192.168.125.200
```

```
Master 192.168.125.128 PHP8.3.6 + MySQL8.4.0
[root@localhost ~]# curl 192.168.125.200
Slave 192.168.125.129 PHP8.3.6 + MySQL8.4.0
```

9.5　习题

一、填空题

1. MySQL Replication 主从模式分为＿＿＿＿＿、＿＿＿＿＿＿、＿＿＿＿＿＿、＿＿＿＿＿＿、

＿＿＿＿＿＿。

2. MySQL 8.4.0 引入了新的复制功能，最大的特点是配置过程中＿＿＿＿＿＿＿＿＿＿。

3. LVS 架构主要由＿＿＿＿＿＿＿＿＿和＿＿＿＿＿＿＿＿＿两部分组成。

4. HAProxy 是一个＿＿＿＿＿＿软件，它工作于＿＿＿＿＿＿＿＿和＿＿＿＿＿＿＿＿＿。

5. Keepalived 是一个＿＿＿＿＿＿＿＿＿＿＿＿＿方案，是一个＿＿＿＿＿＿＿＿软件，其中的负载均衡框架依赖于＿＿＿＿＿＿＿＿＿＿＿＿内核模块，提供 4 层负载均衡。

6. Keepalived 可以通过两种方式设置非抢占模式，一种是＿＿＿＿＿＿＿＿＿＿＿＿＿

＿＿＿＿＿＿＿＿＿＿＿＿＿，另一种则是＿＿＿＿＿＿＿＿＿＿＿＿＿＿＿＿＿＿＿。

二、操作题

1. 根据本章所介绍的知识独立完成图 9-14 所示的集群配置。要求：

（1）对服务器进行统一的初始化；

（2）服务器均开启防火墙；

（3）两台 Apache 服务器运行相同的站点，它们可以是自己编写的程序，也可以是网络上提供的免费 Web 程序，如 WordPress、Discuz、ShopeX 等；数据库连接到统一的后端节点；

（4）数据库为 MySQL 8.4.0，需要完成 MySQL Replication 主从复制。

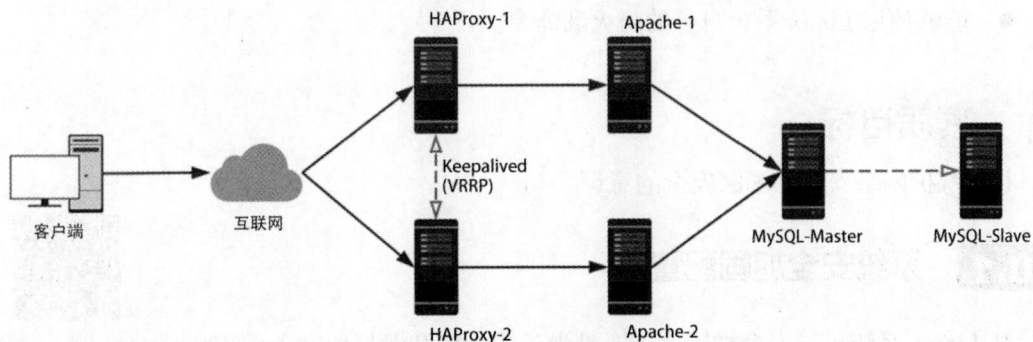

图 9-14　集群配置

2. 在自己的计算机上安装 MySQL 8.4.0，配置 MySQL Replication 主从复制。

3. 在自己的计算机上实现 LVS 集群的搭建。

4. 在自己的计算机上实现 HAProxy 集群的搭建并启用 Web 监控平台。

5. 在自己的计算机上实现 Keepalived+LVS 集群的搭建。

第 ⑩ 章 常用系统安全配置

本章导读

Linux 系统安全的重要性不可忽视，通过系统安全加固配置、入侵检测与端口扫描等措施，可有效地保护系统免受各种攻击，确保系统的安全和稳定。

知识目标

- 了解 Linux 系统安全加固的策略。
- 理解账户与远程安全和文件系统安全的重要性。
- 理解入侵检测与端口扫描的工作原理。
- 理解防火墙的工作原理。

能力目标

- 能够完成 Linux 系统的常用加固配置。
- 能够配置账户与远程安全和文件系统安全。
- 能够使用常用的入侵检测和端口扫描工具。
- 能够使用 Linux 系统自带的防火墙命令。

素质目标

具有维护网络安全和国家安全的意识。

10.1 系统安全加固配置

系统安全加固配置

对 Linux 系统进行安全加固，主要是为了防止黑客轻易地进入系统并进行破坏，导致网络出现故障，影响系统及其业务正常运行。

Linux 系统安装完成后，还有许多配置需要手动完成，如配置网卡地址、配置防火墙等。这除了有助于管理员提高管理效率，还对系统的安全加固有一定的作用。下面介绍一些对系统进行安全加固的配置。

1. GRUB 加密

GRUB（Grand Unified Bootloader，大一统启动加载器）是一个来自 GNU 项目的多操作系统启动程序。它是多启动规范的实现，允许用户在一台计算机上同时安装多个操作系统，并在计算机启动时选择想要运行的操作系统。

默认的 GRUB 是没有加密的，而在某些特殊情况下，需要对其进行加密。GRUB 加密通常用于防止其他用户恶意通过重启系统来破解 root 用户密码，通过 GRUB 进入系统的单用户模式来窃取数据。

在 CentOS 8 中，使用 grub2-setpassword 命令生成密码文件，该密码文件在系统重启后即可生效。若能在文件/boot/grub2/user.cfg 中查看到以 "GRUB2_PASSWORD= grub.pbkdf2.sha512.10000." 开头的内容，则表示 GRUB 加密成功。

例：对 GRUB 进行加密和查看。

```
[root@localhost ~]# grub2-setpassword
Enter password:
Confirm password:
[root@localhost ~]# cat /boot/grub2/user.cfg
GRUB2_PASSWORD=grub.pbkdf2.sha512.10000.433D97BEA4C34996E423143565D766177119B
566935478E07D5D860BC41CCAE981A94F7C5C96349A802DF1C07AC70AD586156FD960F243BC22
BD6EF2B58742D0.0ABD4ABE0782FE932E69091115FCE07EBA6DE5D6B047C94D3E855201E94AC1
E3FD339CA5D9BEDF3B926BAC25C243090D89E0DA79E8C288C680438060049DDB14
```

2. 命令历史

Linux 系统的命令历史记录可以使用 history 命令查看。当登录或者退出 Shell 时，系统会自动进行读取存储，帮助管理员查找执行过的命令和快速重复执行，这对于检查系统、调试或修复因误操作引起的故障非常有用。命令历史记录默认的存储位置为当前用户目录的.bash_history 文件，基于安全和隐私的考虑，在使用 history 命令时不要包含敏感信息。history 命令默认仅显示序号和已执行的命令，若需要显示更多信息，则要设置参数。

history 命令一些常用的参数如下所示。

HISTFILESIZE：保存命令的记录总数。

HISTSIZE：定义命令历史显示的条数，默认命令历史总条数是 1000 条。

HISTFILE：指定命令历史保存的文件，默认为~/.bash_history。

HISTIGNORE：在命令历史中不需要记录的命令，以冒号分隔。

HISTTIMEFORMAT：定义执行 history 命令时时间戳（一种以整数形式存储的时间值）的显示格式。

若需要上述参数全局生效，则将其写入/etc/profile 和/etc/bashrc 文件中；若仅对当前用户生效，则写入~/.bashrc 和~/.bash_profile 文件中。

例：执行 history 命令显示命令历史。

```
[root@localhost ~]# history
    1  su root
    2  cd grub2
    3  grub2-setpassword
    4  cat /boot/grub2/user.cfg
    5  history
```

例：向~/.bashrc 文件中添加相关的配置，以显示命令执行的时间。

```
# .bashrc
 User specific aliases and functions
alias rm='rm -i'
alias cp='cp -i'
alias mv='mv -i'

# Source global definitions
if [ -f /etc/bashrc ]; then
        . /etc/bashrc
fi
export HISTTIMEFORMAT="%Y-%m-%d-%H:%m:%s"
```

执行 source .bashrc 命令使配置生效，然后用 history 命令查看配置是否生效。

```
[root@localhost ~]# source .bashrc
[root@localhost ~]# history
   1  2024-05-06-18:05:1715046404history
   2  2024-05-06-18:05:1715046537vi .bashrc
   3  2024-05-06-18:05:1715046834source .bashrc
   4  2024-05-06-19:05:1715047633source ~/.bashrc
   5  2024-05-06-19:05:1715047828history
```

简单来说，source 命令的功能就是使文件中的配置信息立刻生效。若用户想在退出系统后清除命令历史或执行其他操作，可通过编辑~/.bash_logout 文件来实现。

3. 删减系统登录信息

登录 Linux 系统时，系统一般都会给出一些欢迎信息或版本信息，这能为管理员使用及管理系统带来一定的便利，但是这些信息通常都是面向所有用户的，很容易被别有用心的人利用。故通常不建议配置登录信息，已经配置的可以修改或删除以防止其被恶意利用。

/etc/issue 和/etc/issue.net 文件主要用于登录前的信息显示。区别在于使用本地终端或控制台登录时，调用/etc/issue 文件；以 SSH 登录时，调用/etc/issue.net 文件。默认情况下，SSH 不会调用/etc/issue.net 文件，若要调用该文件，则需要在/etc/ssh/sshd_config 文件中添加"Banner/etc/issue.net"，重启系统后以 SSH 登录便会调用/etc/issue.net 文件。

例：编辑/etc/issue 文件，并查看编辑后的内容。

```
[root@localhost ~]# echo "Welcome to our system .........! " >/etc/issue
[root@localhost ~]# cat /etc/issue
"Welcome to our system .........! "
```

切换用户登录显示欢迎登录信息，其结果如下所示。

```
"Welcome to our system .........! "
CentOS8 login:
```

例：编辑/etc/issue.net 和/etc/ssh/sshd_config 文件。

```
[root@localhost ~]# echo "Welcome to our system .........! " >/etc/issue.net
[root@localhost ~]# cat /etc/issue.net
```

```
"Welcome to our system .........! "
[root@localhost ~]# echo "Welcome to our system .........! ">/etc/ssh/sshd_config
[root@localhost ~]# grep "Banner" /etc/ssh/sshd_config
Banner /etc/issue.net
[root@localhost ~]# systemctl restart sshd.service
```

执行以上命令，以 SSH 登录后会显示欢迎信息。

```
[root@localhost ~]# ssh root@192.168.65.128
 "Welcome to our system .........! "
root@192.168.65.128' password:
```

/etc/redhat-release 文件中保存操作系统的版本号及名称。/etc/motd 文件在用户登录后调用显示，调用时不会区分登录方式，文件内容默认为空。

例：编辑/etc/motd 文件，向该文件中添加欢迎信息。

```
[root@localhost ~]# echo "Welcome to our system .........! " >/etc/motd
[root@localhost ~]# cat /etc/ motd
"Welcome to our system .........! "
```

执行以上命令，以 SSH 登录后会显示欢迎信息。

```
[root@localhost ~]# ssh root@192.168.65.128
 "Welcome to our system .........! "
root@192.168.65.128' password:
last login: Sun may 11 10:12:20 from 192.168.65.128
"Welcome to our system .........! "
```

若要求以 SSH 登录时无以"Last login"开头的信息，可将/etc/ssh/sshd_config 文件中 PrintLastLog 的值设置为 no，并重启系统。

例：编辑/etc/ssh/sshd_config 文件，清除以"Last login"开头的信息。

```
[root@localhost ~]# grep "PrintLastLog" /etc/ssh/sshd_config
PrintLastLog no
[root@localhost ~]# systemctl restart sshd.service
```

退出系统后重新登录，以"Last login"开头的信息已不存在。

```
[root@localhost ~]# ssh root@192.168.65.128
 "Welcome to our system .........! "
root@192.168.65.128' password:
 "Welcome to our system .........! "
```

4. 禁用 Ctrl+Alt+Delete 组合键

Ctrl+Alt+Delete 组合键常用来执行重启操作，禁用它的主要目的是防止对系统的误操作引起系统重启。在/etc/inittab 文件中，可以查看到如下描述：

```
Ctrl-Alt-Delete is handled by /usr/lib/systemd/system/ctrl-alt-del.target
```

文件/usr/lib/systemd/system/ctrl-alt-del.target 是/usr/lib/systemd/system/reboot.target（用于触发系统重启）的一个软链接，因此，以下两种方式可以禁用 Ctrl+Alt+Delete 组合键。

● 将/usr/lib/systemd/system/ctrl-alt-del.target 文件删除。
● 将/usr/lib/systemd/system/ctrl-alt-del.target 文件的所有内容注释掉，让 reboot 命令失效。

5. 修改常用内核参数

对 Linux 系统的常用内核参数进行修改，可以让系统更好地运行。修改的方式有以下两种。

● 修改即时生效：临时修改，直接在/proc 目录中进行修改。

● 修改永久生效：可在/etc/sysctl.conf 文件中进行修改；也可在/etc/sysctl.d/目录中创建文件进行配置，然后使用 sysctl -p <file>或 systcl --system 命令使配置生效。

例：开启路由转发功能，可通过修改内核参数的值来实现。路由转发功能非常有用，当一个主机需要与其他网络连通或在该系统上做网络代理时，就必须开启路由转发功能。

```
[root@localhost ~]# echo 1 > /proc/sys/net/ipv4/ip_forward
```

执行以上命令后，可以看到内核参数的值已变为 1。

```
[root@localhost ~]# cat /proc/sys/net/ipv4/ip_forword
0
[root@localhost ~]# echo 1 > /proc/sys/net/ipv4/ip_forward
[root@localhost ~]# cat /proc/sys/net/ipv4/ip_forword
1
```

例：通过修改配置文件来实现路由转发功能的开启。

```
[root@localhost ~]# echo "net.ipv4.ip_forward = 1" >> /etc/sysctl.conf
[root@localhost ~]# sysctl -p
net.ipv4.ip_forward = 1
```

执行以上命令后，可以看到/etc/sysctl.conf 文件内容已发生变化。

```
[root@ localhost ~]# sysctl -a | grep ip_forward
net.ipv4.ip_forward = 1
net.ipv4.ip_forward_update_priority = 1
net.ipv4.ip_forw_pmtu = 0
```

6. 关闭不需要的服务

Linux 系统中默认安装了许多服务，且大部分服务会自动启动，但是其中有一部分不是运行所必需的，关闭它们不会对整个系统的运行造成影响。对系统来说，运行的服务越多，消耗的资源也越多，安全性也会降低。因此，关闭不需要的服务，对系统的运行及安全都有利。

在关闭某服务之前，要看其是否会对现有的业务或服务造成影响，若某服务关闭后会导致系统运行不稳定或业务无法正常运行，则应保留。通常可关闭的服务有 auditd、cups、avahi-daemon、sendmail、postfix、bluetooth、sound、messagebus、rc-local 等。

例：关闭 bluetooth 服务。

```
[root@localhost ~]# systemctl disabe Bluetooth.service
Removed/etc/systemd/system/dbus-org.bluetooth.service
Removed/etc/systemd/system/Bluetooth.target.wants/bluetooth.service
```

若要重新开启 bluetooth 服务，执行如下命令并重启系统。

```
[root@localhost ~]# systemctl enable Bluetooth.service
Created symlink from /etc/systemd/system/dbus-org.bluez.service to /usr/lib/
systemd/system/Bluetooth.service
Created symlink from /etc/systemd/system/Bluetooth.target.wants/Bluetooth.
service to /user/lib/systemd/system/Bluetooth.service
```

10.2　账户与远程安全

账户与远程安全

10.2.1　使用 SSH 登录

登录 Linux 系统可以采用多种方式，其中 SSH 方式是较常用的，SSH 服务由客户端和服务器组成。出于安全考虑，一般来说不允许 root 用户直接远程登录服务器。

若要禁止 root 用户远程登录服务器，则将 SSH 服务的主配置文件/etc/ssh/sshd_config 的参数 PermitRootLogin 的值设置为 no（若其值为 without-password，则表示 root 用户不能使用密码登录，但可使用密钥对登录）并重启 SSH 服务。若要禁止用户使用密码登录，而必须使用密钥认证方式登录 SSH，则将主配置文件中的参数 PasswordAuthentication 的值设置为 no 并重启 SSH 服务。

例：禁止 root 用户直接远程登录及密码登录。

```
[root@localhost ~]# grep "^PermitROOtLogin" /etc/ssh/sshd_config
PermitRootLogin no
[root@localhost ~]# grep "^PasswordAuthentication" /etc/ssh/sshd_config
PasswordAuthentication no
[root@localhost ~]# systemctl restart sshd.service
```

执行以上命令后，结果如下所示。

```
[root@localhost ~]#ssh root@192.168.65.128
"Welcome to our system ………! "
Permission denied (publinckey,gssapi-keyex,gssapi-with-mic)
```

除了这两个常用设置，修改 SSH 服务端口（使用指定服务端口来避免常规登录）、指定 SSH 使用的版本等也同样可通过修改主配置文件来实现。

10.2.2　密码与密钥对

用户登录 Linux 系统时，一般会使用密码或密钥对的方式来进行验证。密码验证即通过创建用户时设置的密码进行登录验证，属于传统的安全策略。密钥对验证则通过公私钥配对来进行登录验证，公钥会上传到服务器，私钥则由个人保管。密钥对验证支持多种加密算法，采用不同的配置可生成不同加密方式及强度的密钥对。相比传统的密码验证，密钥对验证的安全性较高。建议使用密钥对验证进行登录，禁用密码验证。

例：使用密钥对验证，创建密钥对并将公钥上传到 IP 地址为 192.168.65.128 的服务器。

（1）生成密钥对（-b 参数的值不同，生成的密钥对的长度也不同）。

```
[root@localhost ~]#ssh-keygen -t rsa -b 4096
Generating pulic/private rsa key pair
Eenter file in which to save the key(/root/.ssh/id_rsa):
Eenter passphrase (empty for no passphrase):
Eenter same passphrase again:
Your identification has been savedd1 in /root/.ssh/id_rsa.
Your public key has been saved in /root/.ssh/id_rasa.pub.
```

```
The key fingerprint is:
SHA256:ivGm62Uylq81OG0GgE7E+ZfUPMb5gn3zjaQrtB+9Mroot@loclhost.localdomain
The key's randomart inmage is:
+---[RSA 4096]----+
|==**=O.=.        |
|+O+O.++.         |
|O ++. + .        |
| O .+= O * O    .|
|  O. + S = + . . |
|  O . O . + .   E|
|  + . O   .      |
|  O . .O         |
|     O. .        |
+----[SHA256]-----+
```

（2）将公钥上传到指定服务器，上传过程需要输入登录密码，私钥需妥善保管。

```
[root@localhost.s ~]# ssh-copy-id -i ~/.ssh/id_rsa.pub root@192.168.65.128
/usr/bin/ssh-copy-id:Inf0:Source of key(s) to be installed:"/home/root/.ssh/
id_rsa.pub"
/usr/bin/ssh-copy-id -i:Inf0:attempting to log in with the new key(s),to filter
out any that are already installed
/usr/bin/ssh-copy-id:Inf0:1 key(s) remain to be installed—if you are prompted now
it is to install the new keys
"Welcome to our system .........! "
root@192.168.65.128' password:
Number of key(s) added:1
Now try logging into the machine with:"ssh 'root@192.168.45.128'"
And check to make sure that only the key(s) you wanted were added.
```

若使用密码验证，则可通过设置密码的有效期等来提升安全性，其实现方式有多种：如通过修改文件/etc/login.defs 中的 PASS_MAX_DAYS 参数，对之后创建的新用户应用统一的密码过期时间；使用命令 passwd -x 30 <user>为已经存在的用户设置密码过期时间，其中 30 为有效天数。

例：修改文件/etc/login.defs，设置密码过期时间为 60 天，只对创建的新用户生效。

```
[root@localhost.s ~]# grep "^PASS_MAX_DAYS" /etc/login.defs
PASS_MAX_DAYS 60
[root@localhost.s ~]# grep "^root" /etc/shadow
Root:!!:17921:0:60:9:::
```

例：使用 passwd 命令设置已存在用户的密码过期时间。

```
[root@localhost.s ~]# grep "^root" /etc/shadow
[root@localhost.s ~]# password -X 30 root
[root@localhost.s ~]# grep "^root" /etc/shadow
Root:!!:17921:0:30:9:::
```

10.2.3 清理用户和组

在 Linux 系统中，并不是所有的用户和组都要登录系统，部分用户和组在使用过程中并不需要登录系统但拥有登录权限，或系统为其预留了登录权限等。因此，需要对系统中的这部分用户和组进行清理，以提升系统安全性。

Linux 系统默认的用户和组有些是可以删除的，常见的可删除用户和组如下。

- 可删除的用户：adm、lp、sync、shutdown、halt、games、operator 等。
- 可删除的组：adm、lp、games 等。

例：禁止 root 用户直接登录。

```
[root@localhost ~]#usermod -s /sbin/nologin root
[root@localhost ~]#grep "^root" /etc/passwd
Root:X:0:0:root/sbin/nologin
```

被禁止的 root 用户登录时的提示信息如下。

```
[root@localhost ~]#ssh root@192.168.65.128
"Welcome to our system .........! "
root@192.168.65.128'password:
[This account is current not acailable
Connection to 192.168.65.128 closed.
```

还可通过在文件/etc/shadow 中找到 root 用户所在的行，在第二列（各列以 ":" 号分隔）加上 "!" 或 "!!" 实现登录锁定。被锁定的用户与被禁止的用户登录时的提示信息有所不同。

例：通过命令 usermod -L <user>锁定 root 用户。

```
[root@localhost ~]#usermod -L root
[root@localhost ~]#grep "root" /etc/shadow
Root:! $5$SHfxWA8eGPJErcpwdytcHKIOPcqenbMINYD.kQOUYk/::0:99999:7:::
```

被锁定的 root 用户登录时的提示信息如下。

```
[root@localhost ~]#ssh root@192.168.65.128
"Welcome to our system .........! "
root@192.168.65.128'password:
Permission denied,please try again.
root@192.168.65.128'password:
Permission denied (publicky,gssapi-keyex,gassapi-with-mic,password).
```

10.2.4 使用 su 与 sudo

su 是用于在命令行中切换用户的命令，可从普通用户切换为超级用户，也可切换为其他普通用户，从而获取相应用户的权限。一般情况下，会禁止超级用户登录，而允许普通用户登录，当某些服务需要超级用户或其他用户的权限时，再通过 su 命令切换为指定用户。默认情况下，所有的普通用户均可切换为超级用户或其他普通用户，但这样做会造成权限的混乱，而且密码也会被多人知晓，增加了密码泄露的风险。

sudo 命令用于将一些超级用户拥有但普通用户没有的权限分配给普通用户，从而使普通用户能在不切换为超级用户的情况下执行一些超级用户或其他普通用户才能执行的操作或命令。

例：为普通用户 tang 设置 sudo 权限限制。

创建文件/etc/sudoers.d/90-user-tang 并为其设置权限。

```
[root@localhost ~]#touch /etc/sudoers.d/90-user-tang
[root@localhost ~]#chmod 440 /etc/sudoers.d/90-user-tang
```

执行以上命令后，会出现一个空文件。

```
[root@localhost ~]#ls -lha /etc/sudoers.d/90-user-tang
r-r-----.1root 0 5月 13 16:05 /etc/sudoers.d/90-user-tlf
```

向该文件添加如下内容（可根据实际情况设置）。

```
tang ALL=(ALL) NOPASSWD: ALL, !/bin/su, !/bin/rm, !/bin/busybox
```

以上内容限制了用户 tang 在使用 sudo 命令时不能使用 su、rm 和 busybox 命令。

```
[tang@localhost ~]$sudo su - tlf
对不起，用户 tang 无权以 root 身份执行/bin/su -tlf
[tang@localhost ~]$su - tlf
Password:
[tlf@localhost ~]$exit
Logout
[tang@localhost ~]$exit
```

但是用户 tang 可以直接使用 su 命令切换到用户 tlf 并获取相应的权限，此时相当于 sudo 权限限制失效了。为了配合 sudo 的权限限制，需要禁止普通用户使用 su 命令切换为超级用户或其他用户，这可以通过修改文件/etc/pam.d/su 来实现。

```
[root@localhost ~]#echo "auth required pam_wheel.so use_uid">>/edt/pam.d/su
[root@localhost ~]#cat /etc/pam.de/su
#%PAM-1.0
Auth              sufficient      pam_rootok.so
#Uncomment  the following line to inmplicitly trust users in the "wheel" group.
#auth        sufficient      pam_rootok.so trust use_uid
#Uncomment  the following line to require a user to be in the "wheel" group.
#auth        required       pam_wheel.so  use_uid
auth         substack       system-auth
auth         include        postlogin
account      sufficient     pam_succeed_if.so uid=0 use_uid quiet
account      include        system-auth
password     include        system-auth
session      include        system-auth
session      include        postlogin
session      optional       pam_xauth.so
auth          required   pam_wheel.so  use_uid
```

执行以上命令后，普通用户 tang 再使用 su 命令进行用户切换则会报错。

```
[tang@localhost ~]$ su
```

```
密码:
Su:拒绝权限
[tang@localhost ~]$ su - tlf
密码:
Su:拒绝权限
```

10.2.5　使用 TCP_Wrappers

　　TCP_Wrappers 是一种工作在传输层的安全工具，用来分析 TCP/IP 数据包，主要用于对有状态连接的特定服务进行安全检测并实现访问控制。它通过由 inetd（网络请求的守护进程）生成的服务提供增强的安全性，可防止主机名和主机地址欺骗等安全威胁。

　　TCP_Wrappers 基于客户服务器模型，/etc/hosts.allow 和/etc/hosts.deny 文件作为简单访问控制的基础。当服务器接收到一个连接请求时，TCP_Wrappers 会首先检查这个请求是否符合/etc/hosts.allow 文件中的规则，如果符合，则允许连接；如果不符合，则进一步检查/etc/hosts.deny 文件，如果也不符合，则允许连接。通常情况下，/etc/hosts.deny 文件中的规则会拒绝大多数未经授权的访问。

　　文件内容格式如下：

```
service:host(s) [:action]
```

　　其中各选项的含义如下。

　　service：服务名，如 sshd 等。

　　host(s)：主机名或 IP 地址，可以有多个，也可以使用关键字 ALL、ALL EXCEPT 等。

　　action：符合要求后所采取的动作，如允许、拒绝等。

　　例：只允许通过某一个 IP 地址以 SSH 方式登录服务器。

　　（1）在/etc/hosts.allow 文件中添加如下内容。

```
[root@localhost ~]#echo "sshd:192.168.65.130">>/etc/hosts.allow
[root@localhost ~]#cat /etc/hosts.allow
#
#hosts.all  This file contains access rules which are used to
#           allow  or dengy connections to network services that
#           either use tcp_wrappers library or that have been
#           either use the tcp_wrappers enabled xinnetd
#
#           See 'man 5 hosts_options' and 'man 5 hosts_access'
#           for information on rule syntax.
#           See 'man tcpd' for  information  on  tcp_wrappers
sshd:192.168.65.130
```

　　（2）在/etc/hosts.deny 文件中添加如下内容，拒绝所有 IP 地址登录。

```
[root@localhost ~]#echo "sshd:ALL" >>/etc/hosts.deny
[root@localhost ~]#cat /etc/hosts.allow
#
#hosts.all  This file contains access rules which are used to
```

```
#           deny connections to network services that either use
#           the tcp_wrappers library or that have been
#           started through tcp_wrappers enabled xinnetd
#
#           the rules in this file can also be set up in
#           /etc/hosts.allow with a 'deny' option instead.
#
#           See 'man 5 hosts_options' and 'man 5 hosts_access'
#           for information on rule syntax.
#           See 'man tcpd' for  information  on  tcp_wrappers
sshd:ALL
```

（3）配置完成后，就只能通过 192.168.65.130 登录服务器，通过其他 IP 地址登录服务器则会提示 "ssh_exchange_identification: read: Connection reset by peer"。

```
[tang@localhost ~]$ip a | grep eth0
2: eth0<BROADCAST.MULTICAST,UP,LOWER_UP>mtu 1500 qdisc pfifo_fast state UP group
default qlen 1000
Inet 192.168.65.130/24 brd 192.168.65.255 scope global noprefixroute dynamic eth0
[tang@localhost ~]$ssh root@192.168.65.128
"Welcome to our system ………! "
[tang@localhost ~]$ip a | grep eht0
2: eth0<BROADCAST.MULTICAST,UP,LOWER_UP>mtu 1500 qdisc pfifo_fast state UP group
default qlen 1000
 inet 192.168.65.200/24 brd 192.168.200.255 scope global noprefixroute dynamic
eth0
[tang@localhost ~]$ ssh root@192.168.65.128
"Welcome to our system ………! "
ssh_exchage_indentfication:  read: Cennection reset by peer
```

通过以上测试可知，使用 192.168.65.130 登录服务器时，服务器会显示欢迎信息，表示登录成功。使用其他 IP 地址登录时会被拒绝（IP 地址不在允许远程登录的范围内），同时会给出错误提示信息 ssh_exchange_identification: read: Connection reset by peer（SSH 连接到远程服务器时，连接被对方服务器重置）。

10.3 文件系统安全

10.3.1 设置文件或目录的属性

chattr 命令允许用户改变文件或目录的特殊属性，这些属性通常不受传统文件权限系统（如 chmod）的控制。chattr 命令通过为文件或目录设置特定的属性，可以增强文件的安全性、稳定性和管理灵活性。

其语法格式如下：

```
chattr [+-=] [选项] 文件或目录名
```

其中，[+-=]为属性操作符，具体含义如下。

+：追加属性。

-：删除属性。

=：设置属性。

其常用的选项如下。

a：系统只允许向文件追加内容，而不能删除内容。

i：系统不允许对文件进行任何的修改。

s：同步模式，要求文件修改时立即将数据写入硬盘。

例：锁定文件~/.ssh/authorized_keys。

```
[root@localhos ~]#chattr +i ~/.ssh/authorized_keys
```

lsattr 命令主要用于显示文件或目录的扩展属性。它可以为文件或目录添加自定义的属性，从而提供更为灵活的权限控制和文件管理方式。

其语法格式如下：

```
lsattr [选项] [文件或目录]
```

其常用的选项如下。

-a：显示所有文件或目录的扩展属性，包括隐藏文件或目录。

-d：如果目标是目录，则只显示目录本身的扩展属性，而不包括目录中的文件的属性。

-R：递归显示子目录下的所有文件或目录的扩展属性。

例：查看文件~/.ssh/authorized_keys 是否被锁定。

```
[root@localhost ~]#lsattr~/.ssh/authorized_keys
----i------------ /root/.ssh/ authorized_keys
```

若存在 i 权限，则表示文件处于锁定状态。

10.3.2　文件权限管理

在 Linux 系统中，文件都会有相应的权限，但并不是每个文件的权限都是合理的，可能存在一些文件的权限过大或权限配置不正确的情况，这些情况会给系统带来一定的安全隐患。可以使用高级权限 ACL 来为文件属主或属组分配权限。一般来说，应遵循最小权限原则来合理地分配权限。最小权限原则是指每个程序和系统用户都应该具有完成任务所必需的最小权限集合。它赋予每一个合法动作最小的权限，是为了保护数据及功能避免受到错误或者恶意行为的破坏。

除了对文件权限进行合理分配，文件的备份同样非常重要，特别是一些重要的系统文件及服务的配置文件等。备份文件时，可以将需要备份的文件打包存放到服务器中指定的位置并设置相应的权限，也可以将备份的文件下载到本地进行保存，还可以使用上传云盘等备份方式。

对系统中文件权限进行定期检查有助于发现问题并解决。检查文件权限，常用的方式是使用 ls 命令，但通过它只能查看常规权限及部分特殊权限。此外 find、getfacl、lsattr 等命令都可以用于查看文件权限。

● find 命令除了用于查找文件，还可以通过添加不同的参数查看文件是否具备某一类权限。

- getfacl 命令用于查看 ACL 权限。可以使用 setfacl 命令来设置 ACL 权限。
- lsattr 命令用于查看文件或目录的特定属性，这些属性通常与文件的安全、保护等有关。

例：查看文件是否具备 SET 位权限。

```
[tlf@localhost ~]$ find / - typef -perm -2-o -perm -20|xargs ls -al
bash: find/: No such file or directory
total 24
drwx------. 15 tlf  tlf  4096 May 14 05:08 .
drwxr-xr-x. 3 root root   17 May 14 05:05 ..
-rw-r--r--. 1 tlf  tlf    18 Jul 27  2021 .bash_logout
-rw-r--r--. 1 tlf  tlf   141 Jul 27  2021 .bash_profile
-rw-r--r--. 1 tlf  tlf   376 Jul 27  2021 .bashrc
drwxr-xr-x. 11 tlf  tlf   250 May 14 05:08 .cache
drwx------. 12 tlf  tlf   227 May 14 05:08 .config
drwxr-xr-x. 2 tlf  tlf     6 May 14 05:08 Desktop
drwxr-xr-x. 2 tlf  tlf     6 May 14 05:08 Documents
drwxr-xr-x. 2 tlf  tlf     6 May 14 05:08 Downloads
-rw-------. 1 tlf  tlf    16 May 14 05:07 .esd_auth
-rw-------. 1 tlf  tlf   310 May 14 05:07 .ICEauthority
drwx------. 3 tlf  tlf    19 May 14 05:07 .local
drwxr-xr-x. 4 tlf  tlf    39 May 14 04:47 .mozilla
drwxr-xr-x. 2 tlf  tlf     6 May 14 05:08 Music
drwxr-xr-x. 2 tlf  tlf     6 May 14 05:08 Pictures
drwxrw----. 3 tlf  tlf    19 May 14 05:08 .pki
drwxr-xr-x. 2 tlf  tlf     6 May 14 05:08 Public
drwxr-xr-x. 2 tlf  tlf     6 May 14 05:08 Templates
drwxr-xr-x. 2 tlf  tlf     6 May 14 05:08 Videos
```

例：为用户 tlf 添加/opt 目录的读取、写入、执行权限。

```
[root@localhost /]# ls -l  / |grep opt
drwxr-xrwx.  2 root root    6 Jun 21  2021 opt
 [root@localhost ~]#
[root@localhost /]# ls -l  / |grep opt
drwxr-xrwx.  2 root root    6 Jun 21  2021 opt
[root@localhost /]# getfacl /opt
getfacl: Removing leading '/' from absolute path names
# file: opt
# owner: root
# group: root
user::rwx
group::r-x
```

```
other::rwx
[root@localhost /]# setfacl -m u:tlf:rwx /opt
[root@localhost /]# getfacl /opt
getfacl: Removing leading '/' from absolute path names
# file: opt
# owner: root
# group: root
user::rwx
user:tlf:rwx
group::r-x
mask::rwx
other::rwx
```

10.4　入侵检测与端口扫描

10.4.1　入侵检测

Linux 系统可能遭到暴力破解、后门程序被利用、网络监听等攻击，若系统被入侵，则可能造成不可估量的损失。因此，定期对系统进行检测是非常有必要的。

入侵检测通过对网络或系统中的若干关键信息进行收集、整理并分析，从而发现是否存在被攻击或违反预先定义的安全规则的迹象。

常见的入侵检测工具是 rkhunter，它是基于主机的用于扫描 Rootkit、后门和本地漏洞的工具。

rkhunter 的主要功能如下。
- 检测文件是否被改动。
- 检测木马程序的特征码。
- 检测文件的属性是否异常。
- 检测后门程序常用的端口。
- 检查日志文件、隐藏文件等。

例：在命令行执行 rkhunter 命令（只显示部分结果）。

```
[root@localhost ~]# dnf install -y rkhunter
[root@localhost rkhunter-1.4.6]# rkhunter -c
[ Rootkit Hunter version 1.4.6 ]

Checking system commands...

 Performing 'strings' command checks
   Checking 'strings' command                            [ OK ]


 Performing 'shared libraries' checks
```

```
  Checking for preloading variables                    [ None found ]
  Checking for preloaded libraries                     [ None found ]
  Checking LD_LIBRARY_PATH variable                    [ Not found ]


 Performing file properties checks
  Checking for prerequisites                           [ Warning ]
  /usr/local/bin/rkhunter                              [ OK ]
```

执行 rkhunter 命令，输出中的 Warning 行表示检测出可能存在异常，需要进行检查。在检测完成后，会生成完整的统计报告并给出日志记录文件（/var/log/rkhunter/rkhunter.log）。

也可配置计划任务定时执行 rkhunter 命令，如让系统每天凌晨 3:00 自动执行 rkhunter 命令，则可在文件/etc/crontab 中添加以下内容：

```
0 03 * * * root /usr/bin/rkhunter -c -cronjob
```

10.4.2 端口扫描

端口扫描是指客户端向一定范围的服务器端口发送对应的请求，以确认可使用的端口。常见的扫描类型有 TCP 扫描、SYN 扫描和 UDP 扫描等，可使用的工具也有很多种。

在 Linux 系统中，Nmap 是常见的端口扫描工具。Nmap 的特点非常明显，功能也非常强大，主要包括主机发现、端口扫描、应用程序及其版本侦测、操作系统侦测，还支持自定义检测脚本，非常灵活且具备跨平台能力。

Nmap 核心功能的简介如下。

● 主机发现：用于发现主机是否处于在线状态，Nmap 提供了多种检查机制，可以有效辨识主机。其工作原理与 ping 命令类似，即向需要检测的主机发送探测请求，若收到响应，则认为主机处于在线状态。

● 端口扫描：用于扫描主机的端口以获取其使用情况，端口的主要状态有开放（open）、关闭（closed）、过滤（filtered）、未过滤（unfiltered）、开放或过滤（open/filtered）、关闭或过滤（closed/filtered）。默认情况下，Nmap 端口扫描的范围取决于其配置和参数。

● 应用程序及其版本侦测：用于识别主机端口上运行的应用程序及版本，可以识别多种应用的签名，检测多种应用协议。

● 操作系统侦测：用于识别目标主机的操作系统类型、版本号及设备类型。

其语法格式如下：

```
nmap [扫描类型] [选项] [扫描目标]
```

说明如下。

扫描类型：用于指定扫描的类型，如 TCP 连接扫描（-sT）、UDP 扫描（-sU）、操作系统检测（-O）等。若不指定扫描类型，则默认为 TCP 连接扫描。

选项：用于定制扫描行为，如设置扫描的端口范围（-p）、设置扫描的并发数（-T）等。

扫描目标：可以是单个 IP 地址、IP 地址范围、主机名等。

常用的选项如下。

-sT：TCP 连接扫描，这是 nmap 的默认扫描类型。

-sU：UDP 扫描，用于发现开放的 UDP 端口。

-p <端口范围>：指定扫描的端口范围，如-p 22,80,443 或-p 1-65535。

-T <0-5>：设置扫描的速度，数字越大扫描越快。

-O：启用操作系统检测，尝试猜测目标主机的操作系统。

-A：同时启用操作系统检测和版本检测、脚本扫描、traceroute 以及默认脚本扫描。

-v：提高输出信息的详细程度，可以多次使用（如-vv，-vvv）来增加详细度。

-oN <文件名>：将扫描结果保存到文件中，<文件名>是自定义的文件名，-oN 表示以普通文本格式保存。

-oG <文件名>：将扫描结果以 Grepable 格式保存，便于通过 grep 等工具进一步处理。

--script=<脚本名>：执行指定的 Nmap 脚本。

例：安装 Nmap 扫描工具。

```
[root@localhost]# sudo dnf install nmap
Last metadata expiration check: 1:02:11 ago on Tue 14 May 2024 10:25:50 PM PDT.
Dependencies resolved.
================================
 Package  Architecture  Version  Repository      Size
================================
Installing:
 nmap  x86_64  2:7.70-6.el8  appstream        5.8 M
Transaction Summary
================================
Install  1 Package
Total download size: 5.8 M
Installed size: 23 M
Is this ok [y/N]: y
Downloading Packages:
nmap-7.70-6.el8.x86_64.rpm      922 KB/s | 5.8 MB     00:06
--------------------------------
Total
919 KB/s | 5.8 MB     00:06
Running transaction check
Transaction check succeeded.
Running transaction test
Transaction test succeeded.
Running transaction
  Preparing      :  1/1
  Installing : nmap-2:7.70-6.el8.x86_64    1/1
  Running scriptlet: nmap-2:7.70-6.el8.x86_64    1/1
  Verifying    : nmap-2:7.70-6.el8.x86_64    1/1

Installed: nmap-2:7.70-6.el8.x86_6
Complete!
```

例：对 172.20.1.0/24 网段进行扫描，得知主机 172.20.1.30 处于在线状态，同时完成对该主机的端口扫描、系统信息采集和操作系统版本检测等。

```
[root@localhost /]# nmap -sV -O 172.20.1.0/24
Starting Nmap 7.92
nmap scan report for bogon (172.20.1.30)
host is up (0.00053s latency)
Not shown: 980 filtered tcp ports (no-response), 10 filtered tcp ports
(admin-prohibited)
PORT     STATE  SERVICE    VERSION
20/tcp   closed ftp-data
21/tcp   closed ftp
22/tcp   open   ssh        OpenSSH 8.7 (protocol 2.0)
80/tcp   closed http
9001/tcp closed tor-orport
9002/tcp closed dynamid
9009/tcp closed pichat
9010/tcp closed sdr
9011/tcp closed d-star
9090/tcp closed zeus-admin
MAC Address: 08:00:27:78:0E:A2 (Oracle VirtualBox virtual NIC)
Device type: general purpose
Running: Linux 8.X
OS CPE: cpe:/o:linux:linux_kernel:8
OS details: Linux 8.0 - 8.1
Network Distance: 1 hop
OS and Service detection performed. Please report any incorrect results at
https://nmap.org/submit/
addresses (53 hosts up) scanned in 1343.67 seconds
```

10.5 防火墙

防火墙的工作原理：审核每一个流入或流出的数据包，并使用预先制定好的、有序的规则进行比较，直到满足其中的一条规则为止；然后依据过滤机制执行相应的动作，如果制定的规则均不满足，则将数据包丢弃，从而保证网络的安全。

防火墙通常可分为硬件防火墙和软件防火墙，硬件防火墙工作于独立的硬件设备，主要提供数据包过滤机制，其功能单一但效率高。软件防火墙使用软件系统来实现防火墙功能，将软件部署在主机上，其安全性较硬件防火墙差，同时占用系统资源，在一定程度上影响系统性能。

Firewalld 是 CentOS 7 及之后版本默认的防火墙配置管理工具。它提供了基于区域和服务的防火墙管理方式，使操作更加容易，并且支持动态防火墙管理，可以根据网络连接的安全等级来自动调整防火墙规则。

SELinux（Security-Enhanced Linux，安全增强型 Linux）是一个 Linux 内核模块，也是一个安全子系统。目前 2.6 及以上版本的 Linux 内核都已经集成了 SELinux 模块。

10.5.1　Firewalld

Firewalld 是 Linux 系统上的一种动态防火墙管理工具，它的主要作用是保护系统免受未经授权的访问和攻击，防止黑客利用系统中的安全漏洞，并限制对特定网络服务的访问。Firewalld 将网络划分为不同的区域，每个区域都有自己的安全策略和防火墙规则，public（公共）、internal（内部）、dmz（隔离区）等都是常见的区域。

Firewalld 分为核心层及 D-Bus 接口。核心层负责处理配置和后端，D-Bus 接口则主要用于更改和创建防火墙配置。

Firewalld 支持区域、服务、IP 地址集、ICMP 类型等，简介如下。

● 区域：用于定义连接、接口或源地址绑定的信任级别，它们之间存在一对多关系，这意味着连接、接口或源地址只能是区域的一部分，而区域可用于许多连接、接口和源地址。

● 服务：可以是本地端口和目标的列表，也可以是启动服务时自动加载的防火墙帮助程序模块列表。预定义服务可以让用户更容易启用或禁用服务。

● IP 地址集：用于将多个 IP 地址或 MAC 地址组合在一起，适用于 IPv4 或 IPv6，它的值可以是 inet（默认值）或 inet6。

● ICMP 类型：用于通过 IP 交换信息以识别错误，可以在 Firewalld 中使用 ICMP 类型来限制对这些信息的交换。

需要注意的是，目录/etc/firewalld/下的区域设置是一系列可以在网络接口上被快速执行的预定义设置。在 Firewalld-cmd 命令行中，若不指定区域（即不指定参数--zone=<zone>），则使用 public 区域。

各区域简要说明如下。

● public（公共）：认为网络内的其他主机会对自身造成危害，只允许经过筛选的连接通过。此为默认区域。

● internal（内部）：用于内部网络，基本相信网络内的其他主机不会威胁自身安全，仅允许经过筛选的连接通过。

● external（外部）：不信任网络中的任何主机，认为它们会对自身造成危害，只允许经过筛选的连接通过。

● dmz（隔离区）：指一个介于外部网络和内部网络之间的区域，用于放置对外部网络开放的服务器。这些服务器暴露给外部网络，但它们的访问被严格控制和限制，以确保内部网络的安全。

● work（工作）：用于工作网络，基本相信网络内的其他主机不会威胁自身安全，仅允许经过筛选的连接通过。

● home（家庭）：用于家庭网络，基本相信网络内的其他主机不会威胁自身安全，仅允许经过筛选的连接通过。

配置 Firewalld 防火墙有两种方式：图形界面与命令行。

Firewalld 命令语法格式如下：

```
firewall-cmd [选项...]
```

常用的选项如下。

--state：返回并输出防火墙状态。

--reload：重新加载防火墙并保留状态信息。

--complete-reload：重新加载防火墙并丢弃状态信息。

--runtime-to-permanent：在运行时配置永久生效的规则。

--permanent：设置永久配置。

--get-default-zone：输出默认区域。

--set-default-zone=<zone>：设置默认区域。

--get-active-zones：获取当前活动的区域。

--get-zones：查看预定义的区域。

--get-services：查看预定义的服务。

--get-zone-of-interface=<interface>：查看指定的网络接口所使用的区域信息。

--zone=<zone>：指定命令生效的区域，默认为 public。

--list-all：列出指定区域中添加或启用的所有设置。

--list-services：列出指定区域中添加或启用的所有服务。

--add-service=<service>：向指定区域添加一个可用的服务，服务需要先定义。

--remove-service=<service>：从指定区域移除一个已添加或启用的服务。

--add-port=<portid>[-<portid>]/<protocol>：向指定区域添加一个或多个端口，端口必须使用相关协议。

--remove-port=<portid>[-<portid>]/<protocol>：从指定区域移除一个或多个端口。

--add-masquerade：启用 IPv4 伪装。

例：查看防火墙状态。

```
[root@localhost ~]# firewall-cmd –state
running
```

结果为 running，表示防火墙处于运行状态。

例：以开放 80 端口访问为例，向默认区域中添加需要永久生效的规则。

（1）查看防火墙当前规则，为了方便演示，需要清除非 SSH 服务的其他默认规则（清除规则属于危险操作，需慎重）。

```
[root@localhost~]# firewalld-cmd –permanent --remove-service=dhcpv6-client
[root@localhost~]# firewalld-cmd --reload
```

清除默认规则后，查看防火墙当前规则然后重启防火墙，如下所示。

```
[root@localhost ~]# firewall-cmd --list-all
public (active)
  target: default
  icmp-block-inversion: no
  interfaces: ens160
  sources:
  services: cockpit dhcpv6-client ssh
  ports:
  protocols:
```

```
 forward: no
 masquerade: no
 forward-ports:
 source-ports:
 icmp-blocks:
 rich rules:
[root@localhost]# systemctl start firewalld
[root@localhost]# sudo firewall-cmd --reload
success
[root@localhos]#  firewall-cmd --list-all
public (active)
 target: default
 icmp-block-inversion: no
 interfaces: ens160
 sources:
 services: cockpit dhcpv6-client ssh
 ports:
 protocols:
 forward: no
 masquerade: no
 forward-ports:
 source-ports:
 icmp-blocks:
 rich rules:
```

（2）添加防火墙规则并使其动态生效。

```
[root@localhost# sudo systemctl enable firewalld
[root@localhost#sudo firewall-cmd --zone=public --add-port=8080/tcp --permanent
success
[root@localhost]#sudo  firewall-cmd  --zone=public  --add-source=192.168.45.128
--permanent
success
[root@localhost]#    sudo    firewall-cmd    --zone=public    --add-interface=eth0
--permanent
success
[root@localhost]#sudo  firewall-cmd  --zone=public  --add-icmp-block=echo-reply
--permanent
success
[root@localhost yum.repos.d]# sudo firewall-cmd --reload
success
[root@localhost yum.repos.d]# sudo firewall-cmd --list-all
public (active)
 target: default
```

```
icmp-block-inversion: no
interfaces: ens160 eth0
sources: 192.168.45.128
services: cockpit dhcpv6-client ssh
ports: 8080/tcp
protocols:
forward: no
masquerade: no
forward-ports:
source-ports:
icmp-blocks: echo-reply
rich rules:
```

10.5.2　SELinux

SELinux 是部署在 Linux 系统中的安全增强功能模块，它的主要作用是强化系统的安全性和保护系统免受未经授权的访问和攻击。它通过对进程和文件采用 MAC（Mandatory Access Control，强制访问控制）为系统提供了改进的安全性。

1．SELinux 的工作模式

SELinux 有 3 种工作模式。

- enforcing：强制模式，违反 SELinux 规则的行为将被阻止并记录到日志中。
- permissive：宽容模式，违反 SELinux 规则的行为只会被记录到日志中而不会被阻止。一般调试时使用。
- disabled：关闭 SELinux。

临时启用或关闭 SELinux 可以通过 setenforce 命令实现。

例：临时启用 SELinux。

```
[root@localhost ~]# setenforce 1                    //1 启用，0 关闭
```

永久启用 SELinux，可在文件/etc/selinux/config 中进行设置，将工作模式从 disabled 设置为 enforcing 或 permissive，然后重启系统使配置生效。

例：永久启用 SELinux。

```
[root@admin ~]# vi /etc/selinux/config
```

将此文件中的 SELINUX=disabled 改为 SELINUX=enforcing，保存并退出，重启系统即可生效。

使用 getenforce 命令可查看 SELinux 的工作模式，使用/usr/sbin/sestatus -v 命令可查看 SELinux 的工作状态。

例：查看 SELinux 的工作模式和工作状态。

```
[root@localhost ~]# getenforce                      //查看 SELinux 的工作模式
Enforcing
[root@admin ~]# /usr/sbin/sestatus -v        //查看 SELinux 的工作状态
SELinux status:                 enabled
SELinuxfs mount:                /sys/fs/selinux
```

```
SELinux root directory:          /etc/selinux
Loaded policy name:              targeted
Current mode:                    enforcing
Mode from config file:           enforcing
Policy MLS status:               enabled
Policy deny_unknown status:      allowed
Memory protection checking:      actual (secure)
Max kernel policy version:       33

Process contexts:
Current context:                 unconfined_u:unconfined_r:unconfined_t:s0-s0:c0.c1023
Init context:                    system_u:system_r:init_t:s0
/usr/sbin/sshd                   system_u:system_r:sshd_t:s0-s0:c0.c1023

File contexts:
Controlling terminal:            unconfined_u:object_r:user_devpts_t:s0
/etc/passwd                      system_u:object_r:passwd_file_t:s0
/etc/shadow                      system_u:object_r:shadow_t:s0
/bin/bash                        system_u:object_r:shell_exec_t:s0
/bin/login                       system_u:object_r:login_exec_t:s0
/bin/sh                          system_u:object_r:bin_t:s0 -> system_u:object_r:
shell_exec_t:s0
/sbin/agetty                     system_u:object_r:getty_exec_t:s0
/sbin/init                       system_u:object_r:bin_t:s0 -> system_u:object_r:
init_exec_t:s0
/usr/sbin/sshd                   system_u:object_r:sshd_exec_t:s0
```

临时关闭 SELinux 可使用 setenforce 0 命令，永久关闭可修改文件/etc/selinux/config，设置 SELINUX=disabled。

2. SELinux 的策略和规则

（1）SELinux 的策略

Linux 系统中有大量的进程在运行，为了节省时间和开销，通常只对某些进程进行管制。而哪些进程需要管制、要怎么管制是由策略决定的。

策略可在文件/etc/selinux/config 中指定，SELinux 中有 3 套策略。

● targeted：对大部分网络服务进程进行管制，是默认的策略。

● minimum：以 targeted 为基础，仅对选定的网络服务进程进行管制。一般不用。

● mls：多级安全保护，对所有的进程进行管制，这是最严格的策略，配置难度非常大。一般不用，除非对安全性有极高的要求。

（2）SELinux 的规则

一套策略有许多规则，其中部分规则可以按需求启用或禁用，这些规则称为布尔型规则。规则是模块化、可扩展的。在安装应用程序时，应用程序可通过添加新的模块来添加规则，用户也可以手动添加或删除规则。

进程能否读取到目标文件的重点在于 SELinux 的策略及策略内的规则的定义，通过规则的定义去处理各目标文件的安全上下文。

管理 SELinux 策略与规则的命令有 seinfo、sesearch、getsebool、setsebool、semanage 等。

使用 seinfo 命令可查询 SELinux 策略内的规则，其语法格式如下。

```
seinfo  [选项]
```

常用的选项如下。

-A：显示 SELinux 规则的类型、角色、用户、布尔值等信息。

-t：显示 SELinux 规则中和类型（Types）相关的信息。

-r：显示 SELinux 规则中和角色（Roles）相关的信息。

-u：显示 SELinux 规则中的用户（Users）相关的信息。

-b：显示 SELinux 规则的布尔值（Boleans）。

例：使用 seinfo 命令查看 SELinux 的策略。

```
[root@localhost ~]# seinfo
bash: seinfo: 未找到命令...
安装软件包 "setools-console" 以提供命令 "seinfo"？ [N/y] y

 * 正在队列中等待...
下列软件包必须安装：
 setools-console-4.3.0-2.el8.x86_64  Policy analysis command-line tools for
SELinux
继续更改？ [N/y] y
...


[root@admin ~]# seinfo
Statistics for policy file: /sys/fs/selinux/policy
Policy Version:          31 (MLS enabled)
Target Policy:           selinux
Handle unknown classes:   allow
  Classes:           132   Permissions:       464
  Sensitivities:       1   Categories:       1024
  Types:            4961   Attributes:        255
  Users:               8   Roles:              14
  Booleans:          338   Cond. Expr.:       386
  Allow:          112594   Neverallow:          0
  Auditallow:        166   Dontaudit:       10358
  Type_trans:     252747   Type_change:        87
  Type_member:        35   Range_trans:      5781
  Role allow:         38   Role_trans:        421
  Constraints:        72   Validatetrans:       0
  MLS Constrain:      72   MLS Val. Tran:       0
```

Permissives:	0	Polcap:	5
Defaults:	7	Typebounds:	0
Allowxperm:	0	Neverallowxperm:	0
Auditallowxperm:	0	Dontauditxperm:	0
Ibendportcon:	0	Ibpkeycon:	0
Initial SIDs:	27	Fs_use:	34

策略中包含 Users（用户）、Roles（角色）、Types（类型）、Boleans（布尔型）等规则。

例：显示与 HTTP 有关的规则。

```
[root@admin ~]# seinfo -b | grep httpd
  httpd_anon_write
  httpd_builtin_scripting
  httpd_can_check_spam
  httpd_can_connect_ftp
  httpd_can_connect_ldap
  httpd_can_connect_mythtv
  httpd_can_connect_zabbix
  httpd_can_network_connect
  ……
```

seinfo 命令只能看到规则的名称，若想要知道规则的具体内容，就需使用 sesearch 命令。sesearch 是 SELinux 的策略查询命令，其语法格式如下。

```
sesearch  [选项]  [规则类型]  [表达式]
```

常用的选项如下。

-h：显示帮助信息。

规则类型如下。

--allow：显示允许的规则。

--neverallow：显示从不允许的规则。

--all：显示所有的规则。

表达式如下。

-s 主体类型：显示与指定主体类型相关的规则（主体是访问的发起者，s 代表 source，表示源类型）。

-t 目标类型：显示与指定目标类型相关的规则（目标是被访问者，t 代表 target，表示目标类型）。

-b 规则名：显示规则的具体内容（b 代表 bool，表示布尔值）。

例：显示主体类型为 cluster_t 的 allow 规则。

```
[root@localhost ~]# sesearch --allow | grep \ cluster_t | more
allow cluster_t admin_home_t:dir { add_name getattr ioctl lock open read
remove_name search write };
allow cluster_t admin_home_t:lnk_file { getattr read };
allow cluster_t base_ro_file_type:file { execute execute_no_trans getattr ioctl
lock map open read };
allow cluster_t bin_t:dir { getattr ioctl lock open read search };
```

```
allow cluster_t bin_t:file { execute execute_no_trans getattr ioctl lock map open
read };
allow cluster_t bin_t:lnk_file { getattr read };
allow cluster_t boolean_type:dir { getattr ioctl lock open read search };
allow cluster_t boolean_type:file { append getattr ioctl lock open read write };
allow cluster_t ccs_t:unix_stream_socket connectto;
allow cluster_t ccs_var_run_t:dir { getattr open search };
allow cluster_t ccs_var_run_t:sock_file { append getattr open write };
allow cluster_t cgroup_t:dir { getattr ioctl lock open read search };
allow cluster_t cgroup_t:file { getattr ioctl lock open read };
allow cluster_t cgroup_t:lnk_file { getattr read };
allow cluster_t cluster_conf_t:dir { add_name create getattr ioctl link lock open
read remove_name r
ename reparent rmdir search setattr unlink write };
allow cluster_t cluster_conf_t:file { append create getattr ioctl link lock open
read rename setattr
 unlink write };
--更多--
```

setsebool 命令用来修改 SELinux 策略内各项规则的布尔值，其语法格式如下。

```
setsebool [选项] <规则名称> <on|off>
```

常用的选项如下。

-P：直接将设置值写入配置文件。

例：将规则 httpd_anon_write 开启，然后关闭。

```
[root@localhost ~]# setsebool -P httpd_anon_write on
[root@localhost ~]# setsebool -P httpd_anon_write off
```

例：允许 vsvtp 匿名用户具有写入权限。

```
[root@admin ~]#setsebool -P allow_ftpd_anon_write=1
```

getsebool 命令用来查询 SELinux 策略各项规则的布尔值，其语法格式如下。

```
getsebool [-a] [布尔值]
```

常用的选项如下。

-a：列出所有 SELinux 规则的布尔值（on 或 off）及当前状态。

例：查询系统 SELinux 策略各项规则的布尔值。

```
[root@localhost ~]# getsebool -a |more
abrt_anon_write --> off
abrt_handle_event --> off
abrt_upload_watch_anon_write --> on
antivirus_can_scan_system --> off
antivirus_use_jit --> off
auditadm_exec_content --> on
authlogin_nsswitch_use_ldap --> off
authlogin_radius --> off
```

```
authlogin_yubikey --> off
awstats_purge_apache_log_files --> off
boinc_execmem --> on
cdrecord_read_content --> off
cluster_can_network_connect --> off
cluster_manage_all_files --> off
cluster_use_execmem --> off
cobbler_anon_write --> off
cobbler_can_network_connect --> off
cobbler_use_cifs --> off
cobbler_use_nfs --> off
collectd_tcp_network_connect --> off
colord_use_nfs --> off
condor_tcp_network_connect --> off
conman_can_network --> off
--更多--
```

3. SELinux 的安全上下文

安全上下文是 SELinux 中用于控制资源访问权限的一种机制，每个文件、目录、进程、端口等资源都被赋予了一个安全上下文。该安全上下文定义了资源的用户、角色、类型（或域）以及可能的级别（或类别），从而实现了对资源访问的精细控制。

SELinux 安全上下文通常由以下字段组成（字段因 SELinux 策略不同而有所不同）。

● 用户（User）：标识资源的拥有者或与之相关联的用户。在 SELinux 中，用户字段与 Linux 系统的实际用户不完全对应，而是用于策略中的权限分配。常见的 SELinux 用户标识符如 system_u（代表系统进程）、user_u（代表普通用户）等。

● 角色（Role）：定义用户（或进程）在 SELinux 扮演的角色。不同的角色具有不同的权限集合。常见的角色标识符如 system_r（代表系统进程）、object_r（代表对象）等。

● 类型（Type 或 Domain）：安全上下文最重要的部分，它定义资源的类型或进程的域。类型决定资源如何被访问，以及哪些进程可以与该资源交互。类型字段通常以一个_t 结尾，如 httpd_t（代表 Web 服务器进程）、var_log_t（代表日志文件目录）等。

● 级别（Level 或 Category）：可选字段，用于实现多级安全保护策略，它允许策略根据数据的敏感度（如机密、秘密、无限制等）来限制访问。级别字段包括一个敏感度标签（如 s0、s1 等，表示敏感度级别）和可能的分类标签（如 c0、c1 等，用于细分敏感度）。

（1）查看安全上下文

① 查看文件或目录的安全上下文。

```
[root@localhost ~]# ls -Z /var/www/
system_u:object_r:httpd_sys_script_exec_t:s0 cgi-bin
   system_u:object_r:httpd_sys_content_t:s0 html
```

可以看到/var/www/目录的 SELinux 类型为 http_sys_content_t。

② 查看进程的安全上下文。

```
[root@localhost ~]# ps auxZ | grep -v grep | grep httpd
```

```
system_u:system_r:httpd_t:s0      root       126130   0.0  1.3 275980 10568 ?        Ss
17:44   0:00 /usr/sbin/httpd -DFOREGROUND
system_u:system_r:httpd_t:s0      apache     126137   0.0  0.9 289864  7228 ?        S
17:44   0:00 /usr/sbin/httpd -DFOREGROUND
system_u:system_r:httpd_t:s0      apache       126138   0.0  2.4 2789516 19380 ?
Sl  17:44   0:00 /usr/sbin/httpd -DFOREGROUND
system_u:system_r:httpd_t:s0      apache       126139   0.0  1.9 2592852 15352 ?
Sl  17:44   0:00 /usr/sbin/httpd -DFOREGROUND
system_u:system_r:httpd_t:s0      apache       126140   0.0  1.9 2527316 15316 ?
Sl  17:44   0:00 /usr/sbin/httpd -DFOREGROUND
```

httpd 进程的 SELinux 类型为 http_t，系统中有多个 httpd 进程，它们具有相同的安全上下文。因为存在允许主体 httpd_t 访问客体 http_sys_content_t 进行操作的 SELinux 规则，所以 httpd 进程可以访问/var/www/html 目录。

（2）修改文件安全上下文

① 创建文件 index.html 并查看它的安全上下文。

```
[root@localhost ~]# echo "LiXY" > /var/www/html/index.html
[root@localhost ~]# ls -Z /var/www/html/index.html
unconfined_u:object_r:httpd_sys_content_t:s0 /var/www/html/index.html
```

可以看到，文件 index.html 的 SELinux 类型为 httpd_sys_content_t。

在/root 目录中创建另一个文件 index2.html。

```
[root@localhost ~]# echo "Hello,LiXY!" > /root/index2.html
[root@localhost ~]# mv /root/index2.html /var/www/html/index2.html
[root@localhost ~]# ls -Z /var/www/html/index2.html
unconfined_u:object_r:admin_home_t:s0 /var/www/html/index2.html
```

可以看到，index2.html 文件的 SELinux 类型为 admin_home_t。

links 是一个基于文本模式的 Web 浏览器，可在终端或控制台环境下运行。它可让用户通过命令行的方式浏览网页、下载文件、执行搜索等。使用前要进行安装。

```
[root@localhost ~]# dnf repolist all|grep '启用'
AppStream       CentOS-8.5.2111 - AppStream - mirrors.aliyun.com      启用
base            CentOS-8.5.2111 - Base - mirrors.aliyun.com           启用
extras          CentOS-8.5.2111 - Extras - mirrors.aliyun.com         启用
[root@admin ~]# dnf install -y links
上次元数据过期检查：1:50:28 前，执行于 2024 年 05 月 17 日 星期五 17 时 06 分 06 秒。
未找到匹配的参数：links
错误：没有任何匹配：links
[root@localhost ~]# sudo dnf config-manager --set-enabled PowerTools
[root@localhost ~]# dnf install -y links
CentOS-8.5.2111 - Base - mirrors.aliyun.com    20 KB/s | 3.9 KB     00:00
CentOS-8.5.2111 - Extras - mirrors.aliyun.com 5.3 KB/s | 1.5 KB     00:00
CentOS-8.5.2111 - PowerTools - mirrors.aliyun. 2.7 MB/s | 2.3 MB    00:00
CentOS-8.5.2111 - AppStream - mirrors.aliyun.c 19 KB/s | 4.3 KB     00:00
```

依赖关系解决。

......

已安装：

```
elinks-0.12-0.58.pre6.el8.x86_64
```

完毕！

执行如下命令，使用 links 浏览文件 index.html。

```
[root@localhost ~]# links 192.168.125.131/index.html
```

结果如图 10-1 所示，访问成功。

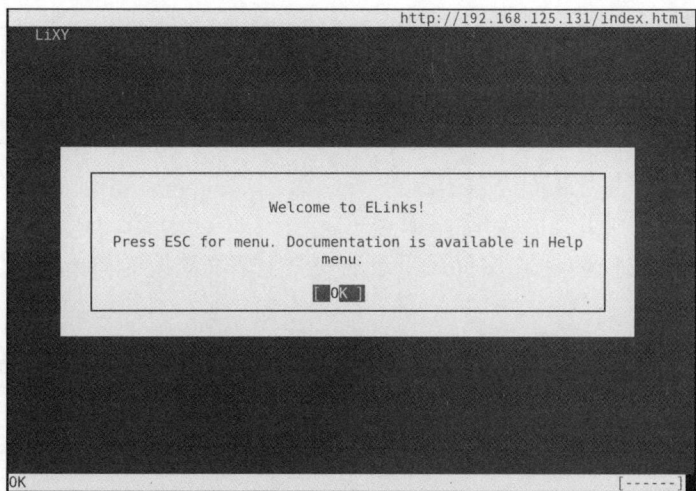

图 10-1　远程访问 index.html

执行如下命令，使用 links 浏览文件 index2.html。

```
[root@localhost ~]# links 192.168.125.131/index2.html
```

结果如图 10-2 所示，因为不存在允许类型为 httpd_t 的、主体访问类型为 admin_home_t 的客体文件并进行读取操作的规则，所以访问被拒绝。

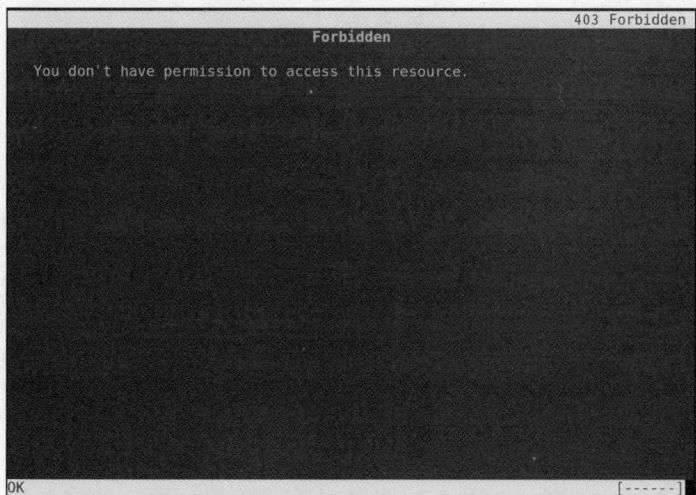

图 10-2　远程访问 index2.html

执行以下命令，查找符合条件的规则。

```
[root@localhost ~]# sesearch -s httpd_t -t admin_home_t -c file -p read --allow
```

结果显示没有找到符合条件的规则，要解决此问题，要么修改文件/var/www/html/index2.html 的安全上下文，将类型修改为 httpd_sys_content_t 或其他被允许访问的类型；要么新建一条规则，允许 httpd_t 类型的主体对 admin_home_t 类型的客体文件进行读取操作。这里介绍修改文件安全上下文的方式。

② 使用 chcon 命令修改文件的安全上下文。

使用 chcon 命令修改文件安全上下文中的类型，其语法格式如下。

```
chcon <选项> <文件或目录 1> [<文件或目录 n>]
```

常用的选项如下。

-u <值>：修改安全上下文的用户字段。

-r <值>：修改安全上下文的角色字段。

-t <值>：修改安全上下文的类型字段。

-l <值>：修改安全上下文的级别字段。

--reference <文件或目录>：将文件或目录的安全上下文修改为与指定的文件或目录一致。

-R：递归操作。

一种方法是使用 chcon 命令的-t 选项直接指定类型。

```
[root@admin ~]# chcon -t httpd_sys_content_t /var/www/html/index2.html
[root@admin ~]# ls -Z /var/www/html/index2.html
unconfined_u:object_r:httpd_sys_content_t:s0 /var/www/html/index2.html
```

执行如下命令，使用 links 浏览文件 index2.html，如图 10-3 所示。

```
[root@admin ~]# links 192.168.125.131/index2.html
```

图 10-3　尝试远程访问 index2.html

浏览文件 index2.html 成功，说明 index2.html 文件安全上下文的修改生效了。

另一种方法是使用 chcon 命令的--reference 选项复制其他文件的安全上下文。

```
[root@admin ~]# chcon -t admin_home_t /var/www/html/index2.html
[root@admin ~]# chcon --reference=/var/www/html/index.html /var/www/html/
index2.html
[root@admin ~]# ls -Z /var/www/html/index2.html
unconfined_u:object_r:httpd_sys_content_t:s0 /var/www/html/index2.html
```

index2.html 文件安全上下文中的类型设置成了 httpd_sys_content_t，文件可被 httpd 进程访问。

③ 使用 restorecon 命令恢复文件的安全上下文类型。

restorecon 命令的作用是恢复文件的安全上下文类型，不会改变文件的用户、角色等属性。

```
[root@admin ~]# chcon -t admin_home_t /var/www/html/index2.html
[root@admin ~]# ls -Z /var/www/html/index2.html
unconfined_u:object_r:admin_home_t:s0 /var/www/html/index2.html
[root@admin ~]# restorecon /var/www/html/index2.html
[root@admin ~]# ls -Z /var/www/html/index2.html
unconfined_u:object_r:httpd_sys_content_t:s0 /var/www/html/index2.html
```

（3）修改目录安全上下文

① 修改目录的安全上下文。

```
[root@admin ~]# mkdir /root/zidb/
[root@admin ~]# echo "Welcome to zidb.com" > /root/zidb/index.html
[root@admin ~]# mv /root/zidb/ /var/www/html/
[root@admin ~]# ls -dZ /var/www/html/zidb/
unconfined_u:object_r:admin_home_t:s0 /var/www/html/zidb/
[root@admin ~]# ls -dZ /var/www/html/zidb/index.html
unconfined_u:object_r:admin_home_t:s0 /var/www/html/zidb/index.html
[root@admin ~]# echo "zidb.com two" > /var/www/html/zidb/index2.html
[root@admin ~]# ls -dZ /var/www/html/zidb/index2.html
unconfined_u:object_r:admin_home_t:s0 /var/www/html/zidb/index2.html
[root@admin ~]# chcon -t httpd_sys_content_t /var/www/html/zidb/
[root@admin ~]# echo "zidb.com three" > /var/www/html/zidb/index3.html
[root@admin ~]# ls -dZ /var/www/html/zidb/
unconfined_u:object_r:httpd_sys_content_t:s0 /var/www/html/zidb/
[root@admin ~]# ls -dZ /var/www/html/zidb/index3.html
unconfined_u:object_r:httpd_sys_content_t:s0 /var/www/html/zidb/index3.html
[root@admin ~]# ls -Z /var/www/html/zidb/
    unconfined_u:object_r:admin_home_t:s0 index2.html
unconfined_u:object_r:httpd_sys_content_t:s0 index3.html
    unconfined_u:object_r:admin_home_t:s0 index.html
```

修改完成后，在该目录中建立新文件，新文件的安全上下文类型就变成 httpd_sys_content_t 了。

② 使用 semanage 命令修改目录的默认安全上下文。

```
[root@admin ~]# mkdir /root/ylkj/
```

```
[root@admin ~]# echo "ylkj" > /root/ylkj/index.html
[root@admin ~]# mv /root/ylkj/ /var/www/html/
[root@admin ~]# ls -dZ /var/www/html/ylkj/
unconfined_u:object_r:admin_home_t:s0 /var/www/html/ylkj/
[root@admin ~]# ls -Z /var/www/html/ylkj/index.html
unconfined_u:object_r:admin_home_t:s0 /var/www/html/ylkj/index.html
[root@admin ~]# semanage fcontext -a -t httpd_sys_content_t "/var/www/html/
ylkj(/.*)?"
[root@admin ~]# restorecon -Rv /var/www/html/ylkj/
Relabeled /var/www/html/ylkj from unconfined_u:object_r:admin_home_t:s0 to
unconfined_u:object_r:httpd_sys_content_t:s0
Relabeled /var/www/html/ylkj/index.html from
unconfined_u:object_r:admin_home_t:s0 to
unconfined_u:object_r:httpd_sys_content_t:s0
[root@admin ~]# ls -dZ /var/www/html/ylkj/ /var/www/html/ylkj/index.html
unconfined_u:object_r:httpd_sys_content_t:s0 /var/www/html/ylkj/
unconfined_u:object_r:httpd_sys_content_t:s0 /var/www/html/ylkj/index.html
[root@admin ~]# semanage fcontext -l | grep /var/www/html/
/var/www/html/[^/]*/cgi-bin(/.*)?      all files      system_u:object_r:httpd_
sys_script_exec_t:s0
/var/www/html/cgi/munin.*              all files      system_u:object_r:munin_
script_exec_t:s0
/var/www/html/configuration\.php       all files      system_u:object_r:httpd_
sys_rw_content_t:s0
/var/www/html/munin(/.*)?              all files      system_u:object_r:munin_
content_t:s0
/var/www/html/munin/cgi(/.*)?          all files      system_u:object_r:munin_
script_exec_t:s0
/var/www/html/nextcloud/data(/.*)?     all files      system_u:object_r:httpd_
sys_rw_content_t:s0
/var/www/html/owncloud/data(/.*)?      all files      system_u:object_r:httpd_
sys_rw_content_t:s0
/var/www/html/ylkj(/.*)?               all files      system_u:object_r:httpd_
sys_content_t:s0
```

　　将主目录中新建的目录 ylkj 移动到目录/var/www/html/中，再使用 semanage 命令修改目录的默认安全上下文。查看目录和文件的默认安全上下文，由于目录/var/www/html/ylkj 及其中的文件都有默认的安全上下文，故出现在了查询结果中而目录 zidb 没有默认安全上下文，因此没有出现在查询结果中。

　　修改了目录的默认安全上下文后，使用 restorecon 命令可以恢复目录或文件类型为系统默认的安全上下文类型，类型取决于目录或文件的位置和名称。

```
[root@admin ~]# chcon -t admin_home_t /var/www/html/ylkj/index.html
[root@admin ~]# ls -dZ /var/www/html/ylkj/index.html
```

```
unconfined_u:object_r:admin_home_t:s0 /var/www/html/ylkj/index.html
[root@admin ~]# restorecon /var/www/html/ylkj/index.html
[root@admin ~]# ls -dZ /var/www/html/ylkj/index.html
unconfined_u:object_r:httpd_sys_content_t:s0 /var/www/html/ylkj/index.html
```

4．SELinux 的日志

（1）查看日志文件

SELinux 阻止进程访问的记录保存在日志文件/var/log/audit/audit.log 中，该日志文件详细记录了 SELinux 主体和客体的信息。

```
[root@admin ~]# tail -n 3 /var/log/audit/audit.log
type=SERVICE_STOP msg=audit(1716127857.174:1825): pid=1 uid=0 auid=4294967295
ses=4294967295 subj=system_u:system_r:init_t:s0 msg='unit=NetworkManager-
dispatcher  comm="systemd"  exe="/usr/lib/systemd/systemd"  hostname=?  addr=?
terminal=? res=success'UID="root" AUID="unset"
type=SERVICE_START msg=audit(1716128746.087:1826): pid=1 uid=0 auid=4294967295
ses=4294967295 subj=system_u:system_r:init_t:s0 msg='unit=NetworkManager-
dispatcher  comm="systemd"  exe="/usr/lib/systemd/systemd"  hostname=?  addr=?
terminal=? res=success'UID="root" AUID="unset"
type=SERVICE_STOP msg=audit(1716128756.167:1827): pid=1 uid=0 auid=4294967295
ses=4294967295 subj=system_u:system_r:init_t:s0 msg='unit=NetworkManager-
dispatcher  comm="systemd"  exe="/usr/lib/systemd/systemd"  hostname=?  addr=?
terminal=? res=success'UID="root" AUID="unset"
```

（2）使用 sealert 命令对日志进行分析

为了安全起见，将日志文件/var/log/audit/audit.log 备份到新的文件中，再使用 sealert 命令分析。

```
[root@admin ~]# cp /var/log/audit/audit.log se.txt
[root@admin ~]# sealert -a se.txt
100% done
found 1 alerts in se.txt
--------------------------------------------------------------------------
SELinux is preventing /usr/sbin/httpd from getattr access on the 文件 /var/www/
html/index2.html.
*****  插件 restorecon (99.5 置信度) 建议   ********************************
如果要修复标签。/var/www/html/index2.html 默认标签应该是 httpd_sys_content_t。
Then 你可以运行 restorecon。由于访问父目录的权限不足，可能已停止访问尝试，在这种情况下尝试相应地更改以下命令。
Do
# /sbin/restorecon -v /var/www/html/index2.html
*****  插件 catchall (1.49 置信度) 建议   ********************************
如果你相信 httpd 应该允许_BASE_PATH getattr 访问 index2.html file 默认情况下。
Then 应该将这个情况作为 bug 报告。
可以生成本地策略模块以允许此访问。
```

```
Do
暂时允许此访问权限执行：
# ausearch -c 'httpd' --raw | audit2allow -M my-httpd
# semodule -X 300 -i my-httpd.pp
```

更多信息：

源环境（Context）	system_u:system_r:httpd_t:s0
目标环境	unconfined_u:object_r:admin_home_t:s0
目标对象	/var/www/html/index2.html [file]
源	httpd
源路径	/usr/sbin/httpd
端口	<Unknown>
主机	<Unknown>
源 RPM 软件包	httpd-2.4.37-43.module_el8.5.0+1022+b541f3b1.x86_64
目标 RPM 软件包	
SELinux 策略 RPM	selinux-policy-targeted-3.14.3-80.el8.noarch
本地策略 RPM	selinux-policy-targeted-3.14.3-80.el8.noarch
SELinux 已启用	True
策略类型	targeted
强制模式	Enforcing
主机名	admin
平台	Linux admin 4.18.0-348.el8.x86_64 #1 SMP Tue Oct 19 15:14:17 UTC 2021 x86_64 x86_64
警报计数	2
第一个	2024-05-19 19:06:09 CST
最后一个	2024-05-19 19:06:09 CST
本地 ID	463b756b-1eea-4e48-ba50-f069b12a9661

原始核查信息

```
type=AVC msg=audit(1716116769.166:1790): avc:  denied  { getattr } for  pid=
126139  comm="httpd"  path="/var/www/html/index2.html"  dev="dm-0"  ino=69066770
scontext=system_u:system_r:httpd_t:s0
tcontext=unconfined_u:object_r:admin_home_t:s0 tclass=file permissive=0

type=SYSCALL msg=audit(1716116769.166:1790): arch=x86_64 syscall=lstat success=
no  exit=EACCES a0=7f945400c900  a1=7f945affc890  a2=7f945affc890  a3=1  items=0
ppid=126130 pid=126139 auid=4294967295 uid=48 gid=48 euid=48 suid=48 fsuid=48
egid=48 sgid=48 fsgid=48 tty=(none) ses=4294967295 comm=httpd exe=/usr/sbin/httpd
subj=system_u:system_r:httpd_t:s0 key=(null)ARCH=x86_64 SYSCALL=lstat AUID=
unset UID=apache GID=apache EUID=apache SUID=apache FSUID=apache EGID=apache
SGID=apache FSGID=apache

Hash: httpd,httpd_t,admin_home_t,file,getattr
```

sealert 给出了事件的解释，提出了两个修复建议，一个是使用 restorecon 命令进行修复，另一个是使用 catchall 命令进行修复。

10.6　习题

一、填空题

1. 对 GRUB 进行加密时，可以使用_____命令生成密码文件。

2. 锁定文件可以使用_____命令，查看文件是否被锁定可以使用_____命令。

3. Nmap 是使用频率较高的_____工具。

4. CentOS 8 可使用的防火墙命令是_____。

二、操作题

1. 对 Linux 系统进行安全加固，如修改密码过期时间、加密 GRUB、删减登录信息、权限检查、sudo 权限管理等。

2. 对 Linux 系统中的用户、用户组和服务进行清理。

3. 为 Linux 系统添加防火墙规则，要求使用 Firewalld 命令进行操作。

4. 设置 SELinux 允许 Apache HTTP 服务器访问/home/web/html 目录。

说明：某公司有一个 Apache HTTP 服务器运行在 SELinux 启用的 Linux 系统上，要实现 Apache 能够读取/home/web/html 目录中的网页文件以提供给用户。默认情况下，由于 SELinux 的默认策略（如 targeted policy）和安全上下文（SELinux types），Apache 可能没有足够的权限来访问这个目录。

第 ⑪ 章 Shell 编程基础

本章导读

Shell 编程就是把 Linux 系统的一系列命令以及语句组合起来，放在一个文件里，形成一个功能强大的程序。Shell 编程适用于完成重复性操作、交互性任务、批量事务处理、服务运行、状态监控和计划任务等，可提高管理员的工作效率。熟练掌握 Shell 编程是优秀 Linux 系统开发人员和管理员的重要技能。

知识目标

- 了解 Shell 的作用。
- 理解 Shell 的语法。

能力目标

- 能够运行 Shell 脚本。
- 能够调试 Shell 脚本。

素质目标

具有责任担当意识和团结协作精神。

11.1 Shell 编程简介

Shell 不是内核的一部分，而是在内核的基础上编写的一个应用程序，为用户和操作系统之间的通信提供接口。它像 Vi 编辑器一样，连接了用户和 Linux 内核，让用户能够更加高效、安全地使用 Linux 内核。

Shell 作为命令解释程序，它接收用户输入的命令，将命令翻译成动作序列，然后调用内核执行。Shell 作为程序设计语言，它具有一般高级语言的特征，如变量定义、赋值、条件判定和循环等。用户可以利用 Shell 的语句和命令开发程序，此类程序称为 Shell 脚本或 Shell 程序。

编写并运行 Shell 脚本包括创建 Shell 脚本、设置 Shell 脚本权限和执行 Shell 脚本 3 个步骤。

1. 创建 Shell 脚本

例：编写一个猜数字的小游戏程序 caishuzi.sh，在 Vi 中输入以下内容。

```
#!/bin/bash
#RANDOM 是系统自带的用于产生随机数的变量
num=$[RANDOM%100+1]
echo "$num"
while :
do
  read -p "系统生成了一个1~100的随机数，你猜: " cai
  if [ $cai -eq $num ]
  then
    echo "恭喜，你猜对了! "
    exit
  elif [ $cai -gt $num ]
  then
    echo "你猜大了! "
  else
    echo "你猜小了! "
fi
done
```

一个 Shell 脚本通常包含首行、注释和内容 3 个部分。

（1）首行

首行表示脚本将要调用的 Shell，内容如下：

```
#!/bin/bash
```

#! 符号会被内核识别为脚本的开始，必须位于脚本的首行；/bin/bash 是 Bash 程序的绝对路径，表示其后续的内容将通过 Bash 程序解释并执行。

（2）注释

注释符号#放在注释内容的前面，开发人员通过注释备注 Shell 脚本的功能。

（3）内容

可在脚本中输入一系列的命令以及相关的语句等，如变量、流程控制语句等，以形成功能强大的 Shell 脚本。

2. 设置 Shell 脚本权限

创建的 Shell 脚本是没有执行权限的。

```
[root@localhost ~]# ll caishuzi.sh
-rw-r--r--. 1 root root 318 2月  16 11:10 caishuzi.sh
```

Shell 脚本没有执行权限便不能执行，所以要给其设置执行权限。

```
[root@localhost ~]# chmod a+x caishuzi.sh     //设置执行权限
[root@localhost ~]# ll caishuzi.sh
-rwxr-xr-x. 1 root root 318 2月  16 11:10 caishuzi.sh
```

3. 执行 Shell 脚本

Shell 脚本可以采用以下 3 种方式执行。

（1）通过脚本的绝对路径或相对路径执行

命令如下。

```
[root@localhost ~]# /root/caishuzi.sh          #绝对路径
[root@localhost ~]# ./caishuzi.sh              #相对路径
47
系统生成了一个 1~100 的随机数，你猜：50
你猜大了！
系统生成了一个 1~100 的随机数，你猜：40
你猜小了！
系统生成了一个 1~100 的随机数，你猜：47
恭喜，你猜对了！
```

（2）使用 Shell 执行

若用户不想（或不能）为脚本添加执行权限，则可使用 Shell（如 Bash、Sh、Zsh 等）直接执行脚本。

```
[root@localhost ~]# bash /root/caishuzi.sh
[root@localhost ~]# sh caishuzi.sh
```

（3）通过在脚本的路径前加"."或"source"执行

命令如下。

```
[root@localhost ~]# source /root/caishuzi.sh
[root@localhost ~]# . ./caishuzi.sh
```

read 命令用于从标准输入（如键盘）或文件中读取数据，并将读取的数据赋值给变量。其语法格式如下：

```
read [选项] [变量名]
```

常用的选项如下。

-d 分隔符：指定输入结束的分隔符，而不是换行符。

-i 文本：在读取之前先输出指定的文本作为提示符。

-p 提示符：在读取前输出指定的提示信息。

-n 字符数：读取指定数量的字符后自动结束读取，而不是等换行符。

-r：原始模式读取，不将反斜杠转义字符解释为特殊字符。

-t 超时时间：指定等待输入的秒数，超时后返回非零状态。

例：使用 read 命令读取数据。

```
read -t 30 -p "请输入你的名字：" NAME
echo $NAME
read -s -p "请输入你的年龄：" AGE
echo $AGE
read -n 1 -p "请输入你的性别[M/F]：" GENDER
echo $GENDER
read -s -n1 -p "按任意键继续 ..."
……
```

11.2　Shell 变量

　　Shell 变量（以下简称变量）是 Shell 传递数据的方式。在 Shell 脚本中，需要使用变量来存储数据，如文件名、路径名、数值等，通过变量可以控制脚本的运行。变量是指脚本运行过程中值可以改变的量，变量名指向一片用于存储数据的内存空间。

　　Shell 中的变量分为环境变量、位置变量、预定义变量和用户自定义变量等，可以通过 set 命令或 env 命令查看系统中的所有变量。

1.　环境变量

　　环境变量用于保存和系统环境相关的数据，环境变量的名称由大写字母组成。常用的环境变量有 HOME、PATH、PWD、SHELL、USER、PS1、PS2 等。

　　环境变量在当前 Shell 及其所有子 Shell 中有效。若把某个环境变量写入相应的配置文件，则这个环境变量会在所有的 Shell 中生效。

　　例：显示环境变量 PATH 的值。

```
[root@localhost ~]# echo $PATH
/usr/lib64/qt-3.3/bin:/usr/local/bin:/usr/local/sbin:/usr/bin:/usr/sbin:/bin:
/sbin:/root/bin
```

2.　位置变量

　　位置变量是一种特殊的只读变量，其值只有在 Shell 脚本运行时才能确定，主要用来向脚本传递参数或数据。其名称不能自定义，其作用固定。

　　在调用 Shell 脚本的命令行中，位置变量的定义如下。

　　$n：n 为数字，若为 0 代表命令本身，若为 1～9 代表 1～9 个参数，若为 10 及 10 以上的数字则需要用花括号括起来，如$\{10\}。

　　$*：代表命令行中的所有参数，把所有参数当成一个整体。

　　$@：代表命令行中的所有参数，但参数各自独立。

　　$#：代表命令行中所有参数的个数，即添加到 Shell 的参数个数。

　　在 Shell 脚本中，shift 是一个内部命令，用于移动参数（即从 $1 开始的一系列变量）。每调用一次 shift 命令，就会使所有参数向左移动一个位置，但$0 不会受到影响。$1 的值会移动到$2，$2 的值会移动到$3，以此类推。同时，$#（参数的个数）也会相应地减少。

　　例：有以下 ls 命令。

```
[root@localhost ~]# ls 1.txt  2.txt  3.txt  4.txt  5.txt
```

　　对于以上命令，$0 的值就是 ls，$1 的值就是 1.txt，$2 的值就是 2.txt，以此类推。

　　例：编写 Shell 脚本 posion.sh。

```
[root@localhost ~]# cat>posion.sh
#!/bin/bash
echo "This script's name is:$0"
echo "$# parameters is total"
echo "All parameters list as:$@"
echo "The first parameter is $1"
```

```
echo "The second parameter is $2"
echo "The third parameter is $3"
[root@localhost ~]#
[root@localhost ~]# chmod a+x posion.sh
[root@localhost ~]# ./posion.sh p1 p2 p3        //位置变量
This script's name is:./posion.sh
3 parameters is total
All parameters list as:p1 p2 p3
The first parameter is p1
The second parameter is p2
The third parameter is p3
```

3. 预定义变量

预定义变量是 Bash 中已经定义好的变量，具有特殊含义，其值不能由用户重新设置。所有的预定义变量都由 "$" 符号与另一个符号（可以是$）组成，常用的预定义变量如下。

$?：表示执行上一个命令的返回值。若命令执行成功，返回 0，否则返回非 0（具体数字由命令决定）。

$$：当前进程的 PID，即当前脚本执行时生成的 PID。

$!：表示最后一个在后台运行的进程的 PID。

例：编写 Shell 脚本 myprg1.sh。

```
[root@localhost ~]# cat>myprg1.sh
echo "参数个数：$#"
echo "参数：$*    "
echo "前三个参数：$1 $2 $3"
echo "最后一个参数：$4"
[root@localhost ~]# chmod a+x myprg1.sh
[root@localhost ~]# ./myprg1.sh A B C D
参数个数：4
参数：A B C D
前三个参数：A B C
最后一个参数：D
```

4. 用户自定义变量

用户自定义变量以字母或下画线开头，由字母、数字或下画线组成，字母区分大小写。在使用变量时，要在变量名前加上前缀 "$"。查看变量值时可使用 echo 命令。

（1）变量赋值

① 定义时赋值。

变量=值

等号两侧不能有空格。

注意

310

例：定义时给变量赋值。

```
STR="hello world"
A=9
```

② 将一个命令的执行结果赋给变量。

```
A=`ls -la`
```

这里用的是反引号，作用是运行其中的命令并把结果返回给变量 A。

```
A=$(ls -la)
```

"$()" 等价于使用反引号。

例：将一个命令的执行结果赋给变量。

```
aa=$((4+5))
echo $aa
bb=`expr 4 + 5`
echo $bb
```

③ 将一个变量的值赋给另一个变量。

```
x="$x"456
x=${x}789
echo $x
456789
```

这种赋值方式常用于环境变量的添加，如设置 PATH 变量。

（2）使用单引号和双引号的区别

单引号里的内容会原样输出，而双引号里的内容输出后可能会发生变化，因为双引号会将特殊字符转义。

例：变量的赋值与输出。

```
NUM=10
SUM="$NUM hehe"
echo $SUM               //双引号输出
10 hehe
SUM2='$NUM hehe'
echo $SUM2              //单引号输出
$NUM hehe
```

（3）删除变量

删除变量的方法是使用 unset 命令，其语法格式如下。

```
unset  NAME
```

例：删除变量 A。

```
unset A
```

用户自定义变量的作用域为当前的 Shell 环境。

11.3　Shell 运算符

Shell 支持多种运算符，包括算术运算符、关系运算符、逻辑运算符、字符串运算符和文件测试运算符等。

1. 算术运算符

原生 Bash 没有内置的直接实现算术运算的命令，不能直接进行算术运算，但这可以通过其他命令来实现。整数算术运算可以使用 expr 或 let 命令实现，有 5 种算术运算符可以使用：+、-、*、/、%。浮点算术运算可以使用 awk 或 bc 命令实现。

expr 是一个表达式处理命令，它可以执行简单的整数算术运算。

例：求两个数的和。

```
[root@localhost ~]# vi add.sh
[root@localhost ~]# cat add.sh
#!/bin/bash
# 文件名: add.sh
val=`expr 2 + 2`
echo "Total value:$val"
[root@localhost ~]# chmod +x add.sh
[root@localhost ~]# ./add.sh
Total value:4
```

> **注意**　运算符的前后必须要有空格，而且 expr 命令只能用于整数运算。如 "2+2" 是不对的，必须写成 "2 + 2"，而且完整的表达式要用 ``（反引号）标识。

例：编写 Shell 脚本 szys.sh。

```
[root@localhost ~]# vi szys.sh
[root@localhost ~]# cat szys.sh
#!/bin/bash
# 文件名: szys.sh
a=20
b=10
val=`expr $a + $b`
echo "a + b:$val"
val=`expr $a - $b`
echo "a - b:$val"
val=`expr $a \* $b`
echo "a * b:$val"
val=`expr $a / $b`
echo "a / b:$val"
if [ $a == $b ];then
  echo "a is equal to b"
fi
if [ $a != $b ];then
  echo "a is not equal to b"
```

```
fi
[root@localhost ~]# chmod +x szys.sh
[root@localhost ~]# ./szys.sh
a + b:30
a - b:10
a * b:200
a / b:2
a is not equal to b
```

> 注意
>
> 乘号（*）前必须加反斜杠（\）才能实现乘法运算；条件表达式必须放在方括号中，并且条件表达式前后要有空格。

let 命令可以和 expr 命令互换使用，let 命令不需要在变量前加$，但必须将单个或者带有空格的表达式用双引号引起来。

2. 关系运算符

关系运算符用于比较两个整数的大小关系，其只支持数字。常见的关系运算符如下。

-eq：检测两个数是否相等，若相等，则返回 true；如[$a -eq $b]。

-ne：检测两个数是否不相等，若不相等，则返回 true；如[$a -ne $b]。

-gt：检测左边的数是否大于右边的数，若是，则返回 true；如[$a -gt $b]。

-lt：检测左边的数是否小于右边的数，若是，则返回 true；如[$a -lt $b]。

-ge：检测左边的数是否大于或等于右边的数，若是，则返回 true；如[$a -ge $b]。

-le：检测左边的数是否小于或等于右边的数，若是，则返回 true；如[$a -le $b]。

例：编写 Shell 脚本 gxys.sh。

```
[root@localhost ~]# vi gxys.sh
[root@localhost ~]# cat gxys.sh
#!/bin/bash
# 文件名：gxys.sh
a=20
b=10
if [ $a -eq $b ];then
   echo "$a -eq $b : a is equal to b"
else
   echo "$a -eq $b: a is not equal to b"
fi
if [ $a -ne $b ];then
    echo "$a -ne $b: a is not equal to b"
else
    echo "$a -ne $b : a is equal to b"
fi
if [ $a -gt $b ];then
```

```
        echo "$a -gt $b: a is greater than b"
else
        echo "$a -gt $b: a is not greater than b"
fi
if [ $a -lt $b ];then
        echo "$a -lt $b: a is less than b"
else
        echo "$a -lt $b: a is not less than b"
fi
if [ $a -ge $b ]
then
        echo "$a -ge $b: a is greater or  equal to b"
else
        echo "$a -ge $b: a is not greater or equal to b"
fi
if [ $a -le $b ];then
        echo "$a -le $b: a is less or  equal to b"
else
        echo "$a -le $b: a is not less or equal to b"
fi
[root@localhost ~]# chmod +x gxys.sh
[root@localhost ~]# ./gxys.sh
20 -eq 10: a is not equal to b
20 -ne 10: a is not equal to b
20 -gt 10: a is greater than b
20 -lt 10: a is not less than b
20 -ge 10: a is greater or  equal to b
20 -le 10: a is not less or equal to b
```

3. 逻辑运算符

逻辑运算符有逻辑非（!）、逻辑或（-o）和逻辑与（-a）3 种。

!：用于进行逻辑非运算，若表达式的值为 true，则返回 false，否则返回 true；如[! false]。

-o：用于进行逻辑或运算，若有一个表达式的值为 true，则返回 true；

如[$a -lt 5 -o $b -gt 9]。

-a：用于进行逻辑与运算，若所有表达式的值都为 true，则返回 true；

如[$a -lt 5 -a $b -gt 9]。

例：编写 Shell 脚本 beys.sh。

```
[root@localhost ~]# vi beys.sh
[root@localhost ~]# cat beys.sh
#!/bin/sh
# 文件名: beys.sh
```

```
a=20
b=10
if [ $a != $b ];then
     echo "$a != $b : a is not equal to b"
else
     echo "$a != $b: a is equal to b"
fi
if [ $a -lt 100 -a $b -gt 15 ];then
     echo "$a -lt 100 -a $b -gt 15 : returns true"
else
     echo "$a -lt 100 -a $b -gt 15 : returns false"
fi
if [ $a -lt 100 -o $b -gt 100 ];then
     echo "$a -lt 100 -o $b -gt 100 : returns true"
else
     echo "$a -lt 100 -o $b -gt 100 : returns false"
fi
if [ $a -lt 5 -o $b -gt 100 ];then
     echo "$a -lt 100 -o $b -gt 100 : returns true"
else
     echo "$a -lt 100 -o $b -gt 100 : returns false"
fi
```

```
[root@localhost ~]# chmod +x beys.sh
[root@localhost ~]# ./beys.sh
20 != 10 : a is not equal to b
20 -lt 100 -a 10 -gt 15 : returns false
20 -lt 100 -o 10 -gt 100 : returns true
20 -lt 100 -o 10 -gt 100 : returns false
```

4. 字符串运算符

常见的字符串运算符有等于、不等于、长度是否为 0、长度是否不为 0、是否不为空等。

=：检测两个字符串是否相等，若相等，则返回 true；如[$a = $b]。

!=：检测两个字符串是否不相等，若不相等，则返回 true；如[$a != $b]。

-z：检测字符串长度是否为 0，若为 0，则返回 true；如[-z $a]。

-n：检测字符串长度是否不为 0，若不为 0，则返回 true；如[-n $a]。

$：检测字符串是否不为空，若不为空，则返回 true；如[$a]。

例：编写 Shell 脚本 string.sh。

```
[root@localhost ~]# vi string.sh
[root@localhost ~]# cat string.sh
#!/bin/sh
# 文件名: string.sh
```

315

```
a="abc"
b="efg"
if [ $a = $b ];then
    echo "$a = $b : a is equal to b"
else
    echo "$a = $b: a is not equal to b"
fi
if [ $a != $b ];then
    echo "$a != $b : a is not equal to b"
else
    echo "$a != $b: a is equal to b"
fi
if [ -z $a ];then
    echo "-z $a : string length is zero"
else
    echo "-z $a : string length is not zero"
fi
if [ -n $a ];then
    echo "-n $a : string length is not zero"
else
    echo "-n $a : string length is zero"
fi
if [ $a ];then
    echo "$a : string is not empty"
else
    echo "$a : string is empty"
fi
[root@localhost ~]# chmod +x string.sh
[root@localhost ~]# ./string.sh
abc = efg: a is not equal to b
abc != efg : a is not equal to b
-z abc : string length is not zero
-n abc : string length is not zero
abc : string is not empty
```

5. 文件测试运算符

常见的文件测试运算符如下。

-b：检测文件是否是块设备文件，若是，则返回 true；如[-b $file]。

-c：检测文件是否是字符设备文件，若是，则返回 true；如[-c $file]。

-d：检测文件是否是目录，若是，则返回 true；如[-d $file]。

-f：检测文件是否是普通文件（不是目录也不是设备文件），若是，则返回 true；如[-f $file]。

　　-g：检测文件是否设置了 SGID（Set Group ID，设置组标识）位，若设置了，则返回 true；如[-g $file]。

　　-k：检测文件是否设置了粘滞位（Sticky Bit），若设置了，则返回 true；如[-k $file]。

　　-u：检测文件是否设置了 SUID（Set UID，设置用户标识）位，若设置了，则返回 true；如[-u $file]。

　　-r：检测文件是否可读，若是，则返回 true；如[-r $file]。

　　-w：检测文件是否可写，若是，则返回 true；如[-w $file]。

　　-x：检测文件是否可执行，若是，则返回 true；如[-x $file]。

　　-s：检测文件是否不为空（文件大小是否大于 0），若不为空，则返回 true；如[-s $file]。

　　-e：检测文件或目录是否存在，若是，则返回 true；如[-e $file]。

　　例：编写 Shell 脚本 wjcs.sh。

```
[root@localhost ~]# vi wjcs.sh
[root@localhost ~]# cat wjcs.sh
#!/bin/sh
# 文件名：wjcs.sh
file=" ./mysql8setup.sh"
if [ -r $file ];then
    echo "File has read access"
else
    echo "File does not have read access"
fi
if [ -w $file ];then
    echo "File has write permission"
else
    echo "File does not have write permission"
fi
if [ -x $file ];then
    echo "File has execute permission"
else
    echo "File does not have execute permission"
fi
if [ -f $file ];then
    echo "File is an ordinary file"
else
    echo "This is sepcial file"
fi
if [ -d $file ];then
    echo "File is a directory"
else
    echo "This is not a directory"
```

```
fi
if [ -s $file ];then
    echo "File size is zero"
else
    echo "File size is not zero"
fi
if [ -e $file ];then
    echo "File exists"
else
    echo "File does not exist"
fi
[root@localhost ~]# chmod +x wjcs.sh
[root@localhost ~]# ./wjcs.sh
File has read access
File has write permission
File has execute permission
File is an ordinary file
This is not a directory
File size is zero
File exists
```

6. $()和``

在 Shell 中，$( )与``（反引号）等价，例如：

```
version=$(uname -r)
version=`uname -r`
```

以上表达式都是获取内核的版本号。

需要注意以下两点。

（1）`` 基本上可在所有 Shell 中使用，但``容易被输入错或看错。

（2）$()并不是所有 Shell 都支持。

7. ${ }

${ }用于变量替换。$var 与${var}并没有什么不同，但${ }能精确地界定变量名的范围。

例：变量的替换。

```
[root@localhost ~]#AB=100
[root@localhost ~]#A=B
[root@localhost ~]#echo $AB
100
```

原本计划先将变量 A 的值 B 输出，再补一个字母 B，但实际输出了变量 AB 的值 100。像这种情况，使用${ }就没问题了。

```
[root@ localhost ~]#echo ${A}B
BB
```

8. $(())

$(())用于数学运算，支持+（加）、-（减）、*（乘）、/（除）、%（取模）。

例：用$(())进行数学运算。

```
[root@localhost ~]# a=5; b=7; c=2
[root@localhost ~]# echo $(( a+b*c ))
19
[root@localhost ~]# echo $(( (a+b)/c ))
6
[root@localhost ~]# echo $(( (a*b)%c))
1
```

对于$(())中的变量名，可在其前面加 $ 符号来替换，如$(($a + $b * $c))。

此外，$(())还可用于不同进制数（如二进制数、八进制数、十六进制数）的运算，输出结果皆为十进制数。如 echo $((16#2a))的结果为 42（十六进制数转十进制数）。

9. []

[ ]（称为方括号或测试方括号）为 test 命令的另一种形式，由于[ ]形式简单，所以更受欢迎。使用时要注意以下几点。

（1）必须在左方括号的右侧和右方括号的左侧各加一个空格，否则会出错。

（2）test 命令使用标准的数学比较符号（=或!=）来表示字符串的比较，而使用文本符号（-eq、-ne 等）来表示数值的比较。

（3）大于符号或小于符号必须要转义，否则会进行重定向操作。

10. (( ))和[[ ]]

(( ))和[[ ]]分别是[ ]的针对数学比较表达式和字符串表达式的加强版，提供了更强大和更灵活的条件表达式结构。

(( )) 用于整数算术运算和比较。可以在其中使用所有的算术运算符+、-、*、/、%、**（幂运算）以及比较运算符 ==、!=、<、<=、> 和 >=。

[[ ]] 用于条件表达式，它提供了比 [ ] 更强大的字符串比较和模式匹配功能。它支持字符串相等性测试、模式匹配（使用 == 和 != 以及 =~，=~用于正则表达式匹配）、字符串长度比较等。

11.4　Shell 流程控制语句

流程控制结构在编程语言中用来控制程序的执行流程。Shell 提供了对多种流程控制结构的支持。Shell 流程控制语句是指会改变 Shell 程序运行顺序或者是在两段或多段程序中选择一段来运行的语句，一般包括条件语句、循环语句等。

11.4.1　条件语句

1. 单分支 if 条件语句

其语法格式如下：

```
if [ 条件表达式 ]
    then
        命令或语句
fi
```

或者

```
if [ 条件表达式 ];then
    命令或语句
fi
```

例：若检测到 httpd 文件可执行，则重启 httpd 服务。

```
#!/bin/sh
if [ -x /etc/rc.d/init.d/httpd ]
    then
        /etc/rc.d/init.d/httpd restart
fi
```

> （1）if 条件语句以 fi 结尾，这和一般编程语言使用大括号结尾不同。
> （2）在[]中的条件表达式两边必须有空格。
> （3）then 后面为符合条件之后执行的命令或语句。then 可以放在[]之后，两者用";"分隔，也可以换行编写，此时就不需要";"了。

2. 多分支 if 条件语句

其语法格式如下：

```
if [ 条件表达式 1 ]
  then
    当条件表达式 1 成立时，执行的命令或语句
  elif [ 条件表达式 2 ]
  then
    当条件表达式 2 成立时，执行的命令或语句
  ...
  else
    当所有条件都不成立时，执行的命令或语句
fi
```

例：编写 Shell 脚本 iftest.sh。

```
[root@localhost ~]# vi iftest.sh
[root@localhost ~]# cat iftest.sh
#!/bin/bash
# 文件名: iftest.sh
read -p "please input your name:" NAME
echo $NAME
if [ $NAME == root ]
  then
```

```
     echo "hello ${NAME},  welcome !"
  elif [ $NAME == tang ]
  then
     echo "hello ${NAME},  welcome !"
  else
  echo "Hi,get out of here!"
fi
[root@localhost ~]# chmod +x iftest.sh
[root@localhost ~]# ./iftest.sh
please input your name: tang
tang
hello tang,  welcome !
```

3. case 命令

case 命令相当于多分支的 if-else 语句，case 的值用来匹配 value1、value2、value3 等的值。若匹配则执行其后的命令，直到遇到双分号（;;）为止。case 命令以 esac 作为终止符。

其语法格式如下：

```
case 值 in
value1)
    command1
    command2
    ...
    commandN
    ;;
value2)
    command1
    command2
    ...
    commandN
    ;;
esac
```

例：编写 Shell 脚本 ifmore.sh。

```
[root@localhost ~]# vi ifmore.sh
[root@localhost ~]# cat ifmore.sh
#!/bin/bash
# 文件名: ifmore.sh
echo '输入 1~4 的数字。'
echo '你输入的数字为:'
read aNum
case $aNum in
    1)  echo '你选择了 1'
```

```
        ;;
    2)    echo '你选择了 2'
        ;;
    3)    echo '你选择了 3'
        ;;
    4)    echo '你选择了 4'
        ;;
    *)    echo '你没有输入 1~4 的数字'
        ;;
esac
[root@localhost ~]# chmod +x ifmore.sh
[root@localhost ~]# ./ifmore.sh
输入 1~4 的数字：
你输入的数字为：
3
你选择了 3
```

11.4.2 循环语句

循环语句是反复执行的一系列命令或语句，其循环的次数取决于设定的条件。Shell 中常用的循环语句包括 for 循环语句、while 循环语句、until 循环语句等。

1. for 循环语句

for 循环语句指在一个列表中执行有限次数的命令。比如，在一个姓名列表或文件列表中循环执行某个命令。for 命令后跟一个变量、一个关键字 in 和一个字符串列表（可以是变量）。第一次执行 for 循环语句时，会将字符串列表中的第一个字符串赋给变量，然后执行循环体，直到遇到 done 语句；第二次执行 for 循环时，会将字符串列表中的第二个字符串赋给变量，依次类推，直到遍历完字符串列表。

其语法格式如下：

```
for NAME [in WORDS … ];do COMMANDS; done       //Shell 风格的 for 循环语句
for((exp1;exp2;exp3)); do COMMANDS; done        //C 语言风格的 for 循环语句
```

执行过程：依次将字符串列表中的元素赋给变量；每次赋值后执行一次循环体；直到列表中的元素遍历完，循环结束。

例：编写 Shell 脚本 fortest.sh。

```
[root@localhost ~]# vi fortest.sh
[root@localhost ~]# cat fortest.sh
#!/bin/bash
# 文件名：fortest.sh
echo 计算 1+2+…+100 的值
echo 方法一
sum=0;for i in {1..100};do let sum=sum+i;let i++;done;echo sum is $sum
```

```
echo 方法二
sum=0;for ((i=1;i<=100;i++));do let sum+=i;done;echo sum is $sum
echo 字符循环
for i in `rpm -qa | grep mysql`;do echo $i;done
echo 路径循环
for i in /usr/*;do echo $i;done
echo 输出九九乘法表
for i in {1..9};do for j in `seq 1 $i`;do echo -e "$i*$j=$[i*j]   \c\t";done;
echo;done;unset i j
[root@localhost ~]# chmod +x fortest.sh
[root@localhost ~]# ./fortest.sh
计算 1+2+…+100 的值
方法一
sum is 5050
方法二
sum is 5050
字符循环
mysql-community-libs-8.0.15-1.el7.x86_64
mysql80-community-release-el7-2.noarch
mysql-community-client-8.0.15-1.el7.x86_64
mysql-community-common-8.0.15-1.el7.x86_64
qt-mysql-4.8.7-2.el7.x86_64
mysql-community-server-8.0.15-1.el7.x86_64
mysql-community-libs-compat-8.0.15-1.el7.x86_64
路径循环
/usr/bin
/usr/etc
/usr/games
/usr/include
/usr/lib
/usr/lib64
/usr/libexec
/usr/local
/usr/sbin
/usr/share
/usr/src
/usr/tmp
输出九九乘法表
1*1=1
2*1=2    2*2=4
3*1=3    3*2=6    3*3=9
```

```
4*1=4      4*2=8      4*3=12     4*4=16
5*1=5      5*2=10     5*3=15     5*4=20     5*5=25
6*1=6      6*2=12     6*3=18     6*4=24     6*5=30     6*6=36
7*1=7      7*2=14     7*3=21     7*4=28     7*5=35     7*6=42     7*7=49
8*1=8      8*2=16     8*3=24     8*4=32     8*5=40     8*6=48     8*7=56     8*8=64
9*1=9      9*2=18     9*3=27     9*4=36     9*5=45     9*6=54     9*7=63     9*8=72     9*9=81
```

2. while 循环语句

while 循环语句指重复执行的一组命令。

其语法格式如下：

```
while EXPRESSION; do COMMANDS; done              //Shell 风格的 while 循环语句
while(( exp1; exp2; exp3 )); do COMMANDS; done   //C 语言风格的 while 循环语句
```

当条件 EXPRESSION 的值为 true 时，执行循环体 COMMANDS，直到遇到 done 语句，再返回执行 while 语句，判断 EXPRESSION 的值，当其为 false 时，终止 while 循环。

例：编写 Shell 脚本 whileqp.sh。

```
[root@localhost ~]# vi whileqp.sh
[root@localhost ~]# cat whileqp.sh
#!/bin/bash
# 文件名：whileqp.sh
echo 输出国际象棋棋盘
# 国际象棋棋盘为 8 行 8 列，两个方格为一个盘格，通过给方格设置不同的颜色实现棋盘效果。
i=1
while ((i<=8));do
        j=1
        while ((j<=8));do
                varnum=$[$[i+j]%2] # 计算行数和列数之和与 2 取余的值
                if [ $varnum -eq 0 ];then
                        echo -n -e "\033[41m  \033[0m"
                                # 输出两个红色的方格
                elif [ $varnum -eq 1 ];then
                        echo -n -e "\033[47m  \033[0m"
                                # 输出两个白色的方格
                fi
                let j++
        done
        let i++
        echo
done
unset i j
[root@localhost ~]# chmod +x whileqp.sh
[root@localhost ~]# ./whileqp.sh
```

运行结果如图 11-1 所示。

图 11-1　运行结果

3.　until 循环语句

until 循环语句允许重复执行一组命令，直到给定的条件的值为 true（与 while 循环相反，while 循环语句是在条件的值为 true 时执行）。

其语法格式如下：

```
until EXPRESSION; do COMMANDS; done
```

例：编写 Shell 脚本 untilqp.sh。

```
[root@localhost ~]# vi untilqp.sh
[root@localhost ~]# cat untilqp.sh
#!/bin/bash
# 文件名：untilqp.sh
echo 输出国际棋盘
# 国际象棋棋盘为 8 行 8 列，两个方格为一个盘格，通过给方格设置不同的颜色实现棋盘效果。
i=1
until ((i>8));do
        j=1
        until ((j>8));do
                varnum=$[$[i+j]%2]  # 计算行数和列数之和与 2 取余的值
                if [ $varnum -eq 0 ];then
                        echo -n -e "\033[41m  \033[0m"
                                                # 输出两个红色的方格
                elif [ $varnum -eq 1 ];then
                        echo -n -e "\033[47m  \033[0m"
                                                # 输出两个白色的方格
                fi
                let j++
        done
        let i++
```

```
            echo
done
unset i j
[root@localhost ~]# chmod +x untilqp.sh
[root@localhost ~]# ./ untilqp.sh
```

运行结果与图 11-1 所示一致。

11.4.3　break 和 continue 语句

在流程控制语句中，break 和 continue 是两个常用的语句，都可对程序执行的顺序进行控制。

1．break 语句

使用 break 语句可以结束 while、for、until 等语句的执行，即从当前结构中退出。

例：编写一个 Shell 脚本，根据用户输入的数字退出循环，要求使用 break 语句。

```
 [root@localhost ~]# cat>breaks.sh
#! /bin/bash
echo "请输入数字："
read N
for i in 1 2 3 4 5 6 7 8 9
do
  if [ $i -eq $N ]; then
    echo "---退出 for 循环----"
    break
  else
    echo "---当前是第$i 次循环---"
  fi
done
[root@localhost ~]# chmod a+x breaks.sh
[root@localhost ~]# ./breaks.sh
请输入数字：
3
---当前是第 1 次循环---
---当前是第 2 次循环---
---退出 for 循环----
[root@localhost ~]# ./breaks.sh
请输入数字：
4
---当前是第 1 次循环---
---当前是第 2 次循环---
---当前是第 3 次循环---
---退出 for 循环----
```

2. continue 语句

continue 语句为循环控制语句，用于循环体。其作用是跳过本次循环中剩余的语句，即直接跳回到循环的开始位置判断条件，如果条件的值为 true 则开始下一次循环，否则退出循环。

例：编写 Shell 脚本，输出数字 1~9，通过 continue 语句跳过指定数字的输出。

```
[root@localhost ~]# cat>continue.sh
#! /bin/bash
echo "请输入要跳过的数字: "
read N
echo "-----------------"
i=1
for i in 1 2 3 4 5 6 7 8 9
do
  if [ $i -eq $N ]; then
   echo " ?"
   continue
  fi
   echo " $i"
done
[root@localhost ~]# chmod a+x continue.sh
[root@localhost ~]# ./continue.sh
请输入要跳过的数字:
5
-----------------
 1
 2
 3
 4
 ?
 6
 7
 8
 9
[root@localhost ~]# ./continue.sh
请输入要跳过的数字:
3
-----------------
 1
 2
 ?
 4
```

```
5
6
7
8
9
```

11.5 Shell 函数

函数是指一个或一组命令或语句的集合。使用函数的好处之一是可避免出现大量重复语句，同时增强脚本的可读性。

在 Shell 中定义函数，其语法格式如下：

```
[ function ] funname [()]
{
  命令或语句;
  [return int;]
}
```

函数可以用"function funname()"定义，也可以用"function funname"定义，还可以用"funname()"定义。如果函数名（即 funname）后没有()，在函数名和{ 之间必须要有空格。

函数与当前 Shell 共用一个进程，因此不能使用 exit 退出函数体，函数有一个专用的返回命令 return。其返回值的取值范围为 0～255，可使用$?命令查看其返回值。

调用一个函数时直接使用定义的函数名即可。

例：查看定义的所有函数。

```
declare -f
```

例：查看特定的函数。

```
declare -f 函数名
```

例：删除函数。

```
unset -f 函数名
```

例：编写 Shell 脚本 addfun.sh。

```
[root@localhost ~]# vi addfun.sh
[root@localhost ~]# cat addfun.sh
#!/bin/bash
# 文件名: addfun.sh
# 简单的加法函数
function addfun()
{
return $(($1+$2));
}
read -p "请输入两个正整数，用空格分隔: " a b
addfun $a $b;
echo $a "+" $b "=" $?;
[root@localhost ~]# chmod +x addfun.sh
```

```
[root@localhost ~]# ./addfun.sh                    //调用函数
请输入两个正整数，用空格分隔: 123 45
123 + 45 = 168
```

11.6　Shell 脚本调试

Shell 脚本调试就是发现脚本运行出错的原因以及在脚本中定位发生错误的行，常用的手段包括分析输出的错误信息、在脚本中加入调试语句输出调试信息来辅助诊断错误、利用调试工具等。

下面介绍常用 Shell 脚本的调试过程。

（1）使用-n 选项检查语法错误。

例：调试 Shell 脚本 bug.sh。

```
[root@localhost ~]# vi bug.sh
[root@localhost ~]# cat bug.sh
#!/bin/bash
# 问题脚本，仅用于测试
isRoot()
{
        if [ "$UID" -ne 0 ]
                        return 1
          else
                        return 0
          fi
}
isRoot
if ["$?" -ne 0 ]
then
          echo "Must be root to run this script"
          exit 1
else
          echo "welcome root user"
          #do something
fi
[root@localhost ~]# sh -n bug.sh
bug.sh:行7: 未预期的符号 `else' 附近有语法错误
bug.sh:行7: `            else'
```

第 7 行有一个语法错误，仔细检查第 7 行前后的语句发现，这个错误是由第 5 行的 if 语句缺少 then 引起的（习惯使用 C 语言的人容易犯这个错误）。把第 5 行修改为 "if ["$UID" -ne 0]; then" 来修正这个错误。再次运行 sh -n bug.sh 来进行语法错误检查，不再报错。

```
[root@localhost ~]# sh -n bug.sh
```

接下来执行这个脚本：

```
[root@localhost ~]# sh bug.sh
bug.sh:行 12: [0: 未找到命令
welcome root user
```

  尽管脚本已经没有语法错误了，但在执行时又报错了，错误信息为"[0: 未找到命令"。
  （2）若输出信息中没有显示行号，可使用以下命令（设置 PS4 变量的值）让其显示行号。

```
[root@localhost ~]# export PS4='+${LINENO}: ${FUNCNAME[0]}: '
```

  （3）使用-x 选项来跟踪脚本的执行，使调试更轻松。

```
[root@localhost ~]# sh -x bug.sh
+ isRoot
+ '[' 0 -ne 0 ']'
+ return 0
+ '[0' -ne 0 ']'
bug.sh:行 12: [0: 未找到命令
+ echo 'welcome root user'
welcome root user
```

  从输出结果可知脚本中实际执行的语句的行号以及所属的函数名，从而可以清楚地分析
出脚本的执行轨迹及其调用函数的内部执行情况。执行时第 12 行报错，该行是一个 if 语句，
对比分析一下同为 if 语句的第 5 行的跟踪结果：

```
+{5:isRoot} '[' 503 -ne 0 ']'
+{12:} '[1' -ne 0 ']'
```

  可知第 12 行的[符号后面缺少了一个空格，导致[符号与紧跟它的变量$?的值 1 被 Shell
当作一个整体，并试着把这个整体作为一个命令来执行，故产生了"[0: 未找到命令"的错
误。只需在[符号后面输入一个空格就可以了。

```
[root@localhost ~]# vi bug.sh
[root@localhost ~]# sh -x bug.sh
+ isRoot
+ '[' 0 -ne 0 ']'
+ return 0
+ '[' 0 -ne 0 ']'
+ echo 'welcome root user'
welcome root user
[root@localhost ~]# sh bug.sh
welcome root user
```

  Shell 中有一些对调试有帮助的内置变量，如 BASH_SOURCE、BASH_SUBSHELL 等，
可以通过 man sh 或 man bash 命令来查看。根据调试的不同目的，可以使用这些内置变量来
设置 PS4，从而达到丰富-x 选项的输出信息的目的。也可利用 trap、调试钩子等输出关键调
试信息，以快速缩小错误排查的范围，并在脚本中使用 set -x 及 set +x 对某些语句进行重点
跟踪。
  Shell 没有提供很好的排错工具，要想减少错误，就需要多练习。此外，若想更精确调试
Shell 脚本，可借助第三方工具 BASHDB，它小巧而强大，具有设置断点、单步执行、观察

变量等功能，读者可从网上下载使用。

11.7　习题

一、填空题

1. 编写并运行 Shell 脚本包括_____、_____和_____3 个步骤。
2. Shell 中的变量分为_____、_____、_____和用户自定义变量等。
3. 删除变量使用_____命令。
4. 逻辑运算符有_____、_____和逻辑或 3 种。
5. 函数有一个专用的返回命令_____。

二、编程题

1. 有一个有多行内容（每行只有一个单词）的文件 a.txt。请编写一个 Shell 脚本，统计每个单词出现的次数，并按照出现次数将单词降序排列，再输出每个单词及其出现次数。

2. 编写 Shell 脚本，实现/usr 目录大于 6GB 时发电子邮件给 root（监控间隔时间为 8min）的功能。

3. 编写 Shell 脚本，用一个目录路径作为参数，并备份该目录到/bk/YYYY-MM-DD_目录。

4. 编写 Shell 脚本，生成 1000 个随机数保存在数组中，并找出其中的最大值和最小值。

5. 编写 Shell 脚本，实现一个简单的计算器（可进行加、减、乘、除等运算）。

参 考 文 献

[1] 胡玲，曲广平. Linux 系统管理与服务配置[M]. 北京：电子工业出版社，2015.

[2] 李贺华，李腾，鲁先志等. 云架构操作系统基础（Red Hat Enterprise Linux 7）[M]. 北京：电子工业出版社，2018.

[3] 郝维联. Linux 服务器配置实训教程[M]. 北京：机械工业出版社，2009.

[4] 宋焱宏，张勇. Linux 操作系统基础[M]. 北京：水利水电出版社，2023.

[5] 刘艳涛. Linux Shell 命令行及脚本编程实例详解[M]. 2 版. 北京：清华大学出版社，2024.

[6] 刘遄. Linux 常用命令自学手册[M]. 北京：人民邮电出版社，2023.